人类学+

ANTHROPOLOGY +

科学的B面

B SIDE OF SCIENCE

眠眠 著

清华大学出版社

北京

图书在版编目 (CIP) 数据

人类学+：科学的B面／眠眠著. — 北京：清华大学出版社，2018
ISBN 978-7-302-50204-3

Ⅰ.①人… Ⅱ.①眠… Ⅲ.①人类学－研究 Ⅳ.①Q98

中国版本图书馆CIP数据核字（2018）第114524号

责任编辑：胡洪涛
装帧设计：意匠文化·丁奔亮
责任校对：赵丽敏
责任印制：杨 艳

出版发行：清华大学出版社
　　　　　网　　址：http://www.tup.com.cn, http://www.wqbook.com
　　　　　地　　址：北京清华大学学研大厦A座　　邮　　编：100084
　　　　　社 总 机：010-62770175　　　　　　　邮　　购：010-62786544
　　　　　投稿与读者服务：010-62776969, c-service@tup.tsinghua.edu.cn
　　　　　质量反馈：010-62772015, zhiliang@tup.tsinghua.edu.cn
印 装 者：北京亿浓世纪彩色印刷有限公司
经　　销：全国新华书店
开　　本：165mm×235mm　　**印　　张：**17　　**字　　数：**287千字
版　　次：2018年6月第1版　　　　　　　　**印　　次：**2018年6月第1次印刷
定　　价：72.00元

产品编号：079608-01

前言

还记得在少年时的某个阶段，我长期痴迷于《人类未解之谜》《历史百大谜团》之类的读物，它们图文并茂，故事娓娓道来，翻开一本便足以打发放学后一个下午的时间。彼时常常觉得，这些书就好比打开了某一扇隐藏的门，让我惊喜地发现那个平淡而真实的世界背后，居然还有这么些光怪陆离的神秘事件，刺激、恐怖、超乎想象，却又欲罢不能。

许多年之后，我才知道那些书里所充斥的，大都是些道听途说的见闻，或是国外小报上用来吸眼球的假新闻，甚至不乏作者脑洞大开编造的可笑故事……

知道真相的我眼泪没有掉下来，却忽然觉得，这个世界仿佛瞬间丧失了许多魅力，一下子变得……平庸无奇了。原来，终究我们还是生活在一个朝九晚五喝水吃饭的平凡世界，那些小说般精彩的冒险，无法解释的诡异现象……也罢，或许它们本就只存在于人类幻想的剧情当中吧。

然而大约 5 年前，又因为某些机缘巧合，一位我很尊敬的美国前辈给我讲述了他亲身经历的一些故事，比起儿时读来的那些故事，它们虽然没有那么夸张，那么突破脑洞，但依然让我震惊，与此同时我重新感受到了那股消失已久的激情：原来关于人类，还有这么精彩却无人知晓的历史；原来即便是正儿八经的科学，也有着如此激动人心又荡气回肠的背景故事，甚至可以比小说更加精彩！

从此之后，我开始搜集这些素材，找寻那些不为人所熟知的历史事件，以及事件背后的，严谨而科学性的解读。久而久之，素材搜集了一大堆，所包含的故事更是五花八门……是的，我将它们统称为黑历史和冷知识，一如这本书的副标题：科学的 B 面。

至于书名《人类学＋：科学的 B 面》，为什么"人类学"后面还带着一个加号呢？

毕竟，这本书并不是严格意义上的，"人类学"范畴的学术著作，它只是以广义的人类学为框架，交叉了生物学、医学、考古学、社会学、地学等多样化的学科知识，所综合构建起来的一本科普向读物。它的每个篇章，大都以一个生动而冷门的"黑历史"故事为引子，再把那些科普解读的"冷知识"穿插于段落之间。

你会看到石器时代欧洲原始人之间的一场凶杀案；荒岛上土著同类相食导致的某种怪病，也会看到一群探险者在深山中离奇遇难；"冷战"时南美一座小镇上的集体死亡……而这些人类史上冷门又诡异的真实故事背后，都会给出科普性质的解读，因为我希望每个读过它的人，都可以知其然，也知其所以然。

相比起自己少年时代读到的，那些伪造或是加了包装的"人类史谜团"，这本书里的内容可能对于未成年的孩子们而言有些残酷，有些赤裸裸了……但那些故事和知识，却都是真实的、科学的，背后有着大量的论文文献可以查阅。更重要的是，它们关乎于人类科学发展中，一次次不可思议的挑战和尝试，虽然其中有失败和教训，有歧路和惨剧，但我们人类的发展，正是在这样曲折的道路上前行，不断地接近真相，并越来越了解自己。

2018 年 3 月
写于南京

目录
CONTENTS

第一章

人类学 ＋ 考古学

你会得抑郁症，都怪你祖先爱过这群人

我时常觉得如今人们精神压力过大，身边的抑郁症患者也越来越多了。就在前一阵子，我在学习抑郁症相关知识的时候，意外发现了学术界一些惊爆的研究成果，没想到，竟然牵扯出了一段关乎生存竞争的血泪史……

01

在德国科隆市以北 30 多千米的地方，有一块叫做内安德塔尔（ Neandertal ）的河谷。这里附近不远就是杜塞尔河的一道河湾。在内安德塔尔河谷的两岸，遍布着石灰岩质地的山崖，崖壁上还隐隐约约可以看到一些山洞。

千百年来谁也没有在意过这些山洞里究竟有着什么。

直到 16 世纪初，内安德塔尔河谷的石灰石开采业逐渐发展起来，这里成为当地重要的矿场，并延续了数百年之久。

1856 年 8 月的某一天，两名意大利籍的矿工在河谷的某个山洞中进行清除石灰石的杂质工作，忽然间，他们发现地表的泥土和石屑中似乎掺杂着什么东西。

二人仔细一看，那东西居然是一根很长的骨头，大约有 60 厘米长，从形状上来看很像一根人的大腿骨。两名工人吓了一大跳，怀疑是矿洞里闹

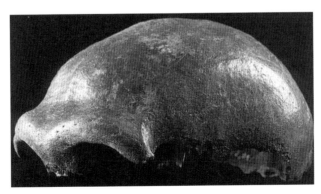

图 1.1　一枚残缺不全的类人生物头骨

出了人命，便立刻将这个发现报告给了矿主威廉·贝克斯霍夫（Wilhelm Beckershoff）。

这位矿主是个老江湖，急忙带着人手继续深挖，很快，更多的残骸陆陆续续被挖掘出来：其中包括一片残破的右肩胛骨、一根右锁骨，一根右侧完整的肱骨，一些右前臂和左前臂的骨骼碎片，五根肋骨，几乎完整的骨盆左半部，以及一颗残缺不全的骷髅头顶部。

从这颗头骨来看，它似乎是属于某个成年男子的，但是形状却非常奇怪，眉骨极其突出，前额的倾角也很异于常人。包括那些其他骨头，都显得粗壮异常，比正常人的骨头粗大很多。

矿主将这些骨头交给了当地一位名叫约翰·卡尔·福尔罗特（Johann Carl Fuhlrott）的生物教师进行辨认，此人果断地做出了推论：这是一种早期人类留下的残骸。巧合的是，当时适逢达尔文的《物种起源》刚刚出版正在大卖中，这些骨头立刻引起了学术界的激烈讨论。那些进化论的反对者认为，这些骨头就是人类的，并且很可能属于某位哥萨克骑兵，当拿破仑战争之后的动荡期里，他流落到此并葬身山洞中。

还有人认为，从骨骸的形状来看，它很可能属于某个佝偻病患者。然而问题是，一个饱受佝偻病痛的患者，为什么会爬到陡峭悬崖壁上的这么一个山洞里来呢？

真相开始慢慢揭开，在接下来十几年里，内安德塔尔河谷发掘出了更多类似的骨头，于是之前的那些假说也不攻自破了。更重要的是，1886年时比利时境内也发掘出了两个非常相似的头骨，形状也和现代人的头骨截然不同。并且，这次还一并出土了大量动物化石残骸，包括洞熊、驯鹿、披毛犀和猛犸象等骨骼和牙齿。当时古生物学家们已经清楚这些动物早已绝灭，那么这些人骨的主人，显然也属于和它们同时代的生物。

终于，人们意识到他们可能真的是某种原始的人类，并以发现地内安德塔尔河谷之名，将其命名为尼安德特人（Neanderthal）。

02

从解剖学上讲，尼安德特人和现代人类有着相当大的差别，总体而言他们更加粗壮，肋骨的形状显示他们的胸腔比人类要壮阔，四肢也比现代人类（也就是通常意义上的智人，学名 *Homo sapiens*）粗短。从面部特征来看，他们的下巴较现代人类短小，而鼻子比现代人类大很多，眉弓也异常之高。根据一项 2007 年的遗传研究，尼安德特人的发色很可能是红色或金色的，肤色是浅白色的。

是不是感觉很像现代的欧洲高加索人种？

如果真要说，大概只有身高的差异比较大——尼安德特人男性平均为164~168 厘米，女性为 152~156 厘米，似乎要比现代人矮小不少，但是男性平均 77.6 千克，女性平均 66.4 千克的体重，证明尼安德特人的确非常强壮。

另外一项发现也很有趣，尼安德特人颅骨容量非常之大，平均达到 1600立方厘米，比现代人类更大。唯一值得现代人类骄傲的是，我们的大脑与体重的比值比他们更高一些，但是在智慧方面，我们并不见得比他们聪明。

事实上，在修正了早期对尼安德特人的错误认识（认为他们是一群披着厚重毛皮的矮壮猿人）之后，我们发现一个惊人的现象，如果给尼安德特人一把剃须刀，再给他们搭配一套笔挺西装的行头，人家即便出现在你身边的城市里，看上去也毫无违和感啊。

不过长期以来，对于尼安德特人到底是智人的一个分支，还是完全独立的一个物种，学术界始终有着争议。要弄明白这些问题，我们不妨先看看尼安德特人的生活状态究竟是怎样的。

和人类一样，尼安德特人也过着穴居的生活，但也有一些遗迹表明，他们偶尔会在洞穴外搭建营地。1990 年时，德国考古学家在发掘和研究本国西部艾费尔山岭时发现，生活在旧石器时代中期的尼安德特人，常常会将低矮的小火山口作为自己的住所。

为什么尼安德特人要选择小火山口作为自己的居住地呢？

专家们经反复考察研究后认为，这样的高地可以有效防止各种野兽侵

图 1.2　科技手段还原了行走在现代都市的尼安德特人

袭，此外还具有天然的开阔视野，因此是尼安德特人最佳居住地点。只要一发现任何野兽线索，狩猎者就能很迅速地跑下山去，并能及时跟踪追击。而且，火山口有四壁可以防风，四周的屏障也是理想的引火地点。另外，黑色的火山岩基具有白天吸收和保存太阳热能，夜间可持续缓慢释放热量的优点。这些都是促使尼安德特人选择火山口作为居住场所的有利条件。

因此我们判断，尼安德特人不仅同样会使用火，还过着和人类非常相似的原始生活。他们以狩猎一些如山羊和小鹿那样中等大小的动物为生，也会享用那些大型食肉动物吃剩下来的猎物。同时这并非意味着他们不敢和猛兽交手，事实上，为了争夺栖身的洞穴，他们会毫不留情地把洞里的熊赶跑。

关于他们是不是位于食物链顶端的猎手，学术界有着不同的看法，有些学者认为，尼安德特人有着狩猎超大型动物，比如披毛犀、猛犸象、洞熊的强大能力，也有一些学者认为，从他们的粪便化石来判断，尼安德特人很少吃肉，通常以苔藓、菌类为食。

03

随着近年来更多的研究发现，尼安德特人非但远远不像此前人们所认为的那么残暴粗野，甚至还是一群相当有理想有追求的人。

首先，尼安德特人懂得单独或成群地埋葬死者，也会照料生病或受伤的人。1908 年，在法国西南部一个叫做 Chapelle-aux-Saints 的小洞穴中，发现了几种似乎被他们用作祭祀的动物残骸，并且紧挨着人的骨骼，这表明他们已经开始信奉某种原始的宗教。

而且，尼安德特人似乎已经发展出了对于艺术的认知，他们会用色彩缤纷的鸟羽和贝壳在装饰自己，还会制造一些带有艺术色彩的陶罐，更重要的是，他们还将一些带颜色的黏土，涂抹在自己的面部。尼安德特人还会在岩壁上作画，从水平而言，和原始人类的作品难分轩轾。因此这些可能都是他们拥有审美思想的证据。

可是这样一种智力高度发达，和现代人类无比接近，甚至比人类还要强壮的生物，曾经足迹遍布欧洲、西亚、中亚甚至远东的他们，究竟为何会从地球上灭绝了呢？

一直以来，这都是学术界争议的焦点所在。人类学家最先意识到的是当时气候的突然变化：大约在 55000 年前，地球的气候从极度寒冷逐渐变得温暖，或者说，没有那么冷了。

图 1.3　尼安德特人的外貌

　　那么为什么变暖和了，尼安德特人反而灭绝了呢？学术界给出的解释是，尼安德特人自带一种独特的抗寒基因，让他们可以适应极端的严寒，而且他们身体构造也证明了这一点：粗大的鼻孔和巨大的鼻子，可以充分地加热冷空气，更高的脂肪代谢率也有助于维持体温。

　　因此可以反推，在相对不那么冷的气候下，他们的身体反而不那么适应了。

　　是的，想必你们也觉得这种观点有点牵强。后期更多的研究表明，随着时间的不断推移，尼安德特人生活的地区开始逐渐变小，而人类的活动范围却在不断地增大。

　　很显然，这种不寻常的迹象说明了一个问题：在争夺地盘这件事上，我们的祖先似乎更加强大，并且气候越温暖对现代人类也越来越有利。他们不断蚕食尼安德特人的地盘，将这个曾经欧洲的统治者赶到那些鸟不拉屎的地方。

　　但是，有一个问题依然存在，嗯，我猜你们也发现了。尼安德特人比当时的人类要强壮多了，智力也差不多，论战斗力，现代人类如果一对一碰上尼安德特人，那是妥妥被吊打的节奏啊——毕竟，尼安德特人在核心力量、胸围、臂围这些数据上，都比当时的我们超出一大截，光是外表就凶神恶煞多了。

　　所以究竟是谁给了咱们人类祖宗自信，觉得自己可以搞定尼安德特人的呢？

04

　　答案依然在那些遗迹中。根据大量的研究，考古学家终于发现了一个现象：尼安德特人拥有各式各样的武器，比如早期粗大的木棒、巨大的石头，还有后来出现的精致的石斧、木矛等。

然而，将他们的武器库和现代人类同时期的武器库进行对比就会发现，有一样东西，他们居然没有。

这就是投掷类武器。嗯，也就是说，他们个个都是力大无穷的近战狂战士，但是却没有远程武器……这很可能和他们的上肢肌肉骨骼构造特点有关，投不准，或者投不远。

现在你们意识到，像《权力的游戏》里的异鬼老大那样，娴熟地掌握一门扔标枪的技术有多重要了吗？因此，虽然一对一打不过尼安德特人，但是现代人类团战时远程射手就开始在后排全力输出，最终完爆对手，将他们杀得干干净净。

在最早内安德塔尔河谷发现的尼安德特人化石，以及后来在圣沙拜尔发现的化石，都显示出他们生前受了很重的伤，前者的伤口在头颅和左臂，后者肋骨和膝盖都严重骨折了。这些伤口，很可能就是拜当时的人类所赐。

当然了，这只是灭绝理论的其中一个观点。除此之外，还有两种比较流行的观点。

第一种叫做语言落后说，这是由美国布朗大学的语言学家菲利普·利伯曼和耶鲁大学医学院的解剖学家埃德蒙·克里林共同提出的。他们根据尼安德特人的头骨及声道特点，用计算机测定他们的发音能力，认为他们是单道共鸣系统，发音能力很低，影响了思想交流和种群的进步，因而发展滞缓，在生存斗争中处于劣势，最终被灭绝淘汰。

第二种叫做人种退化说，是由中国学者李炳之、胡波提出的，他们认为，

图 1.4 现代人类和尼安德特人的遭遇战

尼安德特人生活在小群体内，实行群内通婚。由于近亲交配，影响了后代的质量。眉脊突起、额叶收缩的面部特点，正是退化的表现。人种退化导致他们行动缓慢，走路踉跄，在狩猎、御敌中处于不利地位，最终被灭绝。

总而言之，不论究竟是哪种原因，或者是几种原因共同的作用，尼安德特人在竞争中输给了现代人类，现代人类即便没有直接把他们直接杀光，也把他们逼到更加恶劣的生存环境中。

最后一个尼安德特人是怎样灭绝的，我们不得而知，唯一知道的就是他们后来很惨：在欧洲边远地区的某个山洞里，考古学家发现一具尼安德特人儿童的大腿骨伤口很不正常。他们推测，这名儿童的大腿被成年尼安德特人人为地砍开了，并吸取了其中的骨髓作为食物。如果这是真的，把他们逼到同类相食，的确是很残忍的一件事啊。扎心了……

05

然而这一切还不算完。

2002 年时，考古学家们在罗马尼亚一处洞穴中，发现了一枚早期现代人类的下颌骨，并将其命名为 Oase 1。根据碳 14 年代测试显示，这具下颌骨的主人生活于距今 3.7 万 ~4.2 万年前。是的，即便是我另一篇文章里写到的奥兹冰人，也得喊他声祖宗。Oase 1 是目前为止，在欧洲发现的最早的早期现代人骨骼。

随后，专家们从它下颌骨取下了一颗牙齿，并溶解在试剂中，以此来提取他的 DNA 片段样本（是的，舍不得孩子套不着狼，为了获取 DNA……）好在事实证明，这样的牺牲还是非常值得的。

通过研究这段 DNA 样本，专家们发现了一个震惊学术界的现象：这个约 4 万年前的欧洲现代人，居然含有 6%~9% 的尼安德特人基因！

这意味着什么呢？这样的比例说明 Oase 1 的第 4~6 代祖先，曾经和尼安德特人交配过，所以才会产生这样的结果。换言之，他的曾曾曾祖父母中，其中一个必定是尼安德特人。

其实早在此之前，就有考古工作者发现，尼安德特人和现代人类存在着交配混血的现象。究竟是他们主动和我们发生了关系，还是我们霸王硬上弓欺负了尼人妹妹呢？这就不得而知了。但我个人更倾向于，很可能我们强暴她们的概率更大。这件事上，可以参见欧洲人在美洲对原住民干的那档子事，现代人类的行为特点几万年来应该都没变吧。

图 1.5　尼古拉·瓦罗夫和普通人的对比　　　　　　图 1.6　"法国天使"

　　不过无论当时是什么状况，现代人类和尼安德特人之间，在各地都多次发生过性关系，是毋庸置疑的。虽然这两者可能不属于同一个物种，但事实证明他们的关系非常近，近到没有生殖隔离，近到甚至他们可以算作是智人的一个亚种。

　　事实上除了非洲最南部的那么一小撮人之外，地球上任何种族的现代人类体内都含有 1%~4% 的尼安德特人基因，中国人也不例外，你我身体里，都有他们的基因。

　　对此有很多人都认为，现代欧洲白种人也就是高加索人种，生活区域和尼安德特人最接近，他们的外表特点也和尼安德特人最相似，比如金发、红发、浅色皮肤、鼻子很大、体毛很多，等等。因此，会不会他们和尼安德特人发生的性行为最多，因此关系最接近呢？

　　曾经我也非常认可这样的想法，很明显高加索人种和亚洲人区别那么大，总是有原因的，然而目前为止的 DNA 检测发现，欧洲人并不比亚洲人含有的尼安德特人基因更多，两者处于差不多的数量比例。

　　对此，我也比较困惑。不过呢，我们都知道人类有一种神奇的现象叫做"返祖现象"，后代有时会暴露出自己祖宗的特点。

　　在俄罗斯，有一名叫做尼古拉·瓦罗夫（Nikolai Valuev）的职业拳手，是个超级大块头。身高 2.14 米，体重 328 磅的他，曾经两夺 WBA 重量级新金腰带，同时也是职业拳击有史以来最高和最重的选手。

　　嗯，国外论坛上有很多人，包括我的一个俄罗斯朋友，都认为瓦罗夫的长相非常接近尼安德特人，就等着哪天他能去做个 DNA 测序了。如果你们觉得这还不算，我还知道另一个人，此人叫做毛里斯·提勒（Maurice Tillet），生于 1903 年，是个俄罗斯出生的职业摔跤手，外号叫做"法国天使（the

French Angel，因为他后来在法国打比赛)"。只不过他的长相，可能完全和天使沾不上边。

他活着的时候，被称为是世界上最接近尼安德特人活化石的人。这样看起来，某些俄罗斯人倒真的更接近尼安德特人呢。

06

尼安德特人虽然看起来被我们赶尽杀绝了，但是他们也不客气，偷偷在我们的身体里，留下了报复的种子。

根据 2017 年 2 月 *Science* 杂志的一篇论文，尼安德特人留存在我们体内的基因是导致我们患上抑郁症、过敏、皮肤损伤、血栓、尼古丁成瘾、营养失衡、尿失禁、膀胱疼痛、尿道功能失常等一系列疾病的元凶。换句话说，人类原本没有抑郁症等毛病，这些都是从尼安德特人那里获取的。

无独有偶，另一本重量级杂志 *Nature* 也有类似的论文：研究人员认为正是尼安德特人基因导致了现代人患有二型糖尿病、克罗恩病、狼疮、胆汁性肝硬化以及其他一些自身免疫疾病。

从这些病症中，可以看出一个共同点：它们大部分都是慢性病，比如抑郁症、过敏、血栓、糖尿病，等等，并不会影响患者存活到生育年龄，因此就会被这群几万年前的人类，一代接一代地传给如今的我们。

值得一提的是，很多这些基因，曾经甚至是对现代人类有利的，只是随着人类社会的变化而变成了疾病基因。

图 1.7　尼安德特人的洞穴生活

比如尼安德特人的基因，会让我们有可能患上一种叫做"光化性角化病（Photochemical keratosis）"的病症。这是因为当初尼安德特人时代，大家长期生活在没有光照、黑漆漆一片的山洞里，为了适应这样低光照的环境，自然进化出了可以让皮肤对光线不敏感的基因，而现代人几乎时时刻刻都有光的陪伴，带了这种基因反而会导致皮肤产生疾病。

再比如尼安德特人长期和野兽搏斗，经常会受伤，所以进化出了强化凝血功能的基因，原始人类同样需要，因此杂交后将这种有益基因保留了下来。可是如今的我们并不需要这么强的凝血能力，这种基因反而会导致人类患上各种血栓。

类似的还有，在当时卫生条件极差的环境下，尼安德特人进化出很多对抗病毒、细菌、寄生虫侵扰的基因，原始人类也继承了，但是如今我们的卫生条件早已改善，这些基因反而让我们变得容易过敏、产生炎症。

造成营养失衡的基因也是一样，尼安德特人吃的大都是粗粮，可以从食物中摄取足够的维生素 B，而现代人类吃的都是精细料理，带有这种基因只会导致维生素 B 欠缺……

所以说，在尼安德特人早已灭绝几万年之后的今天，我们依然活在他们的影响之下。也许，他们并没有真的灭绝，只是和我们融为了一体，在我们的身体里继续世世代代地繁衍下去。

一具雪山老尸，一场 5300 年前的谋杀案

看过《海贼王》的同学应该记得，里面有一个身材异常巨大的巨人族僵尸战士叫做奥兹。在故事中，这位巨无霸是在攻打冰之国时，被冻死在那里，直到尸体被月光莫利亚发现后，经由天才医生霍古巴克修复，又植入了男主角路飞的影子，做成特别僵尸"900号"，从此变成了一个恐怖的狂战士。

然而可能没有多少人知道，这个角色其实是有原型的。它的确是一具尸体，而且，是人类考古学史上，目前为止被发掘出的、最古老的一具老尸。

01

1991 年 9 月 19 日是个风和日丽的日子，格外适合户外爱好者进行大山攀登。在意大利和奥地利之间的阿尔卑斯山奥兹特段，有一对名为赫尔穆特·西蒙和艾丽卡·西蒙（Helmut simon 和 Erika Simon）的夫妻正在向着山巅前进。

夫妻俩都是德国人，也是一对经验丰富的登山爱好者，因此他们才敢于孤身挑战这座冰雪覆盖的大山。要知道，他们经过的 Hauslabjoch 和 Tisenjoch 山脊，海拔在 3200 米以上，都是人迹罕至荒无人烟的所在。（不像我当年去的 Amadé，简直就是人头攒动。）

当跋涉到两段山脊之间的一处谷地时，妻子艾丽卡忽然发现前方不远处的雪地里似乎有一团棕黄色的不明物体……她好奇地走过去，拨开雪层，眼前的事物令她大惊失色，慌张地尖叫出来："尸体！天哪是

图 2.1　雪山间姿势诡异的尸体

一具尸体！！"

赫尔穆特赶紧走上前来，稳住慌张的老婆。他发现这具冰雪下的尸体早已干枯萎缩，变得如同干尸一般，只有上半身在地面上，下半身则被紧紧地埋藏在地表以下。从尸体的外形，完全区分不出这是男的还是女的，更分辨不出是哪国人、什么人种。更诡异的是，刨开积雪之后发现，这具俯卧着的尸体，右臂以一个诡异的姿势垫靠在头部下面……

在这个人临死前，究竟发生了什么，才会摆出这样奇怪的造型？艾丽卡猜测，这或许是几年前一起山难的失踪者，但问题是，如果是登山者的话，为什么会是浑身赤裸，没有衣物呢？

越想越觉得惊悚的夫妻俩，赶紧结束了原本的登山计划回到了山脚下，并将这一发现报告给了奥地利方面。第二天，两名巡山队员跟着夫妻俩来到了尸体的发现地，并试图用冰斧和冰镐进行挖掘工作。但突如其来的一场暴风雪让他们只能暂时放弃。

第三天，又有八名队员来到这里，他们中还有两位当地著名的登山者。这一次，这具尸体终于得以重见天日，它被妥善地包裹好，送到了因斯布鲁克大学的医学院。一同被送过去的，还有一道被发掘出来的一些工具和衣物。

在医学院里，一名叫做康拉德·斯宾德勒（Konrad Spindler）的考古学家，仔细考察了物品中的一把铜斧，根据它的样式和做工，康拉德初步推断，这具尸体绝对不是什么几年前的登山队员，它至少有着 4000 年以上的历史……

这，绝对是一具雪山老尸。

02

因为是在奥兹特山被发掘出的，因此，这具干尸被命名为"奥兹冰人（Ötzi the Iceman）"，根据发现地的其他名称，也被称为锡米拉温人（Similaun man）或厄茨人。

说起来，关于奥兹冰人的归属地，当初还有点小争议。因为根据 1919 年的"圣日耳曼—伊拉洛条约"中，意大利和奥地利在当地的边界，被定义为因河（River Inn）和阿迪杰河（River Etsch）的分界处。然而后来由于冰川消融，原本位于奥地利境内的尸体发现地，在当时已经位于意大利境内了。因此，意大利政府对奥兹冰人申明了主权，但同意交给奥地利因斯布鲁克大学先行研究。

通过对尸体的各种研究，考古学家可以如同侦探一般，剥茧抽丝地还原出当时奥兹冰人的生活，以及关于他的各种真相。这些研究是从里到外的，不但用 X 光各种扫描，还打开了尸体的身体，检查其肠胃中的残留物。

图 2.2　科研人员正在对奥兹冰人进行全面研究

根据研究，奥地利的考古学家们推测，奥兹是一名男性人类，当他死去的时候，身高大约为 1.65 米，体重在 61 千克左右，脚的尺寸是 38 码，死时年龄大约是 45 岁。虽然由于几千年的风化脱水，干尸被发掘时只有 14 千克不到，但是由于常年积雪覆盖，他身体的绝大部分组织都被完好地保存了下来。

根据尸体附带的花粉、粉尘颗粒，以及尸体牙釉质的同位素组成分析表明，他生活在公元前 3300 年的史前时期，也就是距今 5300 多年之前——这比埃及最古老的木乃伊还要早 1000 多年。换句话说，这位奥兹冰人，可以说和咱们神话中的后羿、东皇太一、蚩尤们，是一个辈分儿的。不过，这可是活生生的、可以触摸得到的远古人类啊。

经过对奥兹消化系统内的解剖，发现他的肠胃中竟然还残留着死前吃下的食物的踪迹。这些食物包括两顿饭，较晚的那一顿是他在死前八小时内吃的，食物是麃和红鹿的肉，另外还有一些谷类、根茎类和浆果。而较早之前吃的那一顿，应该是在山下中海拔地区的针叶林中吃的，主要的成分是植物的花粉。

两顿饭中都包含有精制过的黑麦麸皮，因此可以推测出那个年代已经有面包之类的食物存在。而且，黑麦的残余物中，还检测出了一些驯化的豆类植物的花粉，因此考古学家推断，他当时吃这顿饭的地点，很有可能是一处人工种植的豆类田地。

这也意味着，5300 多年前的阿尔卑斯山地区域，已经存在农耕的生活方式。并且根据花粉的不同季节，可以反推出有一些花粉是作为食物存货储藏下来的。而且，这些花粉当中还包括啤酒花，我们是否可以这样认为，5300 年前的古人类已经懂得酿啤酒饮用了？

更多的研究还原了更多的细节，让现代人可以了解到 5000 多年前的人类：在奥兹的头发残余物中，考古学家们发现其中带有很高含量的铜及砷离子，而且奥兹随身携带的那把铜斧，其含铜纯度高达 99.7%。因此可以推断出奥兹生前曾经参与过炼铜的工作。

人类学家克里斯托弗·拉夫（Christopher Ruff）通过检查奥兹冰人胫骨，股骨和骨盆的比例，推测他生前应该是在山脉地区长期跋涉，这并不符合青铜时代大多数欧洲人的生理特点，因此，他猜测奥兹是个在高海拔山地活动的游牧民。

除了尸体本身之外，奥兹还有一些随身物品，这些玩意儿告诉我们，如果穿越到 5300 年前，我们会是怎样的生活状态。

为了在寒冷的山地保持体温，冰人奥兹身上的衣物显得很充裕，只是随着尸体风化，已经脱离了身体，这就是被发现时他赤身裸体的原因。他的全部穿着包括：一条缠着绑带的熊皮帽，一件由编织草制成的斗篷、一件外套，一条腰带，一条绑腿，以及带束带的鞋子。这些衣物全部由不同动物的皮革制成。

奥兹身上的紧身裤，是由一种驯养的山羊的皮制成的。在瑞士的一处史前遗迹中，就曾发现类似的一套 6500 年前的山羊皮绑腿。他的鞋带是小牛皮制品，腰带也是野生的獐皮制成的，这大抵说明在人人穿皮草的那个年代，这些玩意儿显然不是啥奢侈品。

他的鞋子是防水的，还很宽大，似乎设计时就考虑到在雪地中穿行。鞋的上层是由鹿皮和树皮包裹着的网状物制成。鞋内部还有柔软的干草层，大概起到类似袜子的作用。很难想象，在 5300 年前的人类社会，居然已经有如此复杂高端的制鞋工艺。据说，捷克一家鞋业公司还打算生产与奥兹鞋同样工艺的同款鞋出售。

奥兹的外套、皮带、紧身裤和腰带都是用大块的、直线切割的皮革缝制而成。他的腰

图 2.3　冰人奥兹的万能工具包

带上还绑着一个皮袋子，里面有很多随身使用的工具：刮刀，钻头，燧石片，骨针，以及晒干了的真菌食物，简直堪称万能急救包。

　　咱们再来看看奥兹的武器，他那把铜斧的斧柄长达60厘米，是由精心加工过的紫衫木制成。10厘米长的斧子本身是纯铜质地，通过铸造、冷锻、抛光和磨利等一系列工艺打造而成。斧身和斧柄是用皮绳紧紧绑在一起，再用桦木焦油加固。即便在那时，这把武器也是价值不菲，说明奥兹可能身份不低。

　　除了斧子外，奥兹还有一把燧石制成的匕首，另外还有一把长达1.82米的红豆杉制长弓。他随身的箭袋中，有12支箭。除此之外，还有一把用于磨尖箭头的鹿角工具。然而，这些武器并不能证明奥兹是一个战士，相反，他可能只是一个采集者。

　　因为他随身还带着两只桦树皮筐，里面装着一些浆果，以及一堆用皮绳穿着的真菌，还有一些用于生火的植物。我们可以想象出这样的一幅画面：一个衣衫齐整的中年男人，带着一身完备的武器，在雪山之巅一边放牧，一边优哉游哉地采集一些植物。图 2.4 就是他的全套家伙。

　　那么，装备精良的他，怎么会好端端地就死了呢？

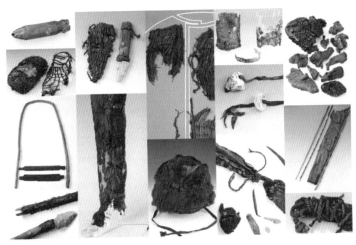

图 2.4　冰人奥兹的全套装备

04

　　通过现代 3D 建模技术，科学家还原了奥兹冰人的本来面目，45 岁的他脸上布满了皱纹，拥有着一对深棕色的眼睛，胡须浓密，但毛发似乎没有经过细心地打理。

　　虽然外貌看起来有典型欧洲人的特点，但是 2008 年，意大利卡梅里诺大学的研究组对冰人 DNA 分析表明，他不属于任何已知的现代人种。2012 年，古人类学家约翰·霍克斯（John Hawks）撰写的论文中写道，奥兹比现代欧洲人更接近尼安德特人的基因。

　　通过检查发现，奥兹身体上存在一些小毛病：比如在他的肠道内检测到了鞭虫和一些其他寄生虫的存在。他的牙齿内存在一些蛀牙，推测这可能是因为他的食物中碳水化合物含量过高导致的。而且根据 DNA 分析，奥兹还有

图 2.5　复原之后的冰人奥兹

乳糖不耐受的症状，但是，这些显然都不是他的死因。

　　此外，2012 年 5 月，科学家发现奥兹体内仍然存有完整的红细胞。这些是已经确定的最古老的完整的人类红细胞。并且，在考古发掘出的大部分干尸中，因为尸体已经在老年期，红细胞都是萎缩状态或者是不完整的，但奥兹体内的红细胞尺寸很正常。

　　因此可以说，死前 45 岁的奥兹，还算是个生龙活虎的汉子。究竟是什么导致了他的死亡呢？

　　解剖发现，奥兹的右侧肋骨有三四根断裂了，但这很大可能是他死后被厚重的冰雪覆盖，从而被压断的。他的指甲存在三道博氏线（一种指甲上的横沟，代表营养不良或得了某种会暂时影响指甲生长的病症），因而推测在死前半年之内，奥兹曾生过 3 次病，但很显然这也不是他的死因。

　　最开始时，人们怀疑奥兹是在一场户外的暴风雪中遭遇了雪崩，继而被冻死，但根据他死前的衣物穿着和对当时的气候分析，这种可能性很低。后来，又有人推测，奥兹可能是一个部落中用于献祭仪式的牺牲品，这是因为在很多史前遗迹中都发现有这样的现象。

　　直到 10 年之后的 2001 年，一位放射科医生保罗·高斯特纳（Paul Gostner）通过一次 X 光和 CT 扫描之后，发现了一个此前从未有人注意过的细节：在奥兹的左肩胛骨下，有一小块三角形状的黑色阴影，放大之后显示，这似乎是一个箭头形状的伤痕。与此同时，他的外衣背部，也有一个与之匹配的破洞！

这个箭头的发现，对解释冰人奥兹的离世起到了关键性证据的作用。

虽然证据显示奥兹在死前拔下了箭柄，但是箭头依然留在他的体内，长时间的失血最终导致了他气力不支，摔倒在了冰天雪地里。而且，他死前的姿势，包括尸体的受力分析都显示了，他

图 2.6　冰人奥兹丧命时的那一瞬间

是自己独自一人倒在地上死去的，且死后没有经过任何埋葬处理。

更进一步的研究发现，在奥兹的匕首、外套以及弓箭的箭头上，有 4 个不同人的血迹，这说明在死前不久，奥兹曾经经历了一场血战，他很可能杀掉了好几个人。同时，奥兹的手腕、胸部和脑部，似乎也有遭受伤害的痕迹。其中最深的伤口在他的手指上，其深入骨，直到死去也没有愈合。

如此一来，我们可以尝试着还原一下奥兹的真正死因了。

在阿尔卑斯山的群峰之间，奥兹正在独自放牧和采集植物。不幸的是，他遇上了几个敌对部落的仇家，经过一场博斗，他用匕首和弓箭杀掉了敌人，但是自己也留下了伤口。蹒跚着继续在山谷中前进的奥兹，并不知道自己被某个杀手盯上了。

那个杀手一路尾随着奥兹，并选择了一个合适的机会，从隐匿的山后，一箭射入了奥兹的后背，直接切断了奥兹的动脉。中箭的奥兹俯身倒在了地上，他拼尽全力用右手伸向自己的左肩，拔出了箭柄，但是箭头依然深深扎在他的体内，血流不止。

最终，这个 5300 年前的孤单男人，就这样倒在了白雪皑皑的山巅。

极度巧合的是，他死亡的位置，刚好是一块山岩形成的凹地，严寒导致他的尸体迅速被冻结起来，这样就形成了一个天然的冰柩，把他的尸体完好地保存在里面，几乎没有任何腐败。

随着几千年的地质运动，他的尸体逐渐越埋越深，最终形成了一具被冰藏的千年干尸，又随着温室效应冰雪消融，逐渐显露在了地表，直到那对德国登山者夫妇的到来。

05

虽然冰人奥兹的死因似乎可以解释了，但在他的身上，还有更多的谜团。

在奥兹的身体上，有着大量的文身，数量甚至达到了 61 枚。这些文身是由 19 组黑色的线条组成的，宽度为 1~3 毫米，长度为 7~40 毫米，并且每一组大都彼此平行。遍布他身体的腰椎、手腕、膝盖、大腿，以及脚踝。

奥兹的文身，都是用炉灰或者植物灰烬制成的颜料进行上色的，对于它们只是纯粹的文身还是另有他用，学术界还有着争论。

根据奥兹骨骼的放射学检查显示，他身上那些文身所处的区域，很多都显示出和年龄有关的骨骼病变现象：比如腰椎的软骨萎缩和轻度腰椎关节硬化，以及膝关节尤其是踝关节所出现的磨损和退化。这些证据都表明奥兹生前很可能患有较为严重的关节炎。

而文身和病症位置的重叠，令人做出了一个大胆的推论：这些文身可能是用于止痛的，其原理和中医的针灸止痛非常相似。如果真的是这样的话，这就比中国最早记载使用针灸的公元前 1000 年，还要早上 2000 年之多。当

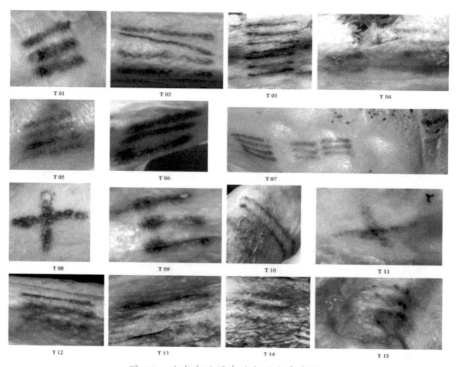

图 2.7　遍布奥兹周身的各种文身痕迹

然了，这也是学术界争议的一个话题，很多业内人士并不认可这样的结论。但是无论如何，说奥兹是能见到的史上最早文身男，那是毫无问题的。

嗯，正所谓我文身，我杀人，但我知道我是好男人。

另一个神秘现象，也发生在好男人奥兹的尸体被发现后。按理说这只是巧合，但也有人称之为"奥兹的诅咒"。

在冰人奥兹被发现之后，就有不少人开始陆续死亡：巡山小队队长汉恩是第一个，他挖掘尸体后的第二天，就被一辆迎面而来的车辆撞死。开直升机运送奥兹尸体离开阿尔卑斯山的青年导游弗瑞兹，在后来率领游客重返旧地时，遭遇了雪崩身亡（并且当时整个团队只有他一个人死了）拍摄冰人奥兹纪录片的记者霍泽尔，在拍摄完毕不久也死于脑瘤。同样死因的，还有奥地利考古学家，冰人奥兹研究小组组长康拉德·施宾德勒。

另外，冰人奥兹的发现者赫尔穆特·西蒙，也在 2004 年 10 月再度前往阿尔卑斯山登山时失踪，一星期后有人发现了他被冻死的尸体，该地距离"冰人奥兹"发现处大约 200 千米。当然了，如果和参与进行研究的上百名人员比起来，这个数量完全不具备统计学意义，"奥兹的诅咒"只是一个人为制造气氛的恐怖传说罢了。

其实，更多欧洲人对这个老祖宗还是挺怀念的。因此，在奥兹被发现的地方，立起了一个纪念碑，算是对这个 5300 年前孤独死去的男人的一些纪念。

我们中国人的祖先，究竟是谁？

许多年来，可能有一个问题一直困扰着大家："我们现代人，究竟起源于何方？"

请大家先不要急着往下看，可以先自问一下，用已有的知识体系试着回答一下这个问题。其实，之所以我会写这篇文章，也是因为无意中问过一些朋友这样一个类似的问题："我们中国人的老祖宗，究竟是谁？"

然后回答有："我们当然是炎黄子孙！"。

也有说："从非洲来的啊，这谁不知道？"

又有说："应该是元谋猿人、北京猿人的后代吧。"

更有说："其实说不定是外星人降临之后的遗留物……"

那么，我们就从各种角度引入观点，来详细具体探讨一下这个有趣的话题。

01

在过去，人类进化的研究主要依赖于人类学、古生物学、考古学、化石形态学，等等。所以我们时不时便会听说，"某某考古队在某某洞里，挖出个古人类的头骨"之类。

比如 1965 年，考古研究者在云南元谋上那蚌村附近，发现了两颗类人生物的门齿，还一并发现了石器、炭屑和有人工痕迹的动物肢骨等，于是将其命名为元谋人。当时通过对化石地层和动物群主体的测定，认为元谋人距今年代为 170 万年左右，属于旧石器时代早期的古人类。后来通过古地磁学对标本的重新测定，将元谋人的年代修正为 50 万~60 万年前。

还有更早一点的，1927—1929 年间，考古人员裴文中在北京市西南的周口店龙骨山发现了一块类人生物头骨，将其命名为北京人，一般认为约在距今 50 万年前（2009 年《自然》期刊中，应用 26Al/10Be 测年法的结果，重新将其年代上推至 68 万~78 万年前）。然后比较有名的还有蓝田人、山顶洞人、柳江人、丁村人等。

而这些古人类生物，按类型分可以分为两种：

其中，北京人、元谋人、蓝田人、南京人等，是直立人，学名 *Homo erectus*，这便是俗称的猿人。直立人和匠人 *Homo ergaster* 的划分有争议，但普遍认为他们都是由能人 *Homo habilis* 进化而来的。（能人又是由古猿进化而来，在本文中就不继续引申了）直立人主要分布在亚洲，除中国之外，在爪哇也曾发现过著名的爪哇人。

直立人的外貌如图 3.1 所示（照片摄于纽约自然历史博物馆）。

而山顶洞人、丁村人、柳江人等，被定义为智人，学名为 *Homo sapiens*，智人顾名思义，指的是有智慧的人，也便是现代人（不要小看智人的智力，已经非常接近我们了）。

智人按照时代，又分为早期智人和晚期智人，其中著名的尼安德特人和我国的丁村人，是早期智人的代表，山顶洞人、柳江人则是晚期智人。

智人的外貌如图 3.2 所示（照片摄于纽约自然历史博物馆）。

从直立人人到智人之间，还有一种被称为前人的，学名为 Homo antecessor，比如欧洲的海德堡人就被认为是前人。前人被认为是尼安德特人和智人最后的共同祖先。

在我国没有前人这样的划分。所以，可以粗略地认为，猿猴——古猿——能人——直立人（猿人）——早期智人——晚期智人，便是人类进化的大致轨迹。

根据我国出土的古人类化石研究，发现我国的直立人到智人之间，存在着连续进化现象。比较明显的特点就是铲形门齿（*Sinodonty*），这一独特特点在各种不同年代的头骨中均有发现，而欧洲、非洲的化石具备这一特点的就

图 3.1　直立人的外貌复原

图 3.2　智人的外貌复原

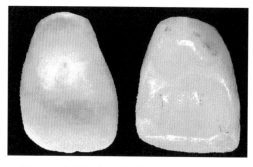

图 3.3　铲形门齿，外形呈现出明显的铲状

非常少见了。

此外东亚古人类化石还有的特征包括：第三臼齿先天性缺失，矢状嵴，下颌圆枕，长方形的眼眶，脸型比较扁平等。而且重要的一点在于，这和我们现如今大多数中国人的特征是相当吻合的，和其他人种之间则区别很大。

如此看来，说我们中国人起源于北京猿人之类的本土直立人，又继而进化为智人，最终变成现在的我们，看上去不但合情合理，更满足了我们土生土长的自豪感。（一方水土养一方人嘛）而且，据说以前的历史课本，也是支持这种说法的。

总而言之，这种理论被称为人类多地起源说，也就是说，人类是分别在世界各地进化成今天的现代人的。

02

然而上述人类多地起源的理论，在 20 世纪末，遇到了一个巨大的挑战——这，便是分子人类学（Molecular Anthropology）的崛起。

分子人类学是人类学一个很前沿的分支，主要是在人类基因组等研究基础上发展形成的一门新兴交叉学科。它可以利用分子水平的遗传信息和统计学方法，进行人类起源、当代和古代人类群体演化的研究。

1987 年，加州大学伯克利分校的 3 位分子生物学家 R.L. 卡恩（R. L. Cann）、M. 斯通金（M. Stoneking）和 A.C. 威尔逊（A. C. Wilson），通过选择祖先来自非洲、欧洲和亚洲，以及巴布亚新几内亚和澳大利亚土著等共 147 名妇女，从她们生产后婴儿的胎盘细胞中成功地提取出线粒体基因（mtDNA），并对其序列进行了统计和分析，根据分析结果绘制出了一个系统树。

由此推测，所测定的婴儿 mtDNA，可以将所有现代人最后追溯到 14 万～29 万年前（平均 20 万年前）生活在非洲的一个女性。她就是今天生活在地球上各个角落的人的共同"祖母"，并被命名为夏娃。

随后三人将研究成果发表在 *Nature* 杂志上，也便是分子人类学中重要的理论——《线粒体 DNA 与人类进化》（*Mitochondrial DNA and human evolution*）。此文奠定了分子人类学的基础，也扛起了单地起源说的大旗。

他们接着又根据 mtDNA 发生突变的速率，计算出非洲人群分化出世界其他人群的大致时间为 9 万~18 万年前（平均约 13 万年前）。他们据此推测，大约 13 万年前，夏娃的一群后裔离开了非洲，跨过红海来到亚欧大陆，最终向世界各地迁徙扩散，并逐渐取代了生活在当地的土著居民——直立人的后裔早期智人，从此在世界各地定居下来，逐渐演化发展成如今的我们。

这便是赫赫有名的，有关现代人起源的"夏娃假说"。也许有人要问，为啥通过线粒体就能确定出这位夏娃呢？

这一切都是基于线粒体 DNA 的母系遗传特性：在精子生成的过程中，绝大多数的线粒体都被去除了，只保留极少数的线粒体提供精子运动的能量。在受精时，精子细胞核进入卵子，与卵细胞融合，而精子中残余的线粒体则被挡在外头，不能进入卵子。

因此，虽然下一代子女的细胞核基因，一半来自精子，一半来自卵子，但线粒体基因则全部来自卵子。也就是说，线粒体基因属于母系遗传的，全部来自于母亲这边，通过母亲传给女儿，女儿再传给她的女儿——这样不断遗传下去。

此外，在生成精子、卵子的过程中，细胞核的基因会发生重组，将原来的排列全部打乱，然而线粒体的基因却不会重组，因而线粒体 DNA 的传递是很可靠的。

但是可靠归可靠，在线粒体基因的传递过程中，还是会发生比较罕见的基因突变，从而改变了基因序列。突变后的基因会被后代保留下来，并继续传给下一代。随着千百代人不断繁衍，更晚的后代线粒体基因积累的突变数量会变得更多，后代个体之间线粒体基因序列的差异也随之越来越大。一般说来，两位个体之间线粒体基因序列差别越大，表明他们与共同祖先分离的时间越长，亲缘越疏，反之则越近。于是，只要通过研究现代人线粒体基因序列之间的差别，就能推测出他们和祖先之间的关系。

03

2000 年，斯坦福大学的 P. A. 昂德希尔教授（P. A. Underhill）等利用变性高效液相层析技术（此技术可以让核苷酸快速游离并被析出），分析得到 218 个 Y 染色体单核苷酸多态位点（也就是 Y-SNP）构成的 131 个单倍型，对全球 1062 个具有代表性的男性个体进行研究，同样根据分析结果绘制出一个系统树。

Y 染色体系统树所展示的结果与 mtDNA 系统树的结果非常相似。通过统计 Y 染色体上的基因突变速率，可以追溯到一个来自非洲的共同起源，他将其命名为亚当。这再一次说明，欧洲和亚洲等世界其他现代人群都起源于非洲，而美洲和澳洲现代人群又都起源于亚洲人群。这就是与"夏娃假说"相互印证的"亚当假说"。

"亚当假说"则是基于 Y 染色体 DNA 的父系遗传特性：我们都知道，人类有 23 对计 46 条染色体，其中 22 对（44 条）为常染色体，另外一对（2 条）为性染色体。这两条性染色体分两种组合，XY 组合的为男性，XX 组合的为女性。所以，Y 染色体上的基因，完全来自于父亲这边，通过爷爷传给父亲，父亲传给儿子这样代代相传。

和线粒体类似，Y 染色体上非重组区的 Y-SNP 也有一定几率会发生突变（突变更稳定，而且概率比线粒体高，且每一个突变点都更容易被记录和找到），产生的突变也会通过单倍遗传，一代代积累下来，这也被称为多态性（polymorphism）。因为多态性是代代积累的，也就是说，多态性越多的人群，相当于他们的传递代数也越多，就证明他们越古老。

如果觉得不太容易理解的话，用下面这个比喻也许会形象一些：我们假定任何一个家族每隔 5 代就会出一个名人（基因突变），那么如果某个家族历史上出了 10 个名人；而另一个家族历史上只出了 2 个名人，那么也就证明前者的家族肯定比后者更为古老。

所以研究 Y 染色体上的多态性，就可以发现祖先人群在父系关系上的迁徙和发展过程。

通过大量的统计和研究之后，科学家们发现非洲的桑人人群（科伊桑人中的桑人部分）的 Y 染色体中，包含有已知所有人类中最多的多态性，这便证明他们是最古老的人类。这可以理解为，每一支其他种族的人群都是从他们那里分离出去的。而越后期分离出去的人群，多态性便越低。

对了，已故的南非前总统曼德拉，就是科伊桑人和班图人（Bantu）的混血。

另外需要强调的一点，生物多态性指的是同一种群中存在多种表型。举个例子，比如科伊桑人这一族多态性很高，他们的种族在 6 万年以前就形成了。并且，他们和现代人类基因相似性只有 87%，而汉族（汉族形成一般指 O-M175 这一基因突变产生）的形成，是在 35000 多年前，所以汉族的多态性没有那么高。两个汉人之间的基因相似性，比两个科伊桑人之间的基因相似性高得多，也就是说多态性小得多。

根据 Y 染色体 DNA 的理论，再结合现代不同地域的原始男性居民的

DNA 样本，分子人类学家甚至能够推断出人类从非洲迁徙到世界各地的轨迹。很多关于我们祖先定居点分布的研究，都是基于这种理论的。

04

我们继续说，时间到了 1997 年的 7 月，德国慕尼黑大学的分子生物学家 M. 柯林斯（M. Krings）等，对 1856 年发现于德国杜塞尔多夫尼安德特峡谷的、距今大约 6 万年左右的尼安德特人化石，进行了线粒体 DNA（mtDNA）的抽提和 PCR 扩增，并对提取出的 DNA 进行了测序。

他们研究发现，尼安德特人的线粒体 DNA 序列中，有 12 个片断与现代人类完全不同，且处在现代人类的变异范围之外。经过进一步推算，计算出二者的分化时间居然在 30 万年以上。（也就是根据这个结论，推测前人 Homo antecessor 是二者共同的祖先）。

而根据各种遗迹和化石，尼安德特人曾经和智人一同生活过，他们并存历史在 10 万年以内。这也就是说，如果这两个人种之间有直接传承关系的话，差异应该小于过 10 万年，绝不可能达到 30 万年。因此，尼安德特人不是现代人类的直系祖先，他们只是人类演化史上的一个旁支。并且，这一研究结果也支持现代人类起源于非洲。

柯林斯随后在 Science 杂志发表了一篇文章提出此观点，引得学术界哗然。因为和中国一样，过去欧洲人也曾一直认为，尼安德特人很有可能是他们的祖先。而且非常类似的是，尼安德特人的解剖学特征也和现代欧洲人有很多相似之处（比如深邃的五官和红色的毛发）。

这一消息很快传到了国内，也在业界激起了轩然大波。1999 年，中科院研究员宿兵等学者，利用 19 个 Y-SNP 构成的一组 Y 染色体单倍型，对中国各省份的汉族和少数民族，以及世界各地总共 925 个个体的不同人群进行研究，证明中国各人群在内的全部现代东亚人群的 Y-SNP 单倍型均来自于较晚发生的突变，而更早的类型仅存在于非洲。由此他认为，现代东亚人全部来自于非洲的某个祖先。

2001 年，浙江大学的柯越海教授，复旦大学的金力教授和卢大儒教授等，对来自中国各地区近 12000 个男性随机样本进行了 M89、M130 和 YAP 三个 Y 染色体单倍型的分型研究。

为什么一定要选择这三个单倍型 M89（F）、M130（C）和 YAP（D）呢？因为它们均是由一个 Y 染色体单倍型 M168（CT）分出来的（可以理解

图 3.4　尼安德特人的外貌和现代欧洲人有着许多相似之处

为一个祖先，三个不同辈分的后代）。而 M168 是人类最早走出非洲并扩散到其他地区的代表性突变位点，也是所有非非洲人群最近的共同祖先。所以，M168 是现代人类单一起源于非洲的最直接证据，在除非洲以外的其他地区没有发现任何比 M168 更古老的突变型。

柯越海等学者的研究结果显示，这多达万份的样品无一例外具有 M89、M130 和 YAP 三种突变型之一，并没有发现任何个体携带有除这三种 Y-SNP 之外的突变类型，也没有发现同时具有 M89、M130 和 YAP 突变中任意两个以上突变的个体。

这是什么意思呢？我们再用通俗点的例子比喻一下吧，来自非洲的爷爷有三个子孙，这三个子孙分别离家出走，到了三个不同的荒岛并定居，那么许多年后这三个荒岛的岛民，必然分别是这三个子孙的后代，而且不可能同时是三个子孙中任何两个的后代。毕竟，他们三个去的是不同的荒岛。

这一结果，与非洲之外世界其他地区的基因型分型完全一致。在所检测的所有中国 12000 份样品中全部都携带有来自非洲的 M168 突变型的遗传痕迹。于是，上述多位学者一起，发布了《Y 染色体单倍型在中国汉族人群中的多态性分布与中国人群的起源及迁移》。

如此一来，大家是不是觉得，现代中国人从非洲迁徙而来，显然是板上钉钉的事实了？

是的，分子人类学所支持的这种理论，也被称为人类单地起源说。当然，单地指的就是非洲了。这种理论，是指智人从非洲迁徙到世界各地，并完全取代（自然灭绝？杀掉？吃掉？）了当地的其他古人种同胞，比如北京猿人的后代、尼安德特人，等等，最终形成了现代人类。

按照这一理论，智人从非洲出发，在进入中国之前，大体分为两支（不同时间），一南一北进入中国腹地，并逐渐形成如今的中国各民族。

05

我们知道，任何重大理论的提出，都会经历无数的学术大战，更何况是人类起源这么神圣的理论呢？是的，在科学理论面前，传说中的那一干众神，早已哭晕在厕所……

如今依然坚持支持多地起源说的，大都是中国学者。私以为，这里面或多或少内含着中国人的本土自豪感。这些学者大都坚持"连续进化、附带杂交"的观点，也便是说，现代中国人，是中国本土人种自身不断进化并和非洲迁徙来的人种互相交融而最终形成的。

质疑一：连续进化的证据

之所以会坚持此观点的理由之一上文也提到了，中国发掘出的多具古人类化石，展现出一种连续进化的特征，并且和现代中国人（蒙古人种）也有很多相似的地方（铲形门齿等）。除此之外，山顶洞人和北京猿人分属智人和直立人，却于同一个区域（周口店龙骨山）被发现，是不是也提供了这种连续进化的地理坐标证据呢？

南京古生物研究所研究员许汉奎也支持这一观点，身为南京猿人化石的发现者之一，他在南京葫芦洞古熔岩洞发现了南京猿人1号和南京猿人2号。

南京猿人1号是一个21~35岁之间的女性，生活在距今约60万年前，具有北京猿人的许多形态特征，并与中国不同时代的古人类化石有着遗传联系。而南京猿人2号是一个壮年男性，处于直立人到智人的过渡阶段。和1号女性南京猿人相比，他更为进化，这两个头骨之间可能存在着10多万年的差距，从中也可以推测，中国古人类是存在连续进化的。

质疑二：中国古人类工具落后

考古学家发现，中国古人类使用过的石器中，98%都停留在"第一模式"阶段。而中东出土的智人遗迹中，他们在10万年前所使用的石器，精致而易于使用，已经属于"第三模式"了，这比"第一模式"不知道高到哪里去了……

那么问题来了，如果按照单地起源说，智人大约10万年前走出非洲到达中东，大约6万年前到达中国，然后完全取代中国本土古人类的话，那么这些智人在到达中东时，就具备制作"第三模式"石器的技术了，为何在那过了4万年到达中国后，反而只会做"第一模式"的原始石器了呢？这不是开历史倒车了吗？

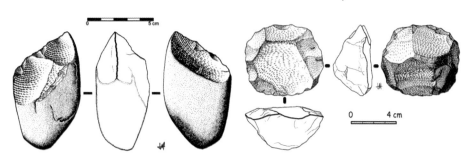

图 3.5　第一模式（The Oldowan Industry）的石器
和第三模式（The Mousterian Industry）的石器

质疑三：原来的古人类去哪了

这个质疑，不但在中国出土的各种古人类身上存在，也同样在尼安德特人身上存在。至今学界都无法给出令人信服的答案，证明这些古人类是如何灭绝的。

有说是被迁徙来的智人全部杀光了的。然而，且不论中国之广阔，即便是欧洲也有那么巨大一块地儿，怎么可能杀到一个不剩，彻底灭绝呢？尼安德特人的智力并不比智人低，打不过难道不会跑吗？更何况，也未出土过证明有智人和尼安德特人激烈战斗的遗迹。同样的，中国也没有类似的两种古人类互相厮杀的遗迹出土。

还有说被智人全部吃了的，这个推测私以为比较荒谬。人身上才几斤肉嘛，而且放着大型又温顺的食草动物不吃，盯着战斗力相仿的同胞吃，会不会风险太大？

还有一种理论，是说他们遇到寒冷的第四纪冰期被冻死灭绝的。但就在同一片土地上，其他的生物如猩猩、野牛、狼都没有因此而冻死灭绝，为何食物链顶端的古人类反而灭绝了，似乎也不合理。同样的道理，人类是会迁徙的，觉得北方冷就往南方跑是本能，活活被全员冻死，终归有点不可思议。

质疑四：典型的东亚人特征

上面我们提到过铲形门齿，第三臼齿先天性缺失，矢状嵴，下颌圆枕，长方形的眼眶，脸型比较扁平等中国古人类和现代人的共同特征。除此之外，中国人的头颅大都呈两面坡状，有下颌圆枕；非洲人则是圆弧状，没有下颌圆枕。对比一下，北京猿人的头顶就呈两面坡状，有下颌圆枕。这是否说明了什么呢？

这里，又涉及一个趋同进化的解释（我个人比较赞成这种解释，但面对一些疑点也有困惑）。对趋同进化理论的质疑主要在于，趋同进化一般都是因为环境影响而产生的显著变化，但学界仍无法给出两面坡状头骨和圆弧状头骨在进化学中的解释。或者说，这种特征和环境的影响并不大。

此外，如果尼安德特人和现代欧洲人特征相似，是因为欧洲气候极度寒冷所导致的趋同进化，那么同样地处寒冷的北亚和北美，为什么智人就进化成了蒙古人种（楚科奇人、因纽特人）的特点呢？

所以在各种质疑之下，杂交这种猜想也便逐渐产生了。而德国人通过对尼安德特人的化石进行 DNA 测序后，发现现今所有人类（非洲最南部的人群除外），都含有 1%~4% 尼安德特人的基因。这也似乎更加证明了杂交的可能（也有提出是环物种可能的）。但是杂交猜测被质疑的问题就更多了，本文就不再一一展开了。

看到这里，也许你会说，那咱们也给中国出土的古人类化石做个测序不就结了？

可惜的是，中国出土的古人类化石本来就少，北京猿人的和山顶洞人的化石还都不知所踪了。而且做测序的话，不但要破坏化石本体，还不一定真的能提取到 DNA 片段，所以我国暂时没有进行过类似的研究。

所以，到现在也没办法下定论说，咱们中国人的祖先到底是谁。

不过呢，如果非要做个结论的话，归根到底咱们还是来自非洲的。因为，即使是北京猿人那批直立人，也是 190 万年前从非洲迁徙到世界各地的小分队之一。

发掘所罗门圣迹的他，败给了犯罪史上最无解的连环杀手

我过去是工程师出身，后来转了不少次行，因此总以东野圭吾为榜样，因为他同样是工程师出身，却能转行成为一个名满天下的侦探小说家。然而，当我最近读到了一位神奇人物的人生履历时，忽然更加被震惊了：这位爷也是工程师出身，后来转行多次，且不说这些转行有多成功，关键是他每次跨领域之后，居然都能在历史上留下超级精彩的纪录。

更奇怪的是，国内竟然几乎没有人听说过他。没关系，反正我就是专讲黑历史和冷知识的，让我们快开始吧。

01

分隔大西洋和地中海的直布罗陀海峡，位于西班牙和摩洛哥之间。然而在西班牙最东南端，有深入海峡的那么一小坨地方，名为直布罗陀巨岩（Rock of Gibraltar），却是英国人的属地。自从西班牙输掉了王位继承战争之后，根据签署的《乌得勒支条约》，这里就被英国人占领了。

直布罗陀巨岩的地理位置非常重要，因为它所位于的直布罗陀半岛，是从北非跨越海峡作战，抵达欧洲大陆最重要的落脚地。当年摩尔人就是以此地为跳板，和哥特人争夺西班牙南端的。因为地势险要，可以居高临下据守海峡，他们还在这里建立了一座非常著名的摩尔城堡。

英国人显然知道此地的重要性，因此从1713年接手之后，就一直将这块飞地视为军事重镇，并安排英国人来到直布罗陀半岛定居殖民。

出于军事目的，英国政府一直很需要一份详尽的直布罗陀测绘地形图。于是为了完成这个任务，在1861年，我们的男主角查尔斯·沃伦（Charles Warren）来到了这里。他彼时的身份，就是一位皇家工程师。

1840年出生于威尔士的沃伦，来自一个标准的英国军人家庭，他的青年时代都是在皇家军事学院中度过的，虽然不是牛津剑桥那样的名校，但是

图 4.1 沃伦当年一手打造的地形模型

作为一名工程师，他的水准还是相当出色的，并在毕业后加入了英国皇家工程兵团。

来到直布罗陀半岛之后，沃伦亲自爬上了巨岩北麓海拔 411 米的陡坡，并在这里进行了三角测量，通过测量和地质采样，沃伦确认了直布罗陀地貌的形成，来自于上个冰河区，由于其主要的地质构成是方解石，因此形成了非常多的洞穴，天然就自带军事仓库属性。

最终，在弗洛姆（Frome）少将的协助下，沃伦花了 4 年时间，终于完成了一幅两米见方的直布罗陀地形模型。

这座模型不仅仅复原出了直布罗陀当地地貌和港口的形状，甚至还详尽刻画出了每条道路和建筑物的分布，成为重要的军事资料。如今这座模型的复刻品，依然保留在直布罗陀当地的博物馆中，并成为那些测绘工程师后辈们顶礼膜拜的作品。

在完成军事模型之后，沃伦也得到了提拔，从中尉升到了上尉。但是相比起军衔上的提升，对沃伦来说人生中更重要的一点在于他加入了某个很不得了的组织：共济会（Freemasonry）。

自从在 18 世纪诞生之后，共济会这个自带神秘主义属性的组织，就留下了太多关于阴谋论的故事，无数赫赫有名的大人物也自愿加入其中，比如：雨果、歌德、华盛顿、丘吉尔、卢梭、柯南·道尔、马克·吐温、爱迪生、沃尔特·迪士尼……

然而，只要看一眼共济会标志徽章中的圆规、方矩和法典就能明白，它从来就是属于工程师的一个组织。而同时兼备圣公会成员和工程师职称的沃伦，凭着直布罗陀地形图的名气，自然顺理成章地加入了这个组织。

如果说直布罗陀地形图只是一次小试牛刀的话，接下来，他人生中下一个任务，才是真正具有重大意义的使命，当然，也和他的共济会身份有关。

02

从 19 世纪中期开始，一门此前名不见经传的学科，忽然变成了全世界发达国家竞相研究的潮流——这门学科就是考古学。曾经，它只是一门研究过去的学问，但到了 19 世纪，它摇身一变被赋予了新的意义：考古学将主导未来。

那些故纸堆中翻查典故的老学究们绝对不会想到，某一天考古学居然可以决定一个国家的走向。随着殖民扩张时代开始之后，任何一国的考古学家在自己国家之外的某地，哪怕挖出一个自家几百年前某公主用过的马桶，都可以用来论证此地的归属。

这一点，对于那些具有争议的领土和地点特别有效。因此在出现领土争端时，如果不想通过干一仗来解决的话，哪家的考古学越发达，也常常意味着哪家可以认领地盘的可能性越大。

而说到领土争端，可能在这个地球的历史上，再也不会有哪里比它更具有争议。从几千年前，它就被各种文明、各个民族所征服。直至今天，为了争夺它的归属，那儿依然打得不可开交。

是的你们想必都猜到了，这个城市就是——耶路撒冷（Jerusalem）。

在 19 世纪中期，以英国为首的西方国家比如俄国、普鲁士、美国，在耶路撒冷的考古工作进行得如火如荼，这是因为如果一旦能够在考古学上科学地证明耶稣受难的事迹，以及《圣经》中的那些古老传说的话，那么基督徒就可以战胜犹太人和穆斯林，名正言顺地认领这座城市的所有权。

1865 年，在维多利亚女王的授意下，"巴勒斯坦探索基金会（The Palestine Exploration Fund）"成立了。各方名流和科学家都加入了耶路撒冷考古团队，查尔斯·沃伦自然也是其中之一。

我们知道，共济会自认的祖师爷，便是古代以色列王国时代的海勒姆·阿比夫（Hiram Abiff）。作为一个宗师级石匠（Mason，也便是共济会英文的由来），海勒姆是公元前 960 年建造耶路撒冷所罗门圣殿（Solomon's Temple，也就是第一圣殿）的首席建筑师。

然而，所罗门圣殿却在公元前 586 年巴比伦人的入侵中，被彻底摧毁，犹太人也被巴比伦王尼布甲尼撒俘虏，沦为"巴比伦之囚"。在此之后，波

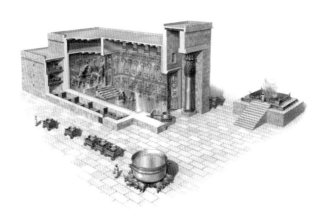

图 4.2 耶路撒冷第一圣殿复原图

斯皇帝居鲁士和大流士对第一圣殿进行了不完整的重建。

到了公元前 19 年的希律王时代，他又在重建的第一圣殿基础上建立了希律圣殿，也便是第二圣殿。然而好景不长，到了公元 70 年时，随着罗马帝国的入侵，罗马将军提图斯又摧毁了第二圣殿。从此，圣殿再也没有能够重新建起来。

因此，每个共济会成员都对耶路撒冷的圣殿，也就是如今的圣殿山（Temple Mount）有着莫可名状的追求。他们都想看看祖师爷海勒姆的手艺，同时也想获得关于《圣经》故事是否存在的依据。

沃伦成为那个幸运儿，与此同时，他也从工程师转行变成了考古学家。1867 年 2 月，年仅 27 岁的他来到了耶路撒冷，开始了考古探索。

03

查尔斯·沃伦一踏上圣城的土地，就开始摸索着制定挖掘圣殿山遗迹的方案。

他带来的团队包括在直布罗陀工作时的同事，下士亨利·伯托斯（Henry Birtles）以及另两名下士军官，一名摄影师和一名测绘技师。所有的考古装备包括撬棍、绳索、千斤顶、手杖以及其他仪器等，租了当地的 8 只骡子来负重。

当时统治耶路撒冷的是衰落中的奥斯曼土耳其帝国，沃伦通过请客吃饭，"说服"了总管耶路撒冷的帕夏（pasha，奥斯曼的一种官位，类似于总督），获得了在圣殿山开掘的许可。搞笑的是，沃伦请奥斯曼人吃的大餐，是用当地的一种大蜥蜴的肉做的，而这种大蜥蜴的英文就是 warren。

然而，当地的耶路撒冷市民们，非常反感他的考古团队直接在圣殿山的遗迹上随意打洞（毕竟这里现在是岩石清真寺和阿克萨清真寺的所在），他们认为这是一种亵渎神明，并进行了旗帜鲜明地反对。

沃伦并不想激怒当地民众，因此他只能另辟蹊径，曲线救国。

他在圣殿山附近租了一小块地皮，并通过在地表打洞的方式，穿透岩石开凿了 27 口竖井。然后，悄摸摸地挖起了通向圣殿山的隧道。嗯，你们不允许我在地上明着搞，那就躲地底下暗着来好啦。

然而，还是有些机智的圣城市民发现了动静，他们向帕夏打小报告，说沃伦是只可恶的鼹鼠。得到汇报的帕夏亲自来到现场，他好奇地想下到地底，检查一下沃伦到底在搞什么鬼。没办法，沃伦只能安排人员放了一只吊篮，让这位奥斯曼高官坐在里面，一点点往地下降。没想到刚刚降到竖井底部，这位官老爷就被黑魆魆的地道吓坏了，他不敢继续往里走，高叫着要求上来。

重见天日的帕夏老爷，非但没有阻止沃伦偷偷挖洞的行为，还被他们的胆量所打动，于是一心一意支持这项活动。不过说实在的，沃伦他们的考古工作的确需要相当大的勇气。且不说那 130 英尺深的幽深地下，只能靠一点蜡烛和油灯的火光照明，头顶上也随时都有可能坍塌，碎石不住地往下掉，一不小心就会葬身地底。

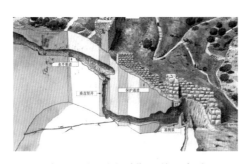

图 4.3 "沃伦竖井"三维示意图

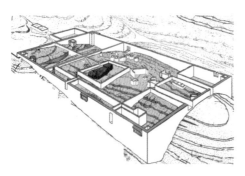

图 4.4 复原之后的耶路撒冷圣殿山
地下城遗迹

但高风险带来的是高回报。沃伦的考古获得了巨大的成果，他挖掘出了一大批犹大国王希西家（Hezekiah）时代的精美陶器碎片（讽刺的是，当时就是因为希西家炫富，才诱惑了巴比伦王尼布甲尼撒的入侵）。这个发现有着不可估量的意义，它证明了那个传说中的旧约时代，是真实存在的。

紧接着，沃伦又挖到了一座巨大的古代城墙地下遗迹，这其实是大卫王时期的旧城，这座古城墙一直绵延到地下山脉的边缘。由此便确定了古代耶路撒冷的城市范围。沃伦还通过城墙的构造，找到了当年希律城的城门，后来被命名为"沃伦门"。

再之后，沃伦还挖出了43个当年的地下储水池。此外，他还通过这些储水池，发现了古代犹大国的地下水系统，它们被命名为"沃伦竖井（Warren's Shaft）"。而这些古老的竖井其实并不都是人工的，很多都是由石灰岩的自然岩溶所形成。

沃伦考古发掘出的圣殿山地下城遗迹，震惊了整个西方。无数维多利亚时期的阔老爷和阔太太都不远千里，前往耶路撒冷并下到地底，只为亲见《圣经》中所描写的那个古老城市。

值得一提的是，当这些西方人看到犹太人聚集在西墙，也就是著名的哭墙那里祈祷哭泣时，他们都哄然大笑。但沃伦却很同情这些毫无地位的犹太人。

此时的沃伦已经名声大噪了，他成为当时全球最著名的考古学家之一，而接下来的一件凶杀案，将彻底转折他的命运，并将他的生涯引导到另一个全然不同的方向。

04

1870年时，沃伦因为身体不佳，回到英国养病，并在后来又去到南非工作了一段时间（这段经历也关系到他后来的人生，我后面再说）。1880年，他接到了一项非常意外的任务。

在耶路撒冷南边的西奈半岛，有一支由考古学家爱德华·亨利·帕尔默教授（Professor Edward Henry Palmer）领衔的考古队，他们在沙漠深处遭到了全员谋杀。为了查清凶手，英国方面决定派出对当地十分熟悉的沃伦前往进行调查。

此时的沃伦，又摇身一变成了新晋侦探，他不负众望，仅仅用了一周时间，就抓住了凶手：几个出没于沙漠间，以打劫为生的贝都因人（Bedouin）。沃伦将他们绳之以法，并将考

图 4.5　任伦敦警察厅厅长
时期的沃伦

古队的遗体送回了英国。

英国政府这下乐了，没想到沃伦这小子还有名侦探的潜质啊……刚好这时候伦敦警察厅前厅长埃德蒙·亨德森（Edmund Henderson）辞职不干了，议会于是钦定新任伦敦警察厅厅长就由你沃伦来当。

1885 年沃伦新官上任倒也干得不错，把维多利亚时期伦敦的各种小偷强盗治得服服帖帖。然而名侦探沃伦并不知道，仅仅 3 年之后，他一生最大的敌人即将出现。

1888 年 8 月 31 日一大清早，沃伦局长就接到了紧急报案：一桩非常残忍的命案发生在了他的辖区之内。

报案的是一名叫做查尔斯·克罗斯（Charles Cross）的马车夫，他在凌晨 3:40 路过伦敦东部白教堂区（Whitechapel）的巴克街时，发现路边有一具女尸，她的下半身裸露着，围裙被掀起覆盖在上半身。克罗斯吓坏了，立刻报告了附近夜巡的警员乔纳斯·米森（Jonas Mizen）。

米森立刻找到另两名警员，对尸体进行了检查。这名女子的喉咙被自左向右切开了两次，脸部有严重的殴打痕迹，腹部更是被刀割开了很多次，其中包括一个相当巨大的锯齿状切口（大约 20 厘米长），这导致她的肠子都流了出来……

除了死状极其恐怖之外，令人感到诡异的是，腹部这么深重的伤口，尸体上却并未有多少出血量。由此可以判断出，凶手是用极其娴熟的刀法，瞬间割喉杀死了这个可怜的女人。并在她死亡之后的 5 分钟之内，又对尸体进行了残暴的摧残。人死亡之后再受伤，就不会像生前那样大量出血了。

接到报案的沃伦大为震惊，他立刻安排警员进行调查，并查到了死者的身份：43 岁的玛丽·安·尼古拉斯（Mary Ann Nichols），原本是一名机械师的妻子，由于被抛弃后转而沦为妓女。因为付不起过夜的 4 便士，加上酗酒如命，只能在 8 月 30 日夜里流落街头。

毫无头绪的调查工作还在进行当中，没想到一周之后的 9 月 8 日，又一桩命案发生了，地点也在白教堂地区，一名叫做安妮·查普曼（Annie Chapman）的 47 岁妓女被害了。尸体的惨状和尼古拉斯如出一辙，甚至更惨：同样是颈部被两刀切开，腹部也被数刀切割开，还摘除了子宫和大部分的膀胱。

更重要的是，凶手的手法极其老练，切割器官如同解剖手术一样精确。但是通过伤口判断出凶器的长度是 15~20 厘米，这又显然超出了手术刀的尺寸。

图 4.6　凶手的作案手法娴熟而凶残

　　就在沃伦厅长焦头烂额之际，更加前所未有的事情发生了。9 月 27 日，伦敦的中央新闻社（Central News Agency）收到了一封用红色墨水书写的信件，在信中他以"亲爱的老板（Dear Boss）"开头，自称自己就是杀死妓女的凶手，并嚣张地宣布还将杀死更多的妓女们。

　　这封信的落款，在此后的一百多年都将成为伦敦乃至全世界的噩梦，至今依然是犯罪史上最臭名昭著的名字：开膛手杰克（Jack the Ripper）——想必你们已经猜到了。

　　我们那可怜的沃伦厅长并不知道，他所面对的敌人究竟有多么可怕，以至于今后无数连环杀手都在不断模仿他的手法，比如寄出挑衅式的死亡预告，还有，收集尸体的一部分作为战利品。

　　在检查了信件之后，沃伦认为这只是某个无聊记者的恶作剧，当然了，他也注意到信件中提到的一个细节——"我切下了女士们的耳朵"。几天之后他就将意识到，这完全是开膛手杰克的一个杀人预告。

05

　　9 月 30 日的凌晨 1 点，另一名叫做路易的马车夫在白教堂地区的贝纳尔街（Berner Street）发现了一具女尸。这是一名叫做伊丽莎白·史泰德（Elizabeth Stride）的 44 岁瑞典籍妓女，她的死因也是被割喉，但并未遭到开膛。

　　接到报警的沃伦立刻安排大量警员前往调查，没想到仅仅 45 分钟之后，46 岁的妓女凯瑟琳·艾道斯（Catherine Eddowes）被发现横尸在主教广场（Mitre

Square）上。手法依然是被割喉剖腹，肠子甩出体腔之外，部分子宫和肾脏被切除。

除此之外，法医还发现，艾道斯耳朵的一部分被割掉了……

这一次，不仅伦敦警察厅震惊了，整个伦敦都陷入了无尽的恐慌之中，于是人人自危，市民夜晚不敢外出。没想到就在这恐惧的气氛之中，中央新闻社又收到一张署名为"调皮的杰克（Saucy Jacky）"的明信片。

明信片中明确提到，最近将有两名妓女会死于非命，并且在凶杀案之前就被寄出且盖上了邮戳。这张明信片的笔迹，也和第一封信几乎完全一致。

这次的死亡预告甚至惊动了维多利亚女王，她恼怒地责备伦敦警察厅办案不力，显然作为大领导的沃伦难咎其职，而他坚持认定这些书信都是一个骗局，根本不是凶手本人所写。

可沃伦毕竟是半道出家，就算顶着圣殿山考古专家的光环，也无助于他解决这一起世纪谜案。再加上伦敦警察厅内部的人事斗争，沃伦已经有些不堪重负了。

10月15日，一封寄给白教堂警戒委员会（Whitechapel Vigilance Committee）的信，再度引起世人的注意。这次的信里还附着半颗肾脏，并以黑色墨水书写。写信者自称"来自地狱（From Hell）"，在信中他声明这颗肾脏是来自"某个女人"（被认为就是艾道斯的），剩下的半颗被他煎熟吃掉了。

这封信的笔迹似乎更加狂野，而且也没有落款，因此人们都以"来自地狱"来称呼此信。2001年约翰尼德普的同名电影《来自地狱》，便是取材自

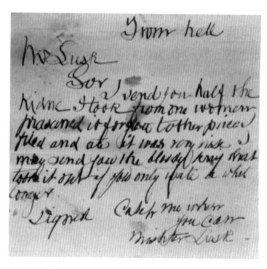

图 4.7 "来自地狱"的那封匿名信

开膛手杰克的案子。

这封信被公开之后，市民再也按捺不住了，他们纷纷责备沃伦办案无能，有人骂他没有给提供线索者足够的报酬，但实际上他并没有财政大权；有人骂他没有安排足够的警员，事实上所有能派出的人手都派出了；还有人骂他亲自参与破案工作不够，甚至还有人骂他办案不带警犬⋯⋯

最终，巨大的压力齐齐涌来，终于击溃了沃伦，他选择在11月初引咎辞职，离开了失意之地伦敦警察厅，重新回到了部队里。

就在沃伦辞职后不久的11月9号，最后一名死者被发现了：25岁的年轻妓女玛莉·珍尼·凯莉（Mary Jane Kelly）被房东发现惨死于多塞街（Dorset Street）出租屋的床上：全身赤裸，颈部有明显的勒痕，胸腹部被切割开并取走了心脏，耳鼻和乳房也被割掉，可能被凶手用房间内的壁炉烤熟吃掉了。

此案过后，开膛手杰克竟然奇迹般地消失了。虽然伦敦依然发生了很多类似的凶杀案，但是论杀人手法之干净利落，没有一例可以与这五件案子相比。

沃伦的继任者们调用了更多的警力，但限于当时粗陋的侦破手段，始终无法破案，他们也同样受到了包括维多利亚女王在内的英国各界人士一致批评。最终在1892年，英国警方宣布停止继续侦办白教堂连环杀人案。

于是，开膛手杰克就这样成为犯罪史的传说，没有捉拿成功到他也成为沃伦一生的遗憾。关于开膛手杰克的真实身份有很多猜测，这里我就不继续写了，有机会以后另开专文再讨论。我们继续说离开苏格兰场之后的沃伦，还有其他的使命在等着他。

06

离开伦敦的沃伦，重返军队并被提拔为中将，此后他将迎来自己的下一个身份——军事家。

但是在真正指挥打仗之前，他还在其他领域露了一手，他接手了皇家军事学院的帆船俱乐部，并成为赛艇队的总指挥兼技术指导。这家俱乐部后来演变成了皇家工程师游艇俱乐部（Royal Engineer Yacht Club），直到今天还在世界各地参加各种比赛。

1899年，第二次布尔战争（Second Boer War）爆发了，交战的双方是英国和由布尔人建立的两个非洲国家：德兰士瓦共和国（Transvaal Republic）和奥兰治自由邦（Orange Free State）。这两个国家都属于后来的南非共和国。

所谓布尔人（Boer），是指在西方殖民南非之后，生活在那里的荷兰、

图 4.8 全副武装的布尔人

法国与德国白人移民后裔所形成的混合民族。当然主要是荷兰人，布尔就是荷兰语里农民的意思。

　　1884 年，德兰士瓦共和国的勘探专家在瓦尔河流域发现了史上规模最大的威特沃特斯兰德金矿（Witwatersrand，简称 Rand，也就是南非货币 Rand 的名字得来）。他们随后在这座金矿上建立了一个新的城市，也就是今天的约翰内斯堡（Johannesburg）。

　　发了财的德兰士瓦共和国一下子经济开始腾飞，并且有点不把英国人放在眼里了，两国开始摩擦不断。

　　1890 年，德兰士瓦政府宣布定居在约翰内斯堡的外国侨民，不但要缴纳全额的赋税，并且不许当公务员也没有选举权，除非加入该国国籍。新政立刻遭到了英国的强烈反对，因为当地的侨民有很多是英国人。而且，德兰士瓦同英属南非殖民地之间长期的贸易战和关税斗争，英国人早就已经按捺不住了。

　　再加上后来德皇威廉二世的掺和，英国人决定和布尔人正式开打。战火爆发之后，沃伦加入了英国驻南非陆军第五旅，并跟随着英军总司令，曾经镇压过爱尔兰起义的雷德弗斯·布勒（Redvers Buller）上将一起，参与指挥了援救莱迪史密斯（Ladysmith）的战役。

　　然而这场战役最终成为英国军队的噩梦。

　　拥有两万多士兵，40 多门大炮的英军，居然败给了仅有 3500 名布尔人组成的民兵团，死伤惨重。这是因为英军统帅布勒战术失误，各支部队之间的配合也缺乏默契。虽然已是年满 60 岁的老沃伦在莱迪史密斯战役中也没有发挥出什么突出作用，但他的指挥能力和作战热情还是值得称道的。

1900 年后，沃伦回到了英国，他的身份又转变成了作家，他撰写了一些关于耶路撒冷考古学的著作，并书写了关于自己传奇一生的自传。除了写书，他还凭借着自己丰富的测绘工程师经验，参与了关于国际边界的确定，比如南非和津巴布韦的边界线，以及美国和加拿大的边界线。

因此至今，加拿大的安大略省和美国的明尼苏达州，都有一座以沃伦之名命名的沃伦市。除此之外，英国、澳大利亚、津巴布韦，也有很多以沃伦命名的城市。而我曾经念书的学校，地铁站名就叫沃伦街。

这些，大概都是为了纪念查尔斯·沃伦这位神奇的工程师，以及后来的多面手吧……

第二章

人类学 + 生物学

跟真正的黑猩猩相比,《猩球崛起》里的它们可能还不够聪明

　　《猩球崛起 3:终极之战》在国内上映之后,作为一个大系列三部曲的收山之作,很多小伙伴们纷纷表示看得很兴奋,然而我发现他们中很多人却犯了一个小错误:误以为主角凯撒是一只大猩猩。而实际上只要透过它的长相特征,就可以辨别出这是一只根正苗红的黑猩猩。

　　好吧,许多人能分得清阿拉斯加和哈士奇,能分得清英国蓝猫和俄罗斯蓝猫,可作为整个地球上和人类最接近的两种动物,大猩猩和黑猩猩很多人竟然分不清,看来动物科普工作的确任重而道远哪。

　　要想分清各种猩猩,其实我有一个一目了然的办法:黑色毛发、黑色脸孔的,是大猩猩(学名 Gorilla),又分为山地大猩猩、西部低地大猩猩和东部低地大猩猩。大猩猩体型是最大只的,不过考虑到有些壮年黑猩猩看起来也很大,所以体型的判定可能就不是那么有效了。

　　毛发红色、黑色脸孔的是猩猩(Orangutan)。也俗称为红猩猩,这也是国内最常见的猩猩,基本上大一点的动物园都有,又分为婆罗洲猩猩和苏门答腊猩猩。它们是离人类相对较远的一种猩猩。

　　黑色毛发、浅色脸孔的,是黑猩猩(Chimpanzee),也就是电影里凯撒这一种。但是成年之后它们的脸孔颜色也会变深。

　　最后一种是倭黑猩猩(Bonobo),和黑猩猩非常接近,主要的区别是它们的四肢更细长,另一大特点是飘逸的中分发型,不过除了动物专家,一般人很难仅仅通过照片就区分出黑猩猩和倭黑猩猩。

图 5.1　猩猩家族的分类

　　好了，其实这篇文章并不是来普及猩猩的种类的，而是想具体聊聊关于黑猩猩这个神奇的物种。虽然我们都知道它们智商很高，但实际上它们比我们想象中要复杂、机智、狡诈得多。能让我们人类细思极恐，甚至反思自身的地方，实在是太多太多了。

　　为什么这样说呢？我只能说，如果把真实黑猩猩群落里发生的真事儿拿出来，可能比《猩球崛起3：终极之战》里那些"人格化智慧猩猩"的剧情要厉害太多了。论权术、论宫斗，电影里那些"人格化智慧黑猩猩"还根本不够看啊。

　　在你看来，现实世界里的黑猩猩们只是一群混乱搞笑、不知所谓的类人动物，可事实上，它们中的每一只，都是一位披着毛的马基雅维利。

01

　　我们都知道，黑猩猩是一种群居生物，并且有着很明确的等级秩序，一般而言会有一只雄性黑猩猩担当领导者。领导者的地位，体现在其他黑猩猩对他的服从和恭维，以及掌握着绝大多数雌性黑猩猩的性交配权，等等。

　　那么问题来了，这只黑猩猩是凭什么能当上领导者的呢？

　　很多年来，人们都认为黑猩猩群落和猴群类似，都是最身强力壮，最能打的那只成为黑猩猩中的王者，就好比塞伦盖蒂国家公园的那些狮子一样。

然而，事实真的是这样吗？

接下来，我会讲一个真实发生在阿纳姆伯格斯动物园黑猩猩群的故事，第一次听说这个故事时，我有一种被震撼到的感觉。除了完整地讲述这段故事，文章中还会插入普及一些关于黑猩猩的知识，当然，这些冷知识基本上是普通动物百科全书上都没有的。

首先，这群黑猩猩其实每一只都被起了名字，它们之间发生了大量的故事，但是我要说的这一出主要涉及 3 只雄性黑猩猩，为了方便起见，我就给它们分别命名为董卓、吕布和曹操好了。（因为外文名字辨识度就差多了，故事讲起来不带感）

图 5.2　一只猩猩王
（本文配图并非对应文中对象，仅做示意）

在故事发生时，董卓是群落里的猩猩王，它有着强壮的身躯，并且非常狡诈。大部分的时间里，它都会故意制造出一种威严、不可侵犯的样子，一种王者的荣耀感。

一开始观察者们只是觉得它块头更大，也就有着理所应当的这种威势，但是经过长期的观察后，动物学家们发现了一些关于董卓的秘密：原来，董卓每次在经过其他黑猩猩时，都会特意放慢步伐，并且故意踩出沉重的脚步声。而当它自己一个人待着的时候，脚步就轻快多了。其实我小学的时候，有一个又高又壮的同学也喜欢这么干，每次都要在我们面前故意踩得震天响，以显示他的力量感，以及吨位。

董卓也是如此，而且不仅如此，它还会让自己的毛发保持一种膨胀的状态，这样就会让它的体型显得大了一圈。因此哪怕你第一次见到这群黑猩猩，也能一眼认出哪个是它们的王者。

而吕布，是一只和董卓差不多年纪的雄性黑猩猩，它当时给人的

图 5.3　毛发膨胀之后的黑猩猩

感觉，是非常老实的，对董卓也是一副俯首帖耳，低姿态的样子。黑猩猩表达自己低姿态的方式之一，就是噘起嘴，发出一种快速急切的咕噜声，这其实是它们的问候，一般而言，下位者才会对上位者进行问候，反过来的情况也不是没有，但非常罕见。

至于曹操，是一只还在发育中的黑猩猩，在整个群落里根本排不上号，连雌猩猩都可以欺负他。

除了这三只雄性黑猩猩，这个群落还有十几只雌性黑猩猩，和数只年幼的黑猩猩。那些雌性黑猩猩在这个故事中也扮演着非同一般的角色，继续看你们就知道了。

02

图 5.4　正在照料后代的雄性黑猩猩

原本在董卓的统治下，这个集体显得相安无事。

这个黑猩猩团体的和谐，表现在董卓经常会去和那些幼年的小猩猩们玩闹。只有在相对和平安定的群落中，成年黑猩猩首领才会去关爱那些年幼的孩子。

对此我是这样理解的：一个等级地位稳定的群体中，首领雄黑猩猩才能确认自己的绝对交配权，这意味着它能去相信那些幼年的孩子很大概率上就是它自己的亲骨肉。因此它愿意倾注自己的爱给后代们。

反过来，如果群体很混乱的话，很多其他雄性就会浑水摸鱼，各种喜当爹原谅色什么的也就发生了——毕竟，黑猩猩是不懂得做亲子鉴定的。

其实大多数哺乳动物的配偶模式都是这样，雄性只负责风流，到处播种，养育后代的任务完全由雌性承担。就是因为雄性没法确定后代是不是自己亲生的，为了留下自己的基因，它们的进化策略就是不断寻求交配机会，而不在意之后的抚养工作。

继续说回来，事实上，即便在董卓的统治下，也并不能保证性交配权的绝对控制。动物学家就在某次观察到一个非常吃惊的现象。

那天是一个炎热夏日的午后，董卓在进食后开始睡午觉，也就放松了对群体的监控（黑猩猩是一种会不停关注群体中每个成员的动物）。就在这时候，吕布偷偷接近了那群雌性黑猩猩中的一只——为了方便称呼，就叫它貂蝉吧——虽然它的样子对应这样的名字，一般人可能接受不了（但其实在动物学家眼里，这是一只非常健康具有美感的雌性）。

貂蝉正处于自己的发情期。黑猩猩雌性是否发情，是任何人都可以一目了然的。这是因为发情的它们，性器官会充血肿胀，形成粉色的一大坨，悬垂于屁股下方。插句嘴，记得当初我在动物园参观黑猩猩时，一群小孩子指着它们粉色的部位哈哈大笑，还问大人那是什么——当时场面异常尴尬。

继续说回来，这时候吕布接近了貂蝉，它在距离对方大约一步之后，发出了一个奇怪的声音，并且很快得到了响应：貂蝉假装心不在焉地朝它望了两眼，并做出一个挤眉弄眼的表情。直到20分钟之后，观察者才明白，这个环节叫做"约定"。

当时发生的一幕是非常令人惊讶的，貂蝉和吕布选择了在园区某个偏僻的地方私会，然后俩货就开始急不可耐地开始黑猩猩那一套前戏：雌性弯下腰，将肿胀的大屁股对着雄性，雄性开始嗅闻……

然后，嗯你们都懂的，再然后它俩假装什么都没发生一样，各回各家。当看到它俩故作淡定，又暗藏紧张、东张西望回到原地的那一路时，在场的所有人类观察员都心领神会地笑了。

03

现在你们知道，为什么我会选择这样的名字了吧。而接下来发生的事情，更加令人吃惊。说实话，如果不是出自严谨的科学论文中，情节真的比某些"动物作家"编的小说剧本还要夸张。

随着吕布的色胆越来越大，某一次他又打算私会貂蝉时，恰好被董卓撞见了。

这时候貂蝉立马上去给董卓各种示好，并且替它做皮毛护理。插一句，皮毛护理是黑猩猩最喜闻乐见的，互相表达友好的举动，具体就是替对方捉虫子外

图 5.5　黑猩猩们互相进行皮毛护理

加抚摸。

而吕布则做出了一个出乎意料的举动，它立马掉过头去，背对着董卓。直到董卓数分钟后好奇地来到它身边，它才转过身来，一脸谄媚地问候。直到后来，动物学家才明白它为何会那样反应：当时，它的性器官是勃起状态的，它为了掩饰自己的调情行为，赶紧背转身去，直到那玩意儿疲软下去后，才假装自己只是路过打酱油。

嗯，即便这些行为已经令大多数人瞠目结舌，但下面发生的故事，才是真正的精彩。

在那一年的夏天到秋天之间，动物学家通过观察记录发现了一个现象：吕布对董卓进行主动问候的次数越来越少了。终于在某一天，它停止了对董卓的问候。而这个情况也立刻被董卓察觉到了，它明白这是一种挑衅，于是选择了和吕布刚正面。

然而它俩并没有真的直接动手，事实上，虽然雄性黑猩猩的攻击性很强，但它们之间直接开打的情况并不多，这一次也不例外，主要体现在对峙上。正常情况下，猩猩王的目光是不能直视的，但吕布选择了迎回去。

更重要的是，它还把自己的毛发也变得膨胀起来，这样它的体型看起来瞬间变得庞大了，甚至比董卓更大！两只黑猩猩对峙了一会儿之后，接下来并没有出现人们期待中的打斗，而是一群雌黑猩猩冲了上来，准备去追打撕咬吕布。

吕布二话不说拔腿就逃，它一路逃到了园区中的一棵高树上，以躲避众多雌猩猩的攻击。董卓则带着它们围在树底，并且不断地挑衅。就这样，半个多小时过去了……

就在观察员饶有兴趣地等待着这一幕该如何收场时，吕布做出了一个出乎所有人意料的举动：它在树顶端摘下了大量的嫩枝叶，并朝着地上扔去。很快，那些雌猩猩们就跑去享用这些美食了。吃大餐的它们，也停止了对吕布的敌视行为。然后，吕布就这样堂而皇之地下到地上来了，并对董卓进行了示好，它俩又开始互相进行皮毛护理了——于是一场恶斗竟然就这么化干戈为玉帛了。

没错，事实上即便雄黑猩猩在打斗之后，也会在一段时间内就开始互相示好，并且进行皮毛护理行为。动物学家不止一次观察到，雄性会对自己在对手身上造成的伤口，进行清洁和护理工作。

这种握手言和行为，有一半是雄性自发的，从生存策略而言，这是为了避免群体爆发不可逆转的冲突，也是为了种群的和谐和稳定。而另一半的谈合，大都是雌黑猩猩的干预，它们会在冲突发生时或者发生后参与其中，劝解双方停止斗殴。如果这对哥俩不识好歹，劝解无效，它们也会大打出手，逼迫一方必须停止争斗。

嗯，在黑猩猩的社会里，雌性是当之无愧的"半边天"。

04

故事还在继续。

董卓和吕布的争斗，依然在上演着。虽然吕布的战斗力很强，超越了董卓，但是它仅仅凭借个人战斗力，是绝对不可能爬到权力的顶峰的。因为战斗力，从来都不是决定黑猩猩中统治和被统治的最重要因素。

因此，在此后的很长一段时期，吕布一直在做着以下两种工作：第一种，是不断挑衅和恐吓董卓，以挑战它的地位。雄性黑猩猩最直接的恐吓行为，就是发动一次冲锋，表现为一边低吼着一边手脚并用地冲向挑衅对象，直到吓退对方。

大多数雌性黑猩猩面对这样的威吓时，都会立刻露出自己的屁股，以表示顺从。搞笑的是，部分雄性黑猩猩也会做出同样的动作——面对对手的示弱，发起冲锋的那只黑猩猩一般会象征性地骑跨对方几下，意味着自己的威胁性武力炫耀成功了。

对董卓发起威胁式的挑衅，并不是没有风险的。大概每100次威胁冲突中，最终会有一次酿成真正的打斗。因此，发生搏斗的可能性总是存在的，

图5.6　当雄黑猩猩发生冲突时，雌黑猩猩立刻尖叫着劝架

这也才使得寻求权力的过程充满了挑战和危险。

不过为了实现自己的理想，这个艰难它吕布还是忍得下来。

吕布的第二种工作，就显得意味深长得多了：它会通过各种手段，分化那些雌性黑猩猩，并降低它们的忠诚度。

比如当董卓和貂蝉在亲热时，吕布会立刻冲上去攻击貂蝉，多数情况下，董卓都会暴走，并带着雌猩猩们吊打吕布。但是，只要偶尔发生几次董卓无动于衷、漠不关心的情况，对于吕布而言，就成功了。

因此，这也是它一次次冒着被暴打的危险，不断攻击那些和董卓亲密接触的雌性的原因，它们逐渐开始减少和董卓亲密的次数，并变得开始疏远它。而另一方面，吕布会对那些疏远董卓的雌性黑猩猩特别好，私下对它们各自进行花样百出的问候和爱抚。

于是，慢慢就出现了这样的状态：当两只雄性黑猩猩发生对峙时，很多雌性不再替董卓出头了。再到后来，它们甚至站队到了吕布那边。于是吕布就变本加厉地继续这一套手段，并更加频繁地威胁董卓的统治地位。

显然，这一切董卓都意识到了。它并不是没有采取反应，比如采集嫩叶进行贿赂，比如不断地亲近过去的那些爱妃们。然而总体的大趋势，就是它们最终还是选择纷纷离它而去。

动物学家对此的看法是，雌性黑猩猩一旦感觉到群体中的首领不能很好地保护自己时，就会变得慢慢疏远它。嗯，用言情小说的说法，就是"我变得无助，变得……没有了安全感"。

终于，在几次一对一的战斗中，落了下风的董卓臣服了。关键的节点出现在秋天的某一天清晨：它主动嘟起嘴，对吕布表达了恭顺的问候。这样的低姿态意味着，这个群体完成了一次成功的权力交接，吕布取代了前任首领成功上位。

05

或许有人会说，你看，就算你说个人战斗力没用，最后还是吕布通过单挑打服了董卓啊！这不还是得靠个体武力来决定吗？嘿，故事还根本没有结束呢。

到了第二年夏天，第3只雄性黑猩猩——曹操开始走上了舞台。虽然在此之前，它基本就没什么戏份，也就是跟那些雌黑猩猩一样站站队，但是在接下来的这一年里，它将要引发一场更精彩的权力斗争。

曹操和吕布董卓它俩不一样的地方在于，它的体型天生就比较小，看起来弱不禁风，哪怕成年之后也远远不是那两只的对手。但是，它有一个特点，就是非常狡诈。

举两个例子吧：有一次，动物学家故意把一根大香蕉埋在黑猩猩们的活动区域中，只露出了一小半在地表外面。这时，第一个经过此处的曹操发现了，它东张西望了一下之后，用土把那一小截香蕉也小心掩埋了起来，然后假装什么都没发生过一样，若无其事地走了。

图 5.7　黑猩猩索取的动作，也和人类如出一辙

直到那天晚上，它才借着夜色，独自一人来到了掩埋处，将那根香蕉挖出来吃了。

另外一个例子就更加叫人目瞪口呆了。某个时间段，动物园来了一位新的饲养员。而曹操也显然意识到了这一点，于是每次出笼的时候，它都待在笼子里深处，死活不愿出去。这个菜鸟饲养员在进行了各种尝试无效之后，终于想到了一个办法：他发现，每天只要用一个大猕猴桃诱惑曹操，它吃掉之后就会乖乖出笼。

就在他为自己的机智沾沾自喜时，这一举措被老饲养员发现并立刻制止了，他们这样教育他：哥们你以为是你耍了小聪明，成功骗到它出笼了吗？

大错特错了！正相反，是它知道只要采取那样的措施，就能每天从你这里多搞到一个大猕猴桃！

是的，这就是曹操的狡诈之处。更可怕的是，它也对权力的王座产生了想法。

06

刚刚我也说了，曹操的体格很小，它单挑是绝对不可能战胜如今的王者——吕布的，毕竟，这可不是在某个知名 MOBA（Multiplayer Online Battle Arena，多人在线战术竞技游戏）手游里。因此，曹操是不可能通过复制吕布当年那种上位方式来走上顶峰的。

但是，野心勃勃又暗藏城府的它还是找到了一条策略：它把视线转到了

图 5.8　黑猩猩的政治手段，比我们想象中还要厉害

那个曾经的王者身上。

至今动物学家们依然不知道，曹操用了什么样的方法，获得了董卓的信任与支持。他们唯一观察到的，就是这个在失去权力后彻底一蹶不振的老首领和体格瘦小的曹操结成了战略同盟。

在这个主体只有 3 只成年雄黑猩猩的群落里，两只雄猩猩的结盟，意义是非常重大的。但是，这并非意味着吕布就变得弱势了。因为，它还拥有着 9 只以上的雌性帮手，它们的群体战力依然是强大的。

于是类似的一幕又上演了，只不过，曾经由吕布独自完成的工作，这一次是由一对雄猩猩的同盟来完成的。董卓负责对那些和吕布走得近的雌猩猩发动攻击，而一旦吕布想要保护自己的宠妃，发动反击时，曹操就会出面牵制吕布。此外，曹操还会不断对吕布发动威胁性的武力炫耀。

是的，虽然曹操打不过吕布，但是它愿意冒这样的风险，只为了分化那些雌性黑猩猩。这一点，和吕布当年的所作所为，几乎是如出一辙。

更重要的一点是，在这样的同盟中，董卓似乎很明确自己的地位，它只负责骚扰和袭击雌性，并不会出面挑衅吕布。而威胁和对峙这些事情，都是曹操来完成的，它才是那个真正的王位争夺者。

接下来，类似的一幕又发生了。失去了保护和安全感的雌性们，逐渐投向了曹操同盟的那一边，并且曹操的手段更多，它还培养了两个情妇，对它死心塌的好，每次打斗都冲在最前面。

更吃惊的是，有了群众基础后，曹操渐渐更加敢于和吕布单挑了，而且更多时候，它才是获胜的那一方。

这严重挑战了过去动物学家的理论。曾经它们认为，是双方的战斗结果决定了社会的阶层；然而事实上却是相反的，战斗的结果其实是由社会关系决定的。哪怕明显体格强壮得多的吕布，面对群众基础更好的曹操时，也经常会不战而败。如果要做个类比的话，大概这类似于球类比赛中的主场效应吧。

终于，同样的事情再次发生了，吕布在一次受伤之后，选择了屈服。这个黑猩猩的群体，再一次经历了不可思议的权力交替。原本毫无地位，身材瘦小的曹操，居然成为统治者。这完全颠覆了过去对于动物群体的认知。至少在我读到这个故事之前，从来不相信在动物的层面，一个弱势的个体，可以通过搞拉帮结派，搞斗争手段，搞群众艺术上位，占据权力的顶峰。

但如果仔细观察，就会发现这个群体其实处于一种微妙的双寡头统治格局：董卓充当的是军事领袖的作用，而曹操则是地位更高一点的政治领袖。简直令我想起了罗马时代的屋大维和安东尼。

而且更重要的是，在曹操的统治时期，它为了巩固自己的统治，坚决阻止董卓和吕布接触，禁止它们产生新的小团体。并通过自己的制衡，让整个群体处于一个相对稳定、气氛和睦的大环境。

但或许，这只是我们身为人类的观察，在那个属于黑猩猩的社会里，权力的微妙变化每一天都在发生（包括每只雌性也都在参与），制衡的天平每天都在变化，一旦某天平衡性发生了失常，那么一个新的平衡就将在斗争后重新建立。

是的，人类总是自诩玩弄政治的高手，然而黑猩猩们同样可以把手腕玩到飞起。这也无怪乎著名动物学家，《裸猿》的作者德斯蒙德·莫里斯会说："政治的根，比人类本身更加古老。"

生物为何会进化出同情心?

　　同情心，或许在当下已经不再是什么好词。毕竟稍微流露得多一点，"圣母"之名就难免降到头上。在这个外有难民恐袭作恶，内有倒地老太讹诈，以及各种博同情求募捐的年代，似乎人们都厌恶泛滥的同情心。

　　我同样不喜欢廉价的同情，但同时也必须承认，同情心永远是人类最美好的品性之一。其实，并非只有人类才有同情心，甚至可以说，人类的同情心只是动物相似反应的更高级体现罢了。

　　在文章接下来的内容中，存在一个主角，以及一个反派，对，大家是不是非常喜闻乐见？

01

　　咱先说说这位反派，在浩瀚的海洋中，这货可以说是没有任何天敌的存在（当然，人类除外）。更有趣的是，位于海洋生物链顶端位置的它们，却有着海洋版大熊猫的萌系外形。

图 6.1　处于应激状态下的鲨鱼

　　是的，你们想必都猜到了，它的名字叫做虎鲸（学名 *Orcinus orca*）。

　　虎鲸的名字中虽然有个"鲸"字，但其实是被划分到了齿鲸小目的海豚科中。作为海豚家族中体型最大只的大佬，虎鲸的狩猎掠食能力也是首屈一指的。它们那七、八米长，5吨多的块头，赶上灵长目的高超智商，再加上拥有复杂的语言，让虎鲸无论是单挑还是团战，都几乎是海洋中远近无敌的存在。

也许有人会问，同样赫赫有名的大白鲨，难道没有一战之力吗？还真没有……1997年，美国海洋学家在旧金山附近的法拉隆群岛（Farallon Islands）拍摄到的一幕或许可以解答这个问题。当时，有两只成年雌性虎鲸伏击了一只加利福尼亚海狮。正当两头虎鲸扬扬得意地戏耍着严重受伤的战利品时，一位不速之客出现了。

一头大白鲨嗅到了海狮的血腥，也想来分一杯羹（事实上，法拉隆群岛原本就是著名的大白鲨栖息地）。

显然俩虎鲸妹子对此是不满的：咱搞到手的每一块肉，都是自己努力挣来的，凭啥你来吃白食？很快其中的一只虎鲸将这种不满转变成了行动：它丢下了海狮的尸体，转而攻击那头大白鲨。

这头虎鲸是个小个头，只有4.5米长，而大白鲨也有3.7米的块头，两者体型差距看上去并不算大，但是刚起正面来，顿时高下立判：虎鲸冲刺游向大白鲨，一头将其撞翻，并以极其迅捷的速度和准确性咬住了鲨鱼的头部，然后做出了一个出乎意料的举动——将它翻转了过来。

我们有理由相信，这种攻击手段显然是虎鲸对付大白鲨的常规套路。因为当鲨鱼被翻转到肚皮朝天的时候，会立刻陷入一种叫做紧张性麻痹（tonic immobility）的硬直状态，处于这种应激状态下的鲨鱼，会昏迷并失去意识，近乎于瘫痪，直到几分钟后才会恢复过来。

虎鲸就是利用了大白鲨的这个弱点，将如此凶猛的另一种海洋霸主一招秒杀（没错是真正意义上的秒杀战五渣）。此外，它们在对待其他攻击性强的鱼类，比如带毒刺的棘尾魟、短尾魟时，也会采用这种无伤又省事的战法。

然后，可怜的大白鲨不明不白就这么死了，虎鲸妹子咬下了它的肝享用，留下残余的躯体扬长而去。（虎鲸很多次袭击鲨鱼都只咬下它们的肝，莫非是鱼肝油爱好者？）

其实相比起这种单挑，虎鲸的团战能力更加令人吃惊。首先，

图6.2　虎鲸的协同作战能力，令捕食海豹变成一场单方面屠杀

虎鲸的语言远超过人类语言的复杂度，它们能发出 62 种不同的声音，每一种声音都有着不同的含义。正是凭借着这种交流能力，使得它们在团队狩猎中能够发挥出协同作战的能力。

比如在捕猎海豹时，如果它们藏身于浮冰之上，虎鲸就会在领头大姐大（是的虎鲸是标准的母系社会，老大都是雌性）的指挥下集体下潜，并同时用尾巴拍击水面，制造出巨大的波浪，将浮冰掀翻，再捕食落水后的海豹。

绝大多数情况下，此时的海豹非常无助，面对那些高耸着的背鳍（这也是虎鲸又名逆戟鲸的原因），它们只能吓得瑟瑟发抖，毫无办法。然而在某些情况下，海豹们却能够极其侥幸地逃脱虎鲸之口。别想多了，靠海豹自己，或者指望虎鲸大发慈悲，那都是不现实的。

这时候，就好像那些好莱坞动作片的俗套剧情一样，会有一位大英雄忽然降临，拯救世界。

02

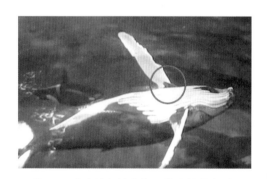

图 6.3　座头鲸翻转身体，展开救援行动。

2009 年时，美国国家海洋和大气管理局的海洋生态学家罗伯特·皮特曼（Robert Pitman）在南极洲考察时，见到了令他倍感震撼的一幕。当时，一群由 5 只虎鲸组成的狩猎团体，在用同样的方式围剿一只被困的威德尔海豹（Weddell seal）。它们很快就得手了，海豹被海浪冲击着，连滚带爬哀号着掉落水中，它绝望地试图逃跑。

就在虎鲸们美滋滋地准备享用大餐时，一个庞大的身影出现了：一头 15 米长的座头鲸横冲直撞地冲入了虎鲸群，一边发出巨大的吼叫，一边将自己壮硕的身体挡住虎鲸进攻海豹的路线。

接下来，这只座头鲸又做了一件更加不可思议的事情。当虎鲸们调换路线准备重新发起攻击时，座头鲸迅速下潜到海豹的下方，继而翻转自己巨大的身体，用胸部轻柔地托起海豹，让它免遭虎鲸的捕食。

紧接着，座头鲸就这样稳稳托住海豹，将它送到一片开阔的冰面，帮助它上岸逃脱一死，然后经历了劫后余生的海豹，二话不说立马消失在了冰面上（这大概就是传说中的大恩不言谢吧）。

同样的场景，一次次地被人们观察到。

2012年，在加利福尼亚的蒙特雷湾（Monterey Bay），海洋学家也看到了类似的一幕。当时，一群虎鲸正在攻击一头带着幼崽的雌性灰鲸。它们的配合异常娴熟，攻势极其猛烈，灰鲸独木难支，只能眼睁睁看着自己的宝宝被咬死。就在这时，一头座头鲸又一次神兵天降般地游了过来，可惜它迟到了一步，但却依然在坚持做着一件事：阻止虎鲸群吃掉那头已经死去的灰鲸幼崽。

这头座头鲸一直守着灰鲸的尸体，并将自己的头部朝向它，与它保持着一个身长的距离，发出激烈而响亮的叫声，同时用尾巴不住地抽打每一头试图上前进食的虎鲸。在接下来长达6个半小时里，它一直在坚定地守卫着灰鲸的尸体，最终虎鲸们无法得逞，只能悻悻离去。值得一提的是，在附近海域游弋着大量的磷虾群，但座头鲸却对这种它最爱的食物无动于衷，长时间地坚守阵地，仿佛死去的是它自己的孩子。

从海豹、灰鲸，再到翻车鱼、北海狮，座头鲸一次次地保护着它们免遭虎鲸的毒手。一头另类物种，毫无利己的动机，把海洋弱势群体的生命安全当作它自己的事业，这是什么样的精神？这是海洋国际主义精神！

那么，为啥座头鲸会做出这样的举动呢？这是一个发人深思的问题。

03

在我们探讨这个问题之前，不妨先来了解下座头鲸到底是怎样一种神奇的生物。

座头鲸（humpback whale），又名大翅鲸、驼背鲸、巨臂鲸，属于须鲸亚目的须鲸科。它名字中的"座头"，其实并非是形容它的头很巨大（虽然的确如此），而是源于日文"座頭"（ザトウ），意为"琵琶"。所以，座头鲸的得名，其实是说它的外形很像一把琵琶（确实蛮像的）。

成年座头鲸的身长可达11.5~16米，体重达到25~30吨，

图 6.4　座头鲸的胸鳍，就是它致命的武器

目前最大的雌性标本身长将近 19 米，仅胸鳍就长达 6 米。然而根据捕鲸者描述，座头鲸最大的纪录全长近 27 米，体重更是达到 90 吨之巨。

除了头大（占身体的 1/3 大小），座头鲸还有一个显著的特点，就是它那对巨大的胸鳍。座头鲸的学名 *Megaptera novaeangliae*，就来自于希腊语中"巨大的翅膀"，这也是它得名大翅鲸的原因。座头鲸的胸鳍单侧长度可达 5.5 米以上，几乎达到体长的 1/3。它的鳍肢上具有四趾，前端还有着不规则的瘤状锯齿，简直如同一把巨型锯齿刀。

是的，这对巨大的胸鳍，就是座头鲸强大的战斗武器，如果你仔细观察的话，会发现这对武器还是附魔过的。

所谓的附魔，是指座头鲸的身体表面附着了许多坚硬的小疙瘩，这种玩意儿叫做藤壶（Barnacles）。胸鳍上密布的藤壶，可以有效增加挥击时的伤害。藤壶是一种节肢动物门颚足纲无柄目的动物，它们附着在任何海洋中任何可以附着的地方，比如海岸的礁石，海中的船只，海底的贝类，以及鲸鱼、海龟甚至是螃蟹的身体上。

座头鲸身上的藤壶，简直可以用"蛮横不讲理的殖民"来形容，它们附着之后，就坚持不断地将自己的壁板向着鲸鱼的皮肤内侧生长，最终牢牢地钳在里面，并随着鲸鱼的游动捕捉食物。虽然一旦定居便终生无法移动，但雌雄同体的它们，会伸出超长的性器官相互受精，最终长成密密麻麻的一片藤壶社区。

虽然藤壶可以帮助座头鲸增加一定的物理伤害输出，但作为一个轻度强迫症（还好我没密集恐惧症），我无法想象身体上长着一堆玩意儿，又没办法抠掉，是怎样的一种绝望。

正是凭借着庞大的身形，加上犀利的武器，座头鲸在面对虎鲸团体时，才能面无惧色地一打五。虽然虎鲸尖牙利齿，灵活性和速度也更强，但是座头鲸 1 吨重的大胸鳍来那么一下，那可是致命的。

因此，每当它们听见附近有虎鲸在团队围猎时发出的叫声，就会立刻抖擞精神，从不远处火速前来发动救援。

但是这也并非意味着，和虎鲸这样的顶级掠食者搏斗就完全没有风险。就好比大象碰上狮群也得万分小心，那么座头鲸为什么会展现出如此的大无畏精神，去拯救跟它全无关系的生命呢？是什么原因驱使着它们一次次去冒险付出呢？

04

这其实涉及一个很古老的生物学问题：动物究竟有没有同情心？

请注意，这里所说的同情心，是一种更加广义上的同情心，而不仅仅是父母对于子女的那种爱护。在动物中，父母牺牲自己保护后代的事例比比皆是，但是我们这里所讨论的，是保护和自己没啥关系的同类，甚至是其他类别的动物。

对于同类的动物而言，同情心似乎是可以理解的，大家是同类，是亲戚嘛。其实如果细细查证的话，就能发现更多根源性的东西。

在野生的印度恒河猴群中，动物学家常常观察到这样一种现象，如果某个幼年猴崽的母亲失踪了或是死掉了，那么猴群中会有许多适龄的雌性恒河猴将这只小猴视为己出，付出和对待自己亲生子女同样多的精力来照料它。

甚至还有以下的一幕被人们亲眼见证：2014年时，恒河猴群中的一只成年雄猴在印度坎普尔（Kanpur）铁道附近不幸触电，当场昏迷不醒。此时另外一只路过的雄猴见此状况，立刻冲上去，对它进行持续不断的抓挠、吼叫、按摩抚慰，只为了唤醒这只同类，最后甚至尝试咬醒它。

图 6.5　恒河猴主动发起的紧急救助

经过20分钟的努力之后，奇迹终于出现了，那只触电的猴子竟然不可思议地苏醒了。

除了野生动物被观察到的事迹外，动物学家还在实验室中对此进行了研究。斯坦福大学就做过一个实验，发现人类幼儿会自愿克服一些困难，来帮助一个看上去陷入困境，急需要帮助的人。而在参照组中，黑猩猩也对同类做了同样的事情。

美国埃默里大学的研究人员则设计了另一项实验，试图证明除了灵长目动物，其他动物也存在同情心的现象。实验所采用的对象，并不是相对高等智商的大象或是家犬，而是啮齿类动物的一员——草原田鼠（Prairie voles）。

实验的过程是让一组具有亲属关系或是相互熟悉的草原田鼠暂时相互隔

离，并对其中一只田鼠轻微电击，与此同时，对照组田鼠中的一只也被隔开但却没有受到电击。与对照组田鼠相比，前一组的田鼠重聚时，没有受电击的田鼠会很快上去舔舐受电击的田鼠，而且持续很长时间。

这证明了田鼠们哪怕没有亲眼见到同类遭难的一刻，但还是能够立刻感知到它们的不佳状态，流露出同情心并施以安慰。研究人员还通过测试发现，同情心发作的田鼠会分泌一种激素，如果在实验中阻断这种化学物质的产生，田鼠就不再会进行安慰的行为了。

更加需要注意的一点是，草原田鼠间的安慰举动，只会发生在彼此亲密熟悉的田鼠之间，而在彼此陌生的田鼠中，就不会有这样的舔舐行为。

这其实从侧面说明了一点，很多动物的同情心，仅仅产生于同类之间，或者说，仅仅产生于和它本身有着亲缘关系的成员之间。这类动物往往有着同样的一个特征：它们拥有着能够准确识别出自己亲属的强大能力。

在对威德尔海豹社群的观察中，生物学家威廉斯就发现了一个惊人的现象：因为母亲的死亡或是失散，一只孤零零的幼海豹在海岸上饥饿而无助，在它的身边有着数百个具有哺育能力的雌性海豹，然而竟然没有一只愿意伸出援助之手。

这是因为，这些雌性海豹都能够准确识别出，这只幼海豹不是它们的子女，或者与它们没有多少亲缘关系。要解释这种现象，可能要借鉴一下道金斯的著作——《自私的基因》中的观点。

05

在这本我很喜欢的书中，道金斯也对类似的现象给出了说明，他认为所谓动物的同情心，其实本质上还是属于动物利他行为的范畴。因此，不同动物在亲缘群体中的利他程度是不尽相同的，比如蜜蜂和蚂蚁的群体，会表现出超出其他物种的利他行为。

这些差异或许可以从基因的角度来分析，雌性蚂蚁是由受精卵孵化而来的，拥有父母双方的两套染色体，是双倍体。而雄性蚂蚁是由未受精卵孵化而来的，没有父亲的基因，因此是单倍体。这也就是说，蚂蚁中的兄妹和兄弟之间，共享了50%的基因，而姐妹之间共享了高达75%的基因（父亲那一半的染色体完全相同，母亲那一半的染色体半数相同）。

而蚂蚁的雌雄分布是3：1，这也就是说，蚂蚁群体中彼此间拥有相同基因的比例，大大超过人类这样的哺乳类动物，这可能就是它们会产生更多

图 6.6　非洲水牛会围成一圈，保护幼小的后代

利他行为的本质原因。

　　同时，即便是人类或者其他哺乳动物，也往往会因为相同基因比例的多寡，而产生利他行为的亲疏性。自己的孩子有着 50% 的相同基因，侄子一辈是 25%，就疏远一些，堂侄之类就更疏远一些，以此可以一直推及不相干的外人。

　　换言之，即便一个人的侄子不是自己的后代，但是依然有着和自己 25% 基因相似的高比例，通过对侄子的照顾，同样可以有利于基因的传递，并有利于这个家族群落的稳定性。类似的道理，在其他亲属，比如兄弟姐妹之间也适用。

　　因此这也便解释了草原田鼠的同情心，其实仅仅局限于自己的亲属之间，这是由基因相似度所决定的。

　　正是基于这样的原因，我们才会看到以下各种感人的场景：塞伦盖蒂大草原上，一群壮硕的成年非洲水牛围成一圈，把幼年的水牛保护在中央免遭狮群的攻击；欧洲喀尔巴阡山脉的绵羊和臆羚，在发现危险的第一时间，会剧烈地跺脚同时发出尖叫来警醒同伴，而不是只顾着自己逃跑；北美洞穴中的吸血蝙蝠，如果发现外出归来的同伴没有吸到血，会让它们吸一点自己的血，从而免遭饿死的悲剧。

　　但是，以上的全部，都仅仅只能说明动物在对待自己的亲属，或者面对待自己的同类时，所产生的同情心行为。可是又该如何解释座头鲸的行为呢？这显然并不是仅仅用同类基因理论就可以解释的。

图 6.7　虎鲸对一头幼年灰鲸造成的致死伤痕

事实上，驱使座头鲸做出营救行动的，可能是一种更加高于原始利他本能的源动力。这种源动力，往往只产生于具有高等智慧的动物中，我们更习惯于用一个词来形容它——共情。

首先，座头鲸拥有着非常好的记忆力，它们可以牢牢记住自己许多年前发生的事情。作为著名的"海洋歌唱家"，座头鲸不但可以记住自己创作出的歌曲，甚至还能记住曲目中的每一个细节。它们每年都会在同一首曲目中，增加一些新的元素。这说明它能记忆一首歌中所有复杂的声音和声音的顺序，并储存这些记忆达 6 个月以上，作为将来唱新歌的基础。

同样的，座头鲸会对自己幼年的某些遭遇有着毕生难忘的印象，嗯，我们可以换个词，叫做童年阴影。

其实，虎鲸的食谱里，就有着座头鲸的幼崽。只不过相对于海豹等其他猎物，幼年座头鲸被捕食的比例并不高，只有 11%。这同时也意味着，许多幼鲸只是幸运地逃过一劫，可这份童年阴影它们长大后一直都记得。

加州逆戟鲸保护项目的鲸类专家阿莉萨·舒尔曼 - 简尼格（Alisa Schulman-Janiger）发现，许多参与营救的座头鲸身体上，都有着幼年时期遭到虎鲸撕咬的伤疤，这意味着它们在成年后，发现虎鲸在狩猎海豹之类的弱势者时，会立刻联想到自己童年的遭遇，并激发强烈的共情反应。

正是在这样的情况下，座头鲸才会对其他物种实施营救，哪怕它们无法从这种行动中获得任何实际的好处，也在所不辞。

在达尔文的著作中，也有关于这种同情心的解释，他将其称为回忆和反省的作用。高等动物不但有着深刻的记忆，还能够唤醒对这种记忆的理解，当它们在决定行动之前，过去发生事件的意象会不断地重复，并构成个体行为的动机。

类似的事情也发生在陆地生物身上，非洲的河马如果在幼年遭遇过鳄鱼的攻击，在成年后也会干预鳄鱼对其他动物（比如羚羊）的捕猎，用自己壮硕的身躯阻挡住鳄鱼进攻的路线。这样的场景多次被当地人所发现。很可能河马的干预行为，也是一种共情现象的体现。

加州大学伯克利分校的心理学专家达赫·凯尔特纳（Dacher Keltner）将共情称之为高等动物的一种本能。相对于原始基因驱动的同类互助，由共情所驱动的帮助，往往是更加不求回报的一种利他行为，也只有高等智慧的动物才会因为共情而对和自己毫无关联的物种进行帮助。

所以座头鲸才会一往无前地冲向虎鲸群；所以狗狗会照顾幼小的狮子，像对待自己的孩子一样无微不至，同样的，猫妈妈也会照料年幼的小狗；所以海豚和虎鲸都会救助溺水的冲浪爱好者（虎鲸其实也是共情者）；所以黑猩猩更是会宁愿放弃好吃的食物，也要克服困难帮助毫不相干的人类。

这些同情心的表现，都是高等动物进化而来的本能，在人类的身上，同情心同样是一种高贵的品质。我的一位消防员朋友，每每奋不顾身地冲进熊熊燃烧的火场，只因为他无法接受看到那些可怜被烧伤的孩子，或是一具具遇难的尸体。

如果说，自私的基因让生命的世界充满了冷漠和利己主义，那么同情心的出现，就是投向这个世界那一道弥足珍贵的光。

被某种生物寄生之后,他们患上了一种诡异的怪病

一群几乎神智不清的男女，张大着嘴叫喊着口渴，如同丧失理智一般冲向任何视线所及的水源，甚至猛然一头扑向河里，继而溺水身亡。而在他们漂浮河面的尸身之下，一丛黑色而细长的身影缠绕着，扭动着，从宿主的体腔内破体而出，游进水中……

幸好，这只是恐怖电影中的情节。这部电影，是2012年上映的一部韩国灾难片，名叫《铁线虫入侵》。虽然比起《汉江怪物》来，《铁线虫入侵》的场面并没有那么科幻，血腥程度更是远远比不上后来的《釜山行》。但是，它却更加真实，有代入感，因为这部片子涉及一个很现实的问题：

寄生物会影响宿主的意志吗？

01

常年生活在城市里的人，可能并不太了解铁线虫（学名 *Gordius*）究竟是一种怎样的生物，因为这种生物大都生活在乡野间的水域。它们和蛔虫一样，都同属于线虫纲，只是块头要大得多：虽然直径可能还不到 1 毫米，但是长度却有着 0.3~1 米那么长。目前发现最大的铁线虫，更是有着两米长的骇人身段。

完整暴露在外的铁线虫，外形很像一根长长的马鬃，因此在英文中又被称为"马鬃虫（horsehair worms）"。铁线虫的头部只有一张用来汲取营养的嘴，雄性的尾端是一个分叉的形状。和其他线虫纲生物区别最大的地方在于，铁线虫的外壳有一层坚硬的角质层包裹着，这样的外形能够让它们在成虫之后，在宿主体外生存。

坚固外壳给铁线虫带来的金刚不坏之身，甚至当宿主昆虫的身体被外力碾压死亡之后，内部的铁线虫依然能够得以存活。这大概也是铁线虫得名的由来吧。

铁线虫的生存策略简单而粗暴：生活在沼泽、池塘和溪流等水体中的它们，在雌雄交配后，雌虫会产出一大堆凝胶状的虫卵。卵孵化成幼虫之后，会聚集在一起，等待被它们的目标食用。是的，看似这些捕食铁线虫的都是凶猛的肉食性昆虫，比如螳螂、蚂蚱、蟋蟀等，然而在它们享用铁线虫的那一刻，实际上已经中了对方的圈套。

在宿主昆虫的体内，铁线虫会一动不动地紧贴在虫体消化道附近，通过吸收养分迅速成长发育。被寄生之后的昆虫虽然会被消耗掉大量的体内营养，但并不至于死去，只是它们体内大部分性腺发育都被破坏了，无法繁殖后代。

当生长到完全成熟体之后，铁线虫会做出一个不可思议的举动：它们如同意识控制一般，操纵着宿主的昆虫前往水源。当宿主在水中自行溺毙时，铁线虫会如同打了鸡血一般，拼命地蠕动，最终从宿主体腔内破体而出，这一幕常常令人极为不适。

所以，宿主昆虫的死亡，也意味着铁线虫的寄生其实准确来说，应该是拟寄生，也就是会杀死宿主自身的一种寄生。

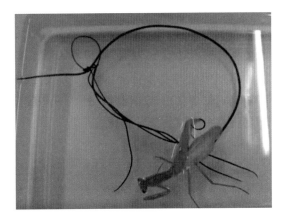

图 7.1　破体而出的铁线虫

正是见到了这样震惊的一幕，给了韩国导演朴正宇以灵感，并拍摄出了灾难片《铁线虫入侵》。只不过在真实的世界里，虽然人类也存在极其罕见的被铁线虫寄生的例子，但并不至于发生影片中那么可怕的结果。

这些被感染的病例，往往是在河边游泳嬉戏时，被幼虫体的铁线虫从尿路入侵，并寄生在人体的尿道中，因为成虫之后的机械性运动，导致人体出现下腹部剧烈疼痛、尿频、尿急、尿痛、血尿等症状。只不过，在驱虫之后病情就会自行减轻消失，并不会被操控到投河自尽，出现电影中那样令人绝望的一幕。

对于人类这样的高等动物，铁线虫束手无策，可是低等的节肢动物就常常命丧它们之手。那么，铁线虫究竟是拥有怎样的操控能力，才能让宿主甘愿献出自己的生命，乖乖听从它们的命令投河自杀呢？

在解释这个复杂问题之前，我们先来看看其他一些寄生物是怎样操控并残害它们的宿主的。

02

2005 年时，宾夕法尼亚州立大学的生物学家大卫·休斯（David Hughes）教授在德国的莱茵河谷中一个叫梅塞尔坑（Messel Pit）的地方，发现了一片非常奇异的树叶化石。

这块距今 4800 万年前的古老树叶的叶片上，清晰地显示出数量极多，且排列整齐的小坑洞。这顿时引起了休斯教授的注意，在电子显微镜下，他发现这些小坑洞，都是一种古老蚂蚁的咬痕。

这片树叶上，一共有着 29 枚咬痕，这些咬痕分属于 7 只不同的蚂蚁。为何这些蚂蚁都会不约而同地大力咬住树叶呢？而且，并没有任何迹象显示，它们是在食用这些树叶，因为这些咬痕基本都是一次性的，换言之，咬住之后的蚂蚁就没有再动弹过。

那么，它们这样做的目的究竟是为何呢？

答案是，它们根本没有目的，因为已经身不由己了。根本不是蚂蚁们自己的意志决定了这样离奇的行为。原来这些古老的蚂蚁，都被一种更加古老原始的生物寄生了。这种生物有个异常拗口的名字，叫做"偏侧蛇虫草菌（学名 Ophiocordyceps unilateralis）"。

偏侧蛇虫草菌至今依然存在，它们寄生在如今一种叫做莱氏屈背蚁（学名 Camponotus leonardi）的蚂蚁身上，这种蚂蚁因为长期生活在树丛中，因此还有一个更有名的别名"木匠蚁（carpenter ants）"。

透过电子显微镜，休斯的团队发现被寄生后的木匠蚁的身体内部充斥着大量的偏侧蛇虫草菌，这些真菌导致蚂蚁肌肉萎缩，肌肉纤维分离，并分泌出一些化学物质，影响到它们的中枢神经系统。

我们都知道，工蚁是一种拥有超强执行力的蚁类，它们很少会偏离自己的移动路线。被寄生后的蚂蚁，却经常会展现出迷路的迹象，它们茫然无措地随意走动，甚至偏离整个群体。同时，它们行走模式也迥异于原本的姿态，这种凌乱的步伐令人联想到了被感染之后的丧尸，因此这些被寄生后的蚂蚁也被称为"丧尸蚂蚁（Zombie ant）"。

更重要的是，木匠蚁大都生活在树木的树冠上，而被寄生之后的丧尸蚂蚁，却常常更愿意向树下移动，去到那些被繁茂树叶遮盖住的树荫下。

图 7.2　丧尸蚂蚁死死咬住树叶，
再也不松口

图 7.3　被偏侧蛇虫草菌寄生之后的
丧尸蚂蚁

显而易见，树荫下比树冠上要潮湿阴冷得多，是更加适合真菌繁殖的绝佳场所。丧尸蚂蚁们这样的举动，正是体内寄生的真菌驱使的。

这还不算完。当丧尸蚂蚁们来到最适合真菌繁殖的环境后（根据统计，这样的地点一般都在朝北的森林，距离地表大约 25 厘米，空气湿度 94%~95%，温度 20~30℃），会开始不约而同地爬上树叶，并用下颚全力咬住叶片。

更加夸张的一幕还在后面，当丧尸蚂蚁咬定了叶片之后，真菌会迅速破坏蚂蚁下颚的肌肉纤维，并将其中产生能量的线粒体全部破坏殆尽，这样一来，完全肌无力的可怜蚂蚁就再也无法控制自己的下颚，只能被迫咬死在树叶上一动不动。

这种怪异的行为模式，被称为"死亡之咬"。在此之后，真菌会开始在蚂蚁体内的软组织间不断增殖，很快便杀死宿主们，当大量的菌丝在死去的蚂蚁尸体内繁殖后，最终会顶破蚂蚁身体的外骨骼，形成可怕的寄生景象。破体而出之后，蚂蚁尸身上的偏侧蛇虫草菌会在这片树叶上释放出孢子，继续繁殖后代。整个过程可以持续 4~10 天。

值得一提的是，这样的灵感也被"顽皮狗"团队的游戏设计师所汲取，并以此为基础创造出了著名游戏《美国末日》（The Last of US），游戏中被真菌寄生的丧尸怪物成为无数玩家的梦魇，我也是其中之一。

03

等等，这还没有完。

休斯的研究团队很快发现了另一个颇为奇怪的现象：虽然在树叶上有很

多被寄生的丧尸蚂蚁的尸体，但并没有大量繁殖出偏侧蛇虫草菌。这个比例竟然仅有 6.5% 左右，也就是只有很少的一小撮丧尸蚂蚁身上，成功地长出了真菌。

这究竟是怎么回事？按理说，真菌的这个繁殖生存模式是非常完美的，繁殖的场所各方面条件也非常适合，为何最终孢子的产生率却如此之低呢？经过一番研究，休斯终于在偏侧蛇虫草菌的身上找到了答案：这些寄生在蚂蚁身上的真菌，居然自身也被另一种寄生物寄生了。

这种诡异却又真实存在的现象，被称为"超寄生（hyperparasite）"。原来为了对抗偏侧蛇虫草菌的摧残，木匠蚁也找到了自己的生存策略，那就是在身体内部也寄生着另一类寄生物（据说也是一种真菌）。当蚂蚁们被偏侧蛇虫草菌寄生之后，这种神奇的寄生物也会寄生到真菌的体内，并在死亡之咬发生后，杀灭偏侧蛇虫草菌繁殖出的孢子。

如此一来，偏侧蛇虫草菌能够成功繁殖后代的概率就被大大降低，同时木匠蚁的群体也就免遭真菌大面积扩散的危险。

这简直是微观世界版本的一物降一物啊。

不过既然说到这种真菌坑真菌的寄生，就不能不提昆虫坑昆虫的寄生了。对此七星瓢虫最有发言权，虽然样子萌蠢，但是七星瓢虫的自我防护能力并不低，大多数情况下仅仅靠着外形就足以吓退敌人。

然而在面对茧蜂的时候，七星瓢虫便毫无反抗能力了。茧蜂是一种非常善于寄生的昆虫，全世界一万多种茧蜂，都是寄生性物种。大部分的茧蜂都是益虫，因为它们寄生的对象大都是菜粉蝶、番茄天蛾等害虫。唯有寄生七星瓢虫的瓢虫茧蜂是例外。在发现七星瓢虫后，茧蜂会将自己超长的产卵器插入瓢虫的身体，每插入一次，都会在其中留下一到数个虫卵。

七星瓢虫体内的虫卵很快就可以孵化为幼虫，随后幼虫会在瓢虫的下腹割开一道口子，并在它们的身体下方吐丝结茧。

是的，此时的七星瓢虫已经完全沦为一只丧尸瓢虫，只不过此时它们还并未死亡，而存活着的唯一意义，就是成为茧蜂幼虫的保镖：当有外敌试图靠近时，丧尸瓢虫还会拼命抽搐自己的腿部试图驱赶对方。

寄生在毛虫体内的茧蜂幼虫也是类似，它们会以毛虫的身体组织为食，发育成熟快要成蛹之前，就会破开毛虫的身体，并在它的身体表面结茧。与丧尸瓢虫相似的场景同样发生着：在它们结茧孵化的期间，丧尸毛虫会不吃不喝地守着身上的虫茧，保护着这些寄生物的安全。

其实除了昆虫之外，饱受寄生之苦的还有其他生物，比如软体动物类的蜗牛。

图 7.4　被寄生后的丧尸七星瓢虫

模样同样蠢萌的琥珀蜗牛，被一种叫做双盘吸虫（学名 *Leucochloridium paradoxum*）的东西寄生之后，同样会沦为"丧尸蜗牛"。此时它最大的特点，就是极度肿胀的双眼，并且呈现出绿色的环节状态，从外形上看简直如同两只绚丽多彩的毛虫。

此时蜗牛的双眼中，已经充满了双盘吸虫的幼虫，它们不断蠕动，并命令丧尸蜗牛一反常态地爬到植物的高处，甚至暴露在光亮的环境中。这样做的目的只有一个，就是吸引鸟类的注意。当丧尸蜗牛被捕食之后，它们就可以转而寄生在鸟类的身体内，

图 7.5　被双盘吸虫寄生的倒霉蜗牛

等待繁殖成熟之后，再一次循环它们的寄生行为。

04

不得不说，寄生是一种极其古老的生存策略，与共生不同的是，寄生是一种生物生存在另一种生物的体内或体表，并从后者摄取养分以维持生活，寄生物对于宿主而言，基本上都是一场灾难。

寄生物在宿主体内发育的繁殖，会引起一系列的损伤：比如破坏细胞、压迫组织、堵塞腔道、毒性和变应原性作用等。而且寄生物还会在 3 个方面对宿主造成严重的危害，首先就是夺取宿主的营养：比如人体小肠内的蛔虫，就会吸收消化或者半消化的食物；钩虫和血吸虫更是会直接吸取人体的血液，引起宿主营养不良以及贫血。

所以知道小孩子为什么要定期吃打虫药了吧。幼儿的免疫能力原本就弱，体内的寄生虫往往能肆无忌惮地吸收营养，我小时候有个同学，肚子里的蛔

虫肥硕得那叫一个可怕（不要问我怎么知道的）。

　　第 2 种危害，是寄生物制造的机械性损伤。如果寄生物的数量很多，或者体型比较大时，它们聚集在一起后，会对宿主的组织器官造成损害和压迫作用。比如猪囊尾蚴会寄生在人的脑部以及眼部，造成脑组织压迫，引发癫痫、视力下降甚至是失明。蛔虫的幼虫在肺内移行时，也会穿破肺泡壁的毛细血管，引起肺部出血。更不用说前面提到的铁线虫，如此巨大的块头，在人体尿道内游动，会造成巨大的痛苦。

　　第 3 种危害，是寄生物自带的毒性作用，包括抗原性刺激。存活于宿主体内的寄生物除了吃喝也要拉撒，它们的分泌物和排泄物都带有毒性。即便是寄生物死亡后，它们尸体的分解产物本身也是具有毒性的。比如溶组织内阿米巴（学名 *Entamoeba histolytica*）所分泌的溶组织酶，会破坏组织细胞引起宿主肠壁溃疡和肝脓肿。钩虫分泌的抗凝素，会导致宿主伤口无法凝血引发失血；阔节裂头绦虫的分泌物和排泄物则可能影响宿主的造血功能，从而导致贫血。

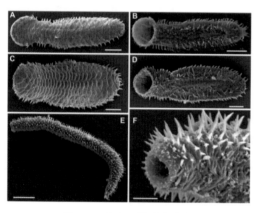

图 7.6　面目可憎的寄生虫

　　同时，寄生物的代谢和分解产物都带有抗原性，会诱发宿主的免疫反应，导致强烈的过敏反应，甚至是过敏性休克。

　　为了对抗寄生物，宿主当然也想出了各种手段，只是寄生原本就是这些小恶魔们唯一的生存手段，自然在演化中发展出了各种适应寄生环境的能力。

　　比如跳蚤的身体左右侧非常扁平，就是为了便于在宿主的皮毛间游走。寄生于肠道内的蛔虫以及寄生于肠膜血管中的血吸虫，进化出细长的体型，就是为了适应窄长的肠腔以及血管腔。而肠内的绦虫依靠体壁吸收肠内营养，它们原本的消化器官便退化消失了。

　　再比如雌体蛔虫为了获得最大程度的产卵能力，进化出了超级巨大的卵巢和子宫，超过自身体长的 15~20 倍，每天可以产卵 24 万个。钩虫为了一劳永逸地固定在宿主消化道内，进化出了面目可憎的头部和嘴巴。

我总是觉得，作为寄生物，你们这帮祸害进化出各种适应宿主身体的结构也就罢了，为啥还要控制宿主自杀呢？这未免也太赶尽杀绝了吧。是的，我们回到了最初那个问题，铁线虫究竟是依靠什么功能，才能诱使宿主昆虫心甘情愿地投河自尽？

2005 年，科学家发现在宿主的身体内寄生时，铁线虫幼虫会制造出一种特殊的蛋白质分子。这种蛋白质分子在铁线虫的身体，以及宿主（特别是直翅目的昆虫）的脑部都被发现了。而且健康的螳螂或者蝗虫，体内并不存在这种类型的蛋白质分子，只有与之非常相似的另一种。

是的，这也就意味着，铁线虫可以模拟宿主体内的某种蛋白质分子，制造出一个极度相似但是又略微不同的蛋白质分子，浑水摸鱼一般影响宿主的中枢神经系统。

为了验证这一点，科学家通过多次测试，最终发现通过这一组蛋白质分子的特殊表达，寄生虫可以诱导宿主中枢神经系统内的细胞凋亡，同时改变宿主脑部和中枢神经系统中的化学信号，并以此来控制宿主行为，以及引起炎症免疫反应，等等。

科学家们在实验中发现，处于寻找水源状态的宿主，体内含有这种特殊蛋白质分子的数量达到了巅峰。正是通过这种手段，令铁线虫可以精确地操纵宿主的行为，控制它们离开陆上的栖息地，并且逼迫它们跳入水中。

05

现在问题来了，寄生物可以控制昆虫这样低等生物的意志，那么人类呢？它们也能影响到人类吗？

17 世纪时，来自葡萄牙、荷兰的欧洲殖民者，在非洲撒哈拉南部发现很多当地人都得了一种怪病：这些人一开始表现出浑身发热、头痛、关节疼痛、食欲减退的迹象，并伴随着间歇性的发烧。很快，他们就开始表现出神志不清，白天意识模糊，总是一副病恹恹而且昏睡不醒的状态。然而一到晚上，这些病人又进入到另一个状态：入睡困难，经常性地一夜无眠。

因为症状体现出白天极度嗜睡、昏睡不醒的状态，因为西方人将其称为"昏睡病（sleeping sickness）"。很快，殖民者就意识到，这种病症并不是新近才出现的，它已经在整个非洲大陆存在了上千年。

只是在过去，因为非洲人口的大量流动很少，因此病症只爆发于局部的地区。然而到了中世纪晚期，阿拉伯商人在非洲进行奴隶贸易后，这种昏睡病也跟着开始迁移，一路沿着刚果河从非洲深处传播到了非洲的东部地带。

一位14世纪的阿拉伯作家在走访非洲著名的马里王国之后，曾经留下了这样的记载：这个国家无数国民都陷入一种整日昏睡的状态，特别是他们的那些酋长们，经常一睡不起，一直到死为止。

直到18世纪时，依然没有人知道这种怪病的具体原因。1734年，从西非返回的英国海军医生约翰·阿特金斯（John Atkins）在报告中写道：

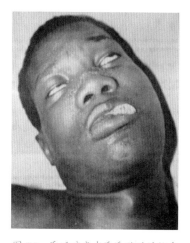

图 7.7　昏睡病患者昏昏欲睡的状态

"除了2~3天的食欲减退外，昏睡病的出现往往毫无征兆，发病后的病人就开始沉睡，知觉全面衰退，只有用力推搡、拉扯甚至鞭打，才能将他们唤醒。然而仅仅清醒了一会儿之后，他们又会继续沉睡过去，他们口角流涎，呼吸缓慢，很多人维持着这样的状态一直到死去。"

1901—1905年间，当时的英属乌干达爆发了极其恐怖的昏睡病瘟疫，多达25万~30万人因此而丧生，原本人口稠密的湖岸地区甚至有2/3的人口死于这场瘟疫。

疫情爆发之后，效力于英国陆军皇家医疗队的微生物学家大卫·布鲁斯（David Bruce）来到了乌干达。他发现疫情爆发的地区，和当地的环境有着很密切的关系。那些居住在灌木丛地带的居民，昏睡病的爆发率明显更高。而在非洲的灌木丛里，栖息着一种非常可怕的生物。

这种生物可怕到什么程度呢？它几乎以一己之力，改变了整个非洲的发展历程（这段故事有机会我单独写出来吧）。它的名字在非洲历史上早已臭名昭著，这就是——采采蝇（tsetse fly）。

采采蝇是一种通体黄褐色，体型比普通苍蝇略小的舌蝇，它们最大的特点就是那根又粗又长的口器。正是靠着这根锐利如锯的口器，采采蝇横行撒哈拉沙漠一带的黑非洲，叮咬各种人畜。但是在此之前，人们只知道牲畜被采采蝇叮咬后会发病，却并不清楚它们对人的影响。

布鲁斯猜测，这些昏睡病患者一定是被采采蝇叮咬后引发了某种感染，很可能是某种线虫类型的微生物。于是他抽取了一些病人的血液，并进行化验研究。果然，在显微镜下，布鲁斯看到一种外形有如开瓶器那样螺旋扭曲的微小生物，他将其命名为"锥虫（学名 *Trypanosoma*）"。

锥虫是一种高度进化的鞭毛虫，它们大量寄生于非洲的脊椎动物体内，特别是血液循环系统中。而采采蝇的叮咬和吸血，恰好起到了帮助锥虫传播，进入新的宿主体内的作用。幼虫形态（前鞭毛体）的锥虫在采采蝇的消化道内发育成长，并借助它们进入脊椎动物的身体，在那里进化成锥鞭毛体或无鞭毛体的完全形态。

进入宿主身体后，锥虫主要寄生于体液中，特别是血液、淋巴液、脊髓液以及脑部。狡猾的它们全身包裹着一层蛋白多糖外壳，而且组分经常变换。因此，虽然一开始免疫系统在识别入侵之后能够产生抗体，但是随着锥虫体表制造出新的糖蛋白之后，就能够成功逃避免疫系统的识别。

在寄生之后，它们会顺着宿主的血管四处流动，而这个阶段，也便是昏睡病的第一阶段，病人开始发烧、关节疼痛、食欲减退。

当锥虫侵入宿主的中枢神经系统甚至大脑之后，病人就开始进入昏睡病的第二阶段，开始意识丧失，感觉障碍以及昏睡不醒。患者的睡眠周期被完全干扰，紊乱的日夜节律导致白天昏睡不醒，晚上却难以入睡。在不断陷入深度睡眠之后，如果得不到妥善治疗，病人就将再也醒不过来。

06

布鲁斯发现了昏睡病的根源和传播方式后，这种病症被正式命名为非洲锥虫病（African trypanosomiasis）。一直到 1916 年时，拜耳制药公司的奥斯卡·德雷塞尔（Oskar Dressel）和理查德·科特（Richard Kothe）才开发出针对此病的特效治疗药物苏拉明（Suramin）。

然而在此之前，因为反抗殖民者的战乱，多地农田被毁聚集区人口骤降，采采蝇又重新肆虐了。于是，昏睡病再度肆虐了整个非洲东部。当时的德属东非有 1/3 的人都遭受采采蝇的叮咬感染，他们中很多人都患上了昏睡病。

特别是那些靠近水源的地带，采采蝇数量更多，病患数量也因此而成正比：1909 年时，维多利亚湖周围有 1405 例昏睡病患者，而到了 1913 年时，坦噶尼喀湖周围更是有多达 3300 例。

通过研究大量的昏睡病例，医学界发现病患除了昏睡不醒，作息紊乱之外，还有一些其他神经性疾病的症状，比如意识错乱、全身震颤、肌肉无力、偏瘫，等等，有一些还出现了类似帕金森病人那样的非特异性运动障碍和言语障碍。

并且，部分病人表现出精神疾病的症状，比如烦躁不安，精神分裂，出现攻击行为或是言行冷酷，等等。

这不由得令人联想到寄生物侵入中枢神经之后，对于宿主意识的干扰。虽然人类并不会像昆虫那样直接被控制，但是依然会产生不可忽视的恶性影响。事实上，很多寄生虫在人体内，都可能会对人类产生精神方面的影响。

比如 2016 年，美国芝加哥大学的医学团队发现，大脑中感染弓形虫（学名 *Toxoplasma*）的病人患有"间歇性暴发性精神障碍"的几率，要比普通人高一倍。虽然脑弓形虫与精神疾病，特别是精神分裂症之间的联系至今没有实锤性质的证据，但是这种关联被很多学者所认同。

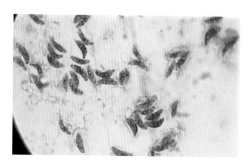

图 7.8 寄生于宿主体内的弓形虫

根据捷克寄生虫病学者雅罗斯拉夫·弗莱格尔（Jaroslav Flegr）的研究，弓形虫不但会影响幼儿的大脑正常发育，导致脑白质密度减低，还会潜伏在人体的中枢神经系统中，潜移默化地改变神经元之间的连接。

这种间接性地操控人类意志的行为，会改变我们的应激反应，对气味的偏好，以及对他人的信任程度，甚至是宿主人类自身的性格。在多次测试中，弗莱格尔发现感染弓形虫后的男性病患，会呈现出内向、多疑，无视他人意见的特点，并且倾向于破坏规则。而受感染的女性患者则刚好相反，变得外向而容易信任人。

并且，弗莱格尔在研究中大胆推测：弓形虫的寄生会导致宿主的精神错乱，促使其产生自杀的倾向。这个荒诞离谱的结论，却被马里兰州立大学医学院的精神科医师特奥多·帕斯特拉奇（Teodor Postolache）所证实，通过对 20 个欧洲国家弓形虫感染者的研究，他发现这些女性的自杀率，与弓形虫潜在感染者占女性总人口的比率成正比。因此帕斯特拉奇也认为，弓形虫所制造的一些化学物质，对于人类宿主神经系统的影响，可能会超出我们的想象。

或许，直到目前依然没有足够的证据，可以证明寄生物会对人类的意志产生直接性的影响，《铁线虫入侵》中人类丧失理智投河自尽的一幕也并不会真的发生在现实中，但是，作为人类上万年来的敌人，寄生物一直都在潜移默化中改变着每个感染者的个体，并影响到人类历史的进程。

从昏睡病依然频发的非洲，到包虫病肆虐的中国大西北，再到血吸虫横行的东南亚贫民区，这场对抗寄生物的战争，还远远没有结束……

30多年前，一位现实版蝙蝠侠山寨了地球，这真不是科幻片剧情

无论今天陪伴我们的是清晨的阳光，还是连绵的阴雨；无论我们呼吸的是甜美的空气，还是 $PM_{2.5}$ 爆棚的雾霾，当我们生活在地球的生态圈中时，可能都不会意识到一个严重的问题：如果离开了这个千万年来赖以生存的生态圈，人类还能够继续生存，延续我们的命运吗？

嗯，就好比电影《火星救援》中，马特·达蒙在远离地球5500多万千米之外的火星上，靠着完全人工种植的土豆基地来维持生命，在那种隔绝的人造生态系统中苟延残喘。然而更可怕的是，如果人类遭遇到甚至足以引发灭绝的大灾难，比如在游戏《辐射》浩劫之后的废土上，我们又该如何面对那种完全恶劣的环境，而不至于让文明从此终结？

01

最早考虑这个问题的，大概是传说中的人物：诺亚。

在《旧约·创世记》中，诺亚获得了上帝的神谕，因此在40天40夜的大雨所引发的大洪水灭绝众生之前，就预先用高脂树木（歌斐木）制造了一艘包含很多房间的方舟，方舟内外还涂上了松香防水。

如果按照《圣经》中的记载，这艘搭乘了各类生物的诺亚方舟，有着133.5米长，22.3米宽，13.4米高，排水量大约是泰坦尼克的3/5，毋庸置疑可称是一艘"大船"。

驾驶方舟的诺亚一家，带着各种生物在大洪水中漂流了370天，直到看见衔着橄榄枝的鸽子之后，才终于获得了新生，从此成为后代人类的祖先。传说中的诺亚活了950岁，并在500岁时生了三个儿子：闪、含以及雅弗，分别是黄种人、黑种人和白种人的始祖。

传说自然只是传说，甚至诺亚方舟这个故事本身，也很可能只是借鉴自

图 8.1 阿卡德文明遗留的西苏特罗斯画像

苏美尔人的神话人物西苏特罗斯（Xisuthros），公元前 2600 年的阿卡德文明就记载了这位大英雄从洪水中拯救世间万物的奇迹。只是那个时代简陋低下的人类文明，如果遇到什么突如其来的大灾祸，别说拯救苍生其他物种，可能连自个儿都救不了。

然而，数千年过去，人类的科技水平突飞猛进之后，科学界竟然真的开始未雨绸缪地探索：在生物灭绝性质的大灾难到来之前，或者当我们离开熟悉的地球时，能否制造一个完全人工的环境，让人类可以在其中像过去一样生活？

20 世纪初，苏联的火箭之父康斯坦丁·齐奥尔科夫斯基（Konstantin Tsiolkovsky），就在一篇论文中提到，如果人类将来需要在太空中长期生存的话，就必须要先学会脱离地球生态圈的生活方式，因此必须要掌握自己搭建生态系统的技能，再利用太阳能来管理植物的光合作用，从而在太空的封闭空间中得以长期生存。

并且，他老人家的论文末尾，留下了振聋发聩的一句名言："地球是人类的摇篮，但人类不可能永远生活在摇篮中。"

正是基于齐奥尔科夫斯基的思想，苏联物理学和生物学家们在冰天雪地的西伯利亚克拉斯诺亚尔斯克市（Krasnoyarsk），打造了一座现代性质的"诺亚方舟"——最初是完全机密的 BIOS-3 全封闭式生物实验基地。

02

BIOS-3 始建于 1965 年，历时 7 年才完全建成。这个封闭基地是一个体积 315 立方米的地下钢结构空间，最多可以容纳三人。它的设计目的之一，

图 8.2　完全隔绝的 BIOS-3 舱室

就是为了配合当时太空竞赛中的苏联宇航局，可以让宇航员们在封闭生态系统中尝试生存。

BIOS-3 被厚重的不锈钢板分隔成四个舱室，除了实验人员的卧室外，还有厨房、盥洗室等生活设施。除了备用的紧急出口外，整个系统和外界是完全隔离的，为了防止空气渗透，甚至还加装了橡胶密封垫进行气密处理。

为了模拟太阳的存在，四个舱室内每一间都安装有一台 20 千瓦功率的氙弧灯，并通过附近的水力发电站供电。在这些氙弧灯的照射下，藻类、小麦和其他蔬菜植物得以生长，并起到调节空气中含氧量的作用。

这些植物中，最主要负责维持氧气和二氧化碳平衡的，是一种叫做小球藻（学名 *Chlorella*）的植物。

虽然名字蠢萌蠢萌的，但是小球藻的来头可真不小。这种直径只有 3~8 微米的球形单细胞淡水藻类，早在 20 多亿年前就出现在了地球上，是这个星球上最早的生命体之一，同时，小球藻也是一种非常高效的光合植物。

苏联人通过实验发现，只需要 8 立方米的小球藻，就能供给一个人全部的氧气摄入，它可以通过回收人呼出的废气，再重新制造出氧气。在理想状态下，这样的循环可以保证人类的基本氧气需求，但是潜在的问题也是很多的，我后面会仔细说。

从诞生之日起，BIOS-3 生态系统一共进行了 10 次模拟实验，每一次都有 1~3 名实验员参与其中，最初的一次实验维持了 180 天。可以说这是最早期的、在人造生态环境下所进行的人类生存实验了。通过多次实验，BIOS-3 成功地在封闭的人造环境中种植了包括谷物、蔬菜、藻类等 11 种作物。

然而和许多其他苏联的黑科技项目一样，BIOS-3 虽然是个伟大的先驱者，却并未修得什么正果，因为资金的匮乏，1984 年的最后一次实验后，这个黑科技项目就被暂时中止了。后来苏联解体后，BIOS-3 就成为俄罗斯科学院西伯利亚分院生物物理研究所的一个下属机构，专注于太空植物培育和废物回收。

在 BIOS-3 之后，美国的 NASA，日本的闭合生态实验研究机构 CEEF，以及欧洲空间局 ESA，都参照 BIOS-3 的模式，有样学样地搞了一套自己的项目来进行类似研究。只是这玩意儿实在过于烧钱，因此这几次尝试也都因为经费原因的瓶颈，最终无疾而终了。

连堂堂美帝政府都缺钱搞不起，还有谁能支撑这样的科研项目呢？难道真有漫画里的钢铁侠或是布鲁斯·韦恩这样的超级土豪，敢于一掷千金，以一己之力的私人财产搞黑科技研发吗？

竟然还真的有……

03

这位大佬的名字可能并没有多少人听过，他叫做爱德华·巴斯（Edward Bass）。1945 年生于美国得克萨斯州沃斯堡的巴斯，可谓是含着金汤匙出生的孩子，作为石油巨头家族企业的一员，他的人生可谓是一帆风顺。

但是，巴斯和其他追求物质享受的土豪有着完全不同的精神世界。自幼目睹了美国工业化对环境危害造成的可怕影响之后，童年阴影一直困扰巴斯的整个人生。就像蝙蝠侠布鲁斯·韦恩决意毕生打击罪犯一样，巴斯也许下宏愿，要终生为生态事业干一番大事。

从耶鲁大学毕业之后，巴斯就痴迷于各种庞大的环保工程，并为此挥洒着手中的钞票：从尼泊尔的豪华生态酒店，到澳大利亚占地 30 万英亩的牧场；从波多黎各的一片热带雨林，再到家乡沃斯堡的一个梦幻表演中心……

然而，所有的这些大投资都没有达到爱德华·巴斯心目中的完美目标，野心勃勃的他，想打造一个类似于 BIOS-3 那样的全封闭生态系统，并且要比苏联人的那个大得多，同时也复杂得多。

在当时人的眼中，这样的大工程可能仅仅存在于科幻小说中，何况要是以个人的资金来支撑就更加不可思议了。但巴斯靠着石油巨子的身家，却愣是把这种不可能化为了可能。

在精心计划之后，爱德华·巴斯选中了美国亚利桑那州菲尼克斯市和图森市之间，圣卡塔利娜

图 8.3　如今的爱德华·巴斯

图 8.4 生物圈 2 号外景

山（Santa Catalina Mountains）地带海拔 1300 米的一块区域，我曾经途经此地，因此可以告诉大家，这里基本是一片沙漠地带，或者说是一种最为单调贫瘠的自然生态环境（基本就是《绝命毒师》第一季中的那种场景）。因此，巴斯选中这个地方只有一个原因——他看中了那里超级充足的日照时间。

是的，巴斯的计划并不包括人工电能的氖弧灯，而是选择了完完全全的自然能源——太阳。这样他的生态系统就比曾经苏联的 BIOS-3 更加先进，同时也更加不可控制。事实上，在后来的实践中，就证明了这一点。

巴斯的工程面积也不是 BIOS-3 那样的小儿科，它有着庞大的 12700 平方米，体积更是达到 180000 立方米。并且它的外形相当前卫，主基地是 8 层楼高的圆顶钢架玻璃结构，其他的部分也都由玻璃和不锈钢完整地包裹着，甚至连地下的部分也使用了不锈钢材料实现完整分离。只有 10% 的气体年渗出率，说明了整个系统可以说封闭得相当完好。

在这块穹顶之下，与世隔绝的小世界里，居然划分出了 7 块区域，其中包括五块自然区域，分别是：热带雨林、稀树草原、滨海沙漠、河口沼泽和热带海洋（海洋还包括珊瑚礁和海滩生态）。另外还有两个与空气和水循环系统相连接，但是设置了屏障以阻挡昆虫入侵的区域：集约型农业生物区和人类住宅区。

即便以今天的视角来看，这样规模的仿生生态圈也几乎是只存在于科幻片中。我甚至怀疑最早的《侏罗纪公园》，包括后来的《疯狂动物城》，都从这个大工程中汲取了灵感。

毫无疑问，爱德华·巴斯规划的生态实验基地，简直就是一个微缩的地球，他以生物圈 2 号来命名这个庞杂的系统。可为什么是 2 号呢？难道还有生物圈 1 号吗？没错，在他看来，真正的地球就是那个原始的生物圈 1 号。

04

如此规模庞大的生物圈 2 号，从规划好那天，就注定是一个烧钱的大工程。而且，巴斯为了实现最终计划，请来了上千位国际一流的，农业和种群生命多样化方面的工程师、科学家以及其他专家共同参与设计和施工。

此外，他还请到了当时著名的生态学家约翰·P. 艾伦（John P. Allen）作为生物圈 2 号工程的主要负责人。

虽然人力成本极其高昂，但生物圈 2 号本身的造价也是相当不菲：前面我们也说到了，整个生物圈 2 号最大的特点，就是遍布各处的巨大玻璃。这些双层玻璃被液态硅胶密封在轻质管钢之上，以保持内部的空气湿度，整个工程共有高达 15794 平方米的玻璃，因此，这座生物圈 2 号还有另一个别名：玻璃方舟。

只是，即便采用了如此大量的玻璃，但是照射到内部植物上的光线，依然损失了 50%~60% 之多。但这已经是当时可以想到的最优，同时也是最耗钱的方案了。最终，巴斯为整个项目花掉了惊人的两亿美元（想想看，这可是在 30 多年前啊）。可以说，爱德华·巴斯一掷千金，就是为了完成自己的一个凤愿。

图 8.5　生物圈 2 号，一个宛如科幻片的存在

生物圈 2 号项目的初衷，就是为了研究封闭环境下空气、土壤、动植物、微生物和人类之间的相互作用和影响，同时也为未来太空殖民计划提供前期的移民基地方案。此外，还有一个更加深远的设想：测试生存在其内部的生命是否能够按照地球上生命进化的轨迹进行自我调节，以适

图 8.6　入住生物圈 2 号的科学家团队

应太空环境下的生活。

从 1987 年到 1991 年，历时 4 年之后生物圈 2 号工程终于建设完毕，它将迎来第一批勇敢的挑战者。

1991 年 9 月 26 日这一天，包括四男四女在内的八名科学家进入了生物圈 2 号。按照计划，他们将在这个封闭的人造环境下真正"与世隔绝"地生活整整两年，期间除非遇到成员身体出现严重不适，否则禁止和外界有任何直接接触（当然看电视、上网这些还是可以的），更不允许离开。

这两年间他们主要的饮食来源，是在生物圈内种植的 86 种作物，其中包括香蕉，南瓜，红薯，甜菜，花生，扁豆和豇豆，水稻和小麦作物，等等，之所以要选择如此多样的种类，就是为了在出现某种作物无法继续生长的情况下，不至于断粮。同时，多种作物可以保证营养的均衡，以及食材的丰富，避免像《火星救援》里的马特·达蒙只能靠天天啃土豆为生的情况。

按照规划，蔬菜主要占科研人员生存需求的 83%，剩下的部分，嗯，人家其实还是有肉吃的。在生物圈 2 号中，有一块区域专门用来养殖家畜，其中还包括专业的育仔室和繁种室等。而遴选之后的家畜只有 3 种，分别是一种非洲矮山羊、一种原产自佐治亚州的猪，以及一种亚洲的杂交鸡。

并不是它们的肉有多好吃，这些家畜之所以被选入这个现代版"诺亚方舟"，完全是因为它们的特性非常有利于人类的生活：不是特别能产奶，就是特别能生崽（或者下蛋）。更重要的是，它们能吃人类吃不来的各种残枝败叶，拉出的粑粑还能直接供肥。

噢，除了这些荤菜，八个人还有鱼肉可以吃，因为生物圈里还养着我们喜闻乐见的——中国鲫鱼。

05

说实话，如果是我自己的话，也非常期待能够作为其中一名实验者，去挑战一下这么新奇有趣的两年。所以，一开始这八名科学家都觉得自己很幸运，能够被选中参加这样前所未见的实验。

的确，实验初期的阶段，八人过着可称田园牧歌般的美妙生活。

这群现代鲁滨孙在意识到今后两年只能自给自足之后，发挥出了最大的天赋来种菜……可以说原本就对作物习性十分了解的他们，基本上利用了生物圈内每一寸可以利用的土地，单位产量也大大超越一般的种植方式。

种菜之余，每天还可以喂喂猪，养养鸡，挤挤奶，帮助牲畜交配之类，一周只需要一天的时间用来检查、维护和修理整个系统。周末时，八位科研人员常常一边写着报告，一边用咖啡树上的新鲜咖啡豆泡杯咖啡，偶尔还会拿出精心酿造的米酒小酌一下。

然而，随着时间的推移，严重程度不一的各种问题也接踵而至了。

图 8.7　开始阶段时的实验员们情绪很好

首先，由于生物圈 2 号是一个完整封闭的内循环系统，因此使用带有毒性的除虫剂和除草剂是不可能的，会有毒物长期残留在系统内。没办法，研究人员只能采取无毒的方式来防虫，比如以虫治虫或是喷洒肥皂水的方式来驱赶害虫。

然而毕竟缺乏直接有效的手段，生物圈 2 号内各片区域都开始大量繁殖害虫，比如二点蛛形螨、粉状介壳虫、蚜虫、潜叶虫、白粉菌、根结线虫、土鳖虫、臭虫和蟑螂等。恼人的虫子入侵了新生的作物，导致了减产。

为了解决害虫问题，8 个人可谓是想尽了各种办法，他们花了大量时间用清水清洗侵染的叶子，又根据害虫的分布重新进行了抗虫类作物的轮种，增添了作物的多样性，才算是基本控制了害虫。

就在害虫问题解决不久，另一个问题又凸显了出来，这就是长期封闭环境内的空气质量问题。

根据苏联 BIOS-3 的经验，整个实验能否顺利进行下去，很大程度上取决于系统内空气的成分。而此前研究中发现，生长于人造环境下的植物虽然可以很好地平衡二氧化碳和氧气的浓度，但是对于其他各种微量气体却无能为力。好在这个问题也并未造成很大的困扰，毕竟在生物圈 2 号内拥有着一种优质而自然的空气净化器：土壤。

科研人员通过泵送空气的方式，将空气强制通过土壤进行过滤净化，再加上严格执行人类和家畜排泄物的再循环处理，粪便需要固定堆沤，废水更是要经过厌氧微生物发酵和水生植物的代谢分解处理，终于将微量气体的水平降低到了一个可以接受的程度。

如果说前两个问题还是生物圈 2 号系统本身的问题，可以妥善解决的话，第三个问题就严重得多了，这个问题恰好反映出了大自然的不确定性和复杂性。

虽然爱德华·巴斯最初选中这块地就是因为这里阳光充裕，然而就在八人进驻生物圈 2 号后不久，全球化的厄尔尼诺现象发生了。这直接导致了美国西南部地区极为反常的秋冬季多云气候，阳光被厚重的云层遮蔽住了，这一不正常现象一直延续到第二年，使得生物圈 2 号的光照水平比预期降低了20% 之多。

缺乏足够的光照带来的问题是积累性质的，而且没有什么可以直接应对的解决方法。它就像慢性病一样侵蚀着整个生物圈 2 号系统，于是随后伴生的问题越来越多，也越来越复杂。

光照不足所带来的最大问题，就是植物光合作用的效果下降，导致系统内的含氧量一直在下降。一年半之后，已经从最初的 20.9% 下降到了14.5%，而这个数字仅仅相当于海拔 4080 米处的氧气含量。换言之，到了后来八名研究人员每天都在过着缺氧的日子，他们逐渐出现了睡眠呼吸暂停以及疲劳症状。

可以说，屋漏偏逢连夜雨，除了光照不足外，生物圈 2 号还因为自身设计中的一个潜在问题，导致了不可逆转的结局。

06

这个设计问题，就在于因为当初缺乏经验，没有考虑到设施中的二氧化碳会与建筑物所用混凝土中的钙发生反应。而在日积月累的化学反应之后，生物圈 2 号内形成了大量的碳酸钙，致使含氧量进一步下降，而二氧化碳和二氧化氮的含量却一路稳步上升。

于是接下来的环境问题就极其严重了：系统内大气和人造海洋的酸度不断增加，变酸的海水导致鱼类大量死亡，这些尸体堆积又堵塞了过滤系统。而且由于光照和空气问题导致湿度调节失衡，使得沙漠地带过于潮湿，大批的野草在其中生长，使得沙漠变成了丛林和草地。正是这样在我们看来的好事一桩，在封闭的人造环境中却导致了更大的危机：二氧化碳的浓度进一步上升。

图 8.8　后期的生物圈 2 号内，作物大面积枯萎

连锁反应带来的，是原本用于吸收二氧化碳的牵牛花开始野蛮生长，穿越了它原本限定的区域，阻碍了其他植物的繁殖。

此时，家畜区的大部分脊椎动物都已经死亡了，更可怕的是，那些用于传粉的昆虫也死了，造成依赖它们授粉繁殖的植物也紧接着全部消失。这又导致研究人员的粮食供应产生了歉收缺口，他们的体重一直在降低，其中一名成员的体重甚至从118千克降低到了68千克。

嗯，一个问题引发了一堆问题，所谓牵一发而动全身，大概就是这样的。

更重要的是，含氧量每天下降的低氧状态，再加上长期填不饱肚子的饥饿感，使得所有八名成员的心理状态也出现了问题。而封闭隔绝的环境本身就是产生心理问题的一大诱因，这一点早已在南极的科考站中被证实了。

到后来，这些成员们甚至开始产生焦虑和强烈的怀疑感，每天都担心自己的食物会不会被其他人偷走。在坚持了一年多之后，八名成员终于扛不住了，他们主动离开了生物圈2号，也意味着这一次的封闭环境实验彻底失败了。

1994年时，不甘心的爱德华·巴斯又组织了另外八名成员，参照之前的失败经验进行了全面改进，又进行了第二次挑战。没想到的是，这一次终结得更快，只坚持了十个月不到就宣告再次失败。失败原因更多是实验人员内部的矛盾，以及管理层的种种严重分歧。

所谓"谋事在人，成事在天"，这一次老天爷还没发威呢，人心却已经先散了：两名男性成员以缺氧不适为由，砸坏了五面玻璃，使得生物圈2号的严密封闭性荡然无存。得知这一切的巴斯立刻带着管理团队前来，接管了这里并驱逐了所有实验人员。

接连两次失败之后，巴斯没有继续自己的实验，而是将整个生物圈2号移交给了哥伦比亚大学，2007年时因为经费问题又转给了当地的亚利桑那大学。

如今的生物圈2号，已经成为一个旅游景点。

讽刺的是，当生物圈2号刚刚诞生时，它被称为自肯尼迪登月计划之后，"美国最令人兴奋的科学计划"，而短短数年之后，它就变成了"新时代的一场伪科学狂欢"。

爱德华·巴斯也坦然承认了自己的失败，但他依然没有改变初心，而是继续投身环保事业，并成为世界野生动物基金会的荣誉主席，致力于亚洲地区老虎和犀牛的保护。与此同时，他也是位名列全球福布斯榜单的富豪。

不过，就在生物圈 2 号宣告失败的 12 年后，日本环境科学研究所又在北部青森县六所村附近投入 6500 万美元，建造了一个外号"迷你地球"的"Biosphere J"闭锁性生态实验设施。

它的面积仅有生物圈 2 号的 1/10，并且没有使用土壤，而是采用了全新的机器分解科技，但是依然没有解决二氧化碳浓度过大的问题。而且，由于机器 24 小时连续运转的噪声，封闭环境也令置身其中的研究人员产生了严重的心理问题。

在此之后，一些尝试也都失败了（包括中东土豪的），直到今天仍然没有哪个工程可以完成封闭环境下的长期生态平衡。这是因为，生态系统的复杂程度超乎我们的想象，任何一个不经意的系数变化，都会影响到整个系统整体。

不得不说，即便生物圈 2 号这样的试验失败了，但它也只是一个人造的产物，而我们赖以为生的真正生物圈 1 号——地球，却无法承受这样的失败。虽然地球的生态圈有着强大的自我修补能力，但是如果地球的环境恶化到无法调整的地步，后果是不堪设想的。

所以，至少在目前，与其想着如何复刻一个地球，不如更好地去保护现在的她。

第三章

人类学＋医学

《战狼 2》里，它才是最终 BOSS

《战狼 2》火爆热映的那一阵儿，大家都为其中的热血剧情拍手叫好。然而可能大部分观众都忽略了一个细节，影片里最可怕的 BOSS，不是非洲的暴乱，也不是凶残的雇佣军，而是一个渺小得你看不见的东西。在它的暴虐之下，非洲到处死尸遍地，连主角冷锋这么强悍的身手，都挨不过一下。

没错，你们都猜到了，这就是片中被称为"拉曼拉病毒"的生物。

如果说，拉曼拉病毒的原型就是现实中臭名昭著的埃博拉病毒，可能并不完全对。为什么呢？继续往下看你们就知道了。我先来讲一个恐怖的故事。

01

这个故事的发生地，并不在非洲，而是在远离这片大陆数千千米的德国中部。在那块黑森林地带，有个叫做马尔堡（Marburg）的小城。中世纪时，图林根的领主曾与美因茨的大主教在此争夺地盘，但数百年后的 1967 年，经历了两场世界大战之后，这里早已成了一座安宁平和的城市。

在马尔堡群山环抱、绿树成荫的山谷之中，有一家生化公司。放心吧，这不是《生化危机》里的保护伞公司，他们家叫做"贝林制药"。为了研制一种治疗小儿麻痹症的药物，他们需要从非洲进口一种叫做非洲绿猴的动物，并提取它们的肾脏细胞来制作疫苗。

乌干达是非洲绿猴的原产地，这里有

图 9.1　瘟疫之岛

着大量的此类猴子。当发现它的医学价值之后，当地就有很多捕猴者，专门捕捉绿猴然后卖给当地的动物出口机构。在当时，有家机构每年都向欧洲出口多达13000只左右的各种非洲猴类，贝林制药也从他们那里一次性买进了600多只非洲绿猴。

这些猴子在出口之前，要经过一位医学检验员的检查。然而，所谓的检查只不过是将这货简单打量一下，将某些蔫吧在一边，明显呈现出病态的猴子剔除出来。然而这位检验员万万想不到的是，呈病态的猴子被排查出来后，并没有经过任何处理，就又被放归山林了。

并且，放生的地方是一个固定的地点：一座位于维多利亚湖上的小岛。不用想就知道，这座病猴之岛大概是个什么惨烈景象：各种瘟疫在猴群之间横行，腐烂的死猴尸体遍地都是，更多的病猴在恐慌中坐以待毙。

然而更可怕的还不止于此，这家动物出口机构的老板是个利欲熏心的商人，有时候为了凑数，他会让人绕过检验，从病猴之岛上抓几只看起来略微健康的回来。

其中有两只，就搭上了跨洲的航班，穿越地中海，抵达了德国马尔堡，最终被送进了贝林制药公司。很快，潘多拉之匣就要打开了。

02

在公司里，专门喂养这些猴子并负责清洗笼舍的工作人员，是一个叫做克劳斯的男人。他发现这些绿猴中，有两只有些不对劲。正常的猴子充满了旺盛的精力，在铁笼里不是追打嬉戏，就是愤怒地示威想要出来。但这两只，始终病恹恹地缩在角落里。

图9.2 非洲绿猴

克劳斯小心地走近检查，发现它俩还有一个诡异的现象：正常猴子的眼睑都是打开的，眼球呈现清澈的深褐色。但这两只猴子的眼睑是耷拉着的，眼球充满了血丝，变成了可怕的红褐色。

克劳斯轻手轻脚打开笼门，想要进一步详细检查一下。但他一接近它俩，其中一只猴子就发出暴躁的低吼，并进一步展现出攻击的倾向。克劳斯刚想安抚它一下，另一只病猴猛地咬住了他的手！

尽管他第一时间抽出了手掌，但两个血印依然清晰可见。不过考虑到公司定期就会给他注射全部的，包括狂犬病在内的猴类传染病疫苗，克劳斯并没有太多担心。他骂了句娘，就打跑了两只猴子，然后没好气地锁上了笼门。

之后的两天，克劳斯还是会不时记挂起这件事，所幸身体完全没有任何异样。接下来，又过去了 3 天，依然健壮如常。克劳斯已经快把这事忘了，他有滋有味地和家人朋友生活在一起，并未注意到那两只猴子越来越不对劲。

到了第 7 天的时候，克劳斯一起床就发觉头很疼，太阳穴一抽一抽地痛。他以为是自己昨晚没有睡好，依然打起精神去了公司。然而，越来越明显的头痛开始了，一阵阵的隐痛从双眼后面的部位传来。紧接着，克劳斯觉得周身开始发冷，好不容易挨到晚上，回家一量体温，意识到自己高烧得很厉害。

那天夜里，克劳斯不仅头痛欲裂，四肢也开始酸痛起来。下半夜的时候，高烧让他几乎失去神智，一股强大的恶心从胸口涌上来，他在床边开始大口大口地剧烈呕吐起来。

接下来的几天，克劳斯依然坚持着去上班，但是同事都被他去厕所的次数惊到了，并且他们发现他变得沉默寡言、面无表情、眼睛如同僵尸一样凹陷进去。如果仔细观察，会发现他的面部和颈部，都布满了细小的、密密麻麻的红疹。更令人惊异的是，往常非常和善的他，居然表现出异常强烈的攻击性。

而更恐怖的一幕发生在厕所里，克劳斯看见自己的呕吐物，已经不再是昨晚的食物了，那些早就吐干净了，现在吐出来的，是被血液包裹着的褐色块状物。

他此时还不会意识到，这些恶心的玩意儿，其实是他内脏的一部分。

03

就在头痛发作后的第 14 天，克劳斯在附近一家医院里死了。

直到他死去，医院的大夫们也没弄清他的死因，只能归结为是一种出血热。就在他死去差不多同一个时候，贝林制药另一名叫做海因里希的员工度假归来，他顶上了病假离开的克劳斯，接任猴群管理员。

图 9.3　染病的猴子

当时，他发现那些猴子都不对劲，大量的猴子出现呕吐和抽搐现象，一些猴子流出青绿色的鼻涕，它们大都目光呆滞无神，精神萎靡，瘫坐在笼子里。甚至还有一些猴子已经死掉。

海因里希向上级汇报了这个现象，得到的命令是立即进行宰杀，将所有猴子全部处决。于是，他不情不愿地接受了身份的转换，从管理员变成了屠夫，花了一整天时间才完成了艰巨的猴群宰杀任务。

就在猴群大屠杀之后的第 3 天，海因里希也开始头痛、发烧、呕吐，症状和克劳斯一模一样，虽然他根本不知道在这位前同事身上发生了什么。

很快，海因里希也被送进了医院。在这个现代化远胜非洲的发达国家，在这间条件优越、设施完备的德国医院里，那些医生护士和十几年后非洲当地救助站的医疗人员们同样手足无措。他们完全不知道，为什么这个男人周身都在出血，鲜血从他身上任何一个孔洞不住地涌出来：眼睛、鼻孔、耳道、下体，甚至是汗毛孔。

医生用尽了各种方法试图止血，但丝毫没有用，一大团止血棉很快就被血水泡透。他们并不知道，这个男人血管里的每一个凝血因子都已经拼尽全力了，现在他的体内，已经几乎没有凝血因子的存在。如果不是靠着输血维持住生命体征，他可能早就离开人世了。

医生们发现，海因里希的肝脏肿大得很厉害，还在不住地向外渗血，他们因此只能将症状归结于一种急性肝炎引发的出血热。他们并不知道的是，有一群疯狂增殖的魔鬼正在他的体内，占领他的细胞并以此作为生育工厂，爆发性地复制出难以计数的军队。

这支恶魔大军所到之处，人体就像布玩偶一样被破坏：结缔组织开始融化，人的筋络失去韧性；血管的内层开始破碎，残渣混进血液里在各处形成血栓；血流阻塞造成各处脏器坏死、大脑中风失去意识——而在外人看来，病人就形同一具不断流血的活尸。

就在海因里希在病房里奄奄一息的同时，医院实验室一名叫做蕾娜塔的女助理一不小心，失手打碎了一支正在等待消毒的试管。而试管里装着的，是从海因里希胰脏里提取出的组织液，这些组织液泼洒在了她裸露的皮肤上。

一周之后，蕾娜塔也产生了一样的可怕症状，很快，她也离开了人世。

04

病魔开始传播，很快，马尔堡医院就送来了许多相同症状的病人，最终统计人数达到了 31 人。其中的 7 人，在痛楚中死在了血泊之中。

在之后的研究中，研究人员从患病者的血液中，发现了恶魔的真身：一种细长的、形状如同蠕虫或是毒蛇一般的病毒，它们丑陋地彼此纠缠在一起，并且不断地在细胞中分裂、增殖。

这个发现令整个病毒学界都震惊了，因为在此之前所发现的病毒，大都是球状的或是小块状的，因此，他们给这种病毒命名为丝状病毒（学名 *Filovirus*），按照二名法原则，filo 源自拉丁文的修饰，意思是"如同细丝状的"。

而在马尔堡发现的首例丝状病毒，就被命名为"马尔堡病毒"。虽然它的名字来源于德国城市马尔堡，但毋庸置疑的是，它真正的大本营同样在非洲。虽然马尔堡病毒在德国那次事件中的致死率是 25%（其实这也已经是相当高的一个数字了，对比一下"凶残"的黄热病，致死率"只有"5%），但是在非洲那些不发达国家，病人缺乏妥善治疗，马尔堡病毒的致死率可以高达 100%。

就在马尔堡病毒被发现 9 年之后，丝状病毒的另一个兄弟也出来闹事了。而且比起马尔堡大哥，它的破坏力更加强大，致死率也更可怕（50%~90%），是的你们都猜到了，这就是埃博拉病毒。

同为丝状病毒，埃博拉病毒和马尔堡病毒的症状几乎一模一样，在非洲肆虐的地点也差不多，如果当地医生不仔细检查的话，很难区分出两者。因此，我们可以说，《战狼 2》中的拉曼拉病毒，其实应该就是在非洲肆虐的丝状病毒。

我会以埃博拉病毒为典型，介绍下这种恐怖的丝状病毒到底有多可怕。

埃博拉的命名，是以 1976 年它第一次爆发时的地区——刚果民主共和国的埃博拉河命

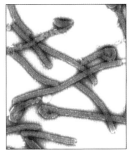

图 9.4 埃博拉病毒（左）和马尔堡病毒（右）

名的。它的样子比马尔堡病毒更加细长，虽然直径只有 80 纳米左右，但长度可以达到 1400 纳米（0.0014 毫米）。纤长的身形，让埃博拉病毒往往呈现出各种缠绕的形态。

埃博拉的基因序列是这样的：3′ 端 -NP-VP35-VP40-GP-VP30-VP24-L-5′ 端。觉得这么一串太复杂不要紧，只需要知道两点，其中的 L 叫做 RNA 聚合酶，是用于病毒基因组转录成信使 RNA 用的，也就是让埃博拉病毒不断复制的发动机。而 GP 又叫做跨膜糖蛋白，它表现为埃博拉病毒外壳上那密密麻麻的刺突。

这些刺突有什么用呢？当病毒进入人体后，会自动去寻找那些合适它增殖复制的细胞，也就是靶向细胞。对于埃博拉而言，靶向细胞包括人体的巨噬细胞、纤维原细胞、内皮细胞、肝细胞、肾细胞等。它附着在这些细胞外壳上之后，就会通过刺突的 GP 糖蛋白与细胞膜进行反应，打通一条进入的通道，并入侵细胞内部。

细胞被埃博拉入侵之后，就成为它复制自己的生产工厂，而且埃博拉的增殖速度奇快无比，很快就会复制出大量的病毒，撑破细胞。更重要的一点是，在埃博拉病毒的作用下，那些原本用于杀灭病毒、细菌的巨噬细胞不但失去了作用，还会帮助它进行增殖、转运和扩散。

这就相当于人体的免疫系统被埃博拉关闭，并且病毒还会利用 GP 糖蛋白不停地攻击人的血管细胞，最终破坏血管内层组织，导致各处大出血。这和上面故事里马尔堡病毒患者的症状几乎如出一辙（毕竟它们的攻击原理完全相同）。

至于埃博拉病毒的源头，目前学术界普遍认为是来自于非洲的一种果蝠。为什么蝙蝠会成为大量可怕病毒的携带者呢？大家不妨自己动脑筋猜测一下。

05

埃博拉病毒的可怕，从另一个角度也可以证明，这就是"生物危害级别"（英文是 biohazard，大名鼎鼎的游戏《生化危机》英文名就是这个词）。

无论是病毒、细菌还是真菌，每一种微生物都有自己的生物危害等级，按危害程度从低到高一共分为 1~4 级。以病毒为例作为参照物，令人闻之色变的艾滋病 HIV 病毒，只有 2 级。另外，致死率比丝状病毒还可怕，几乎达到 100% 的狂犬病毒，也只有 2 级。其他一些 2 级病毒还包括 A 级流感病毒、肝炎病毒、麻疹病毒等。

那么 3 级的病毒有哪些呢？包括黄热病毒、SARS 病毒、西尼罗河病毒等（另外炭疽杆菌也属于3级危害，只不过不是病毒）。而埃博拉病毒和马尔堡病毒，都属于最高等级的4级病毒。

判定一个病毒或是其他微生物的生物危害，不仅仅是致死率，而是有一个完整的判定准则，主要包括这么四点：微生物的致病性、微生物的传播方式和宿主的活动范围、当地所具备的有效预防措施以及当地所具备的有效治疗措施。

对于埃博拉病毒而言，致病性极其高，没有任何疫苗，一旦患病几乎无法医治，传播方式包括血液、唾液、汗液、精液等体液传播，虽然目前未确认空气传播这一点，但是可以确认比艾滋病毒、狂犬病毒传播容易得多。（之所以只是说未确认，我放到最后再讲一件事。）

因此，埃博拉病毒足以进入人类史已知最可怕病毒之列，也就是第4级病毒。

与生物危害对应的，则是生物安全防护等级1~4级。1和2级只是基础实验室研究水平，穿最普通的生物防护服就可以了。到了3级的防护实验室，不但要加上特殊防护服，还有严格的进入制度，另外还要保持实验室内空气负压，也就是说，必须保持一个向内的空气流动，让实验室内的病毒颗粒无法顺着空气向外逃逸。

而到了4级的最高防护实验室，除了3级防护的全套之外，还必须加上出口的消毒液淋浴、污染物品的特殊处理。另外防护服必须增加气锁，保证外界的空气不会进入防护服内部。

图 9.5　4级实验室内，实验员需要全副武装

此外还有两个值得玩味的地方，在一般的生物实验室里，要给实验对象开颅，用的都是电锯之类，而在4级实验室里，电锯一般是禁用的。为什么？因为电锯开颅会飞溅起带有脑组织的血雾，增大感染可能。因此，在4级实验室里一律只能使用开颅钳。

图 9.6　武汉国家生物安全实验室

另外，在 4 级实验室里，严禁使用锋利的手术刀，只能用比较钝的刀具。因为手术刀太锋利很容易就会割开防护服。同理，4 级实验室里除了试管外，几乎所有玻璃器具全部换成塑料质地的。

全世界拥有 4 级最高防护实验室的国家，只有 10 个，称为 P4 国家。中国拥有唯一的一家 4 级实验室就是中国科学院武汉病毒研究所旗下的，武汉国家生物安全实验室。这个外形高大上的实验室在 2015 年建成，代表着中国也跨进了 P4 国家的行列。

06

最后，我们再来说一下埃博拉的传播模式。虽然之前所有的传播都指向人体的体液交换，但是 1989 年，在美国爆发的一次埃博拉疫情，却总令人忧心忡忡。

和贝林制药类似，这一次的起因也是猴子。在美国弗吉尼亚州的雷斯顿，有一家专门负责检疫进口灵长类动物的公司，经过一个月的检疫之后，健康的猴子才会被送进美国各大医疗机构或是动物园。（我曾经居住在雷斯顿附近的城市，当时出事的这个大楼已经易主了。）

1989 年秋，一群从菲律宾引进到检疫公司的食蟹猴中，不断地有猴子死去，另外一些猴子也呈现出明显的病态。最开始，管理人员同样并未在意，毕竟，美国此前从未爆发过丝状病毒案例，菲律宾也和非洲隔着大洋之远。但是，他们很快为自己的轻率付出了代价。

在之后的检查中发现，至少有两名工作人员确认感染了病毒，并且，病毒种类也确认了就是埃博拉。随着猴群的不断死亡，他俩也觉得自己的末日即将来临了。但奇怪的是，并没有产生患病的那些症状，头痛都没有，更不用说呕吐什么的了。

另外，还有一个非常离奇的现象：这些猴群都是分成不同房间放置的，在其中一个房间出现感染之后很久（超过潜伏期时间了），另外一个隔着走廊的房间也发生了感染疫情。这只能说明一点：埃博拉或许也可以通过空气传播？

如果考虑到那两名工作人员中的一位，只是隔着培养皿嗅了嗅死猴的部分胰脏组织（还是用教科书式的挥手扇动嗅闻），就感染上了病毒的情况，或许更加证实了空气传播这点。但这和以往对埃博拉的传播途径认知完全不同啊！

在 20 天之后，美国疾控中心和军队决定将所有这一批猴子全部安乐死，并彻底清洗公司大楼。此时，已经有半数猴子死于埃博拉感染了。但奇怪的是，没有任何人类产生症状，包括那两个已经确认感染的家伙。

这次疫情之后，一个新的埃博拉亚种诞生了（之前发现的两个亚种，分别被称为扎伊尔埃

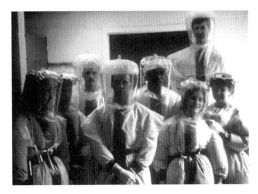

图 9.7　有惊无险的雷斯顿埃博拉事件

博拉和苏丹埃博拉），根据爆发地点，被命名为雷斯顿埃博拉（学名 *Reston ebolavirus*）。

加上后来发现的两种，5 个埃博拉亚种里，雷斯顿埃博拉是最为诡异的一种埃博拉：它看似是"最安全"的，因为只在感染的猴群身上发作，没有祸害人类。但同时，它又是"最危险"的，因为它有很大可能可以通过空气传播。

这意味着，如果雷斯顿埃博拉发生进化，可以产生对感染人类的危害的话，它就将演变为一种最可怕的病毒：同时兼具能够空气传播的高传播性，和可怕的致死率（至少在猴子身上如此）。再联想到历史上中世纪欧洲的黑死病，20 世纪初的西班牙流感还有天花，简直令人觉得恐怖。

别紧张，好消息也是有的：2016 年底，由我国解放军军事医学科学院研发的重组埃博拉疫苗在非洲塞拉利昂 500 例临床试验中取得了成功。或许，我们距离彻底战胜埃博拉的那一天已经不会太远了。

同类相食的他们，触怒了某种可怕的原始生命

相信看完了上一篇的朋友，一定会觉得埃博拉、马尔堡这样的丝状病毒，是极端可怕的一种生命体。然而事实上，在医学界还有另外一种更加可怕的存在，它甚至比病毒还要原始，而且，它所拥有的某些可怕特性，人类至今还没有找到很好的对策。

嗯，闲话不多说了，让我们直接进入正题吧。

01

1985 年 4 月的一天，在英国东南部肯特郡的小城阿什福德（Ashford），有某个农妇发现，自家牛圈里有一只编号 127 的奶牛变得病恹恹的，体型也明显变得消瘦。

一开始，这头可怜的奶牛显得非常困倦，无精打采，对草料也毫无兴趣。接下来又开始站立不稳，跟跟跄跄地倒在畜栏的边缘，口吐白沫，像人发高烧一样不住地颤抖着。

忧心忡忡的农妇找到了一些当地的兽医，但他们都表示无法确认这究竟是什么症状。后来一位兽医权威怀疑这头牛得了一种罕见的脑部肿瘤，于是将其宰杀并对牛尸进行了解剖，当他小心翼翼地打开牛的颅骨之后，眼前的景象令他感到吃惊：

死牛的脑组织充满了无数的小孔，像是一坨千疮百孔的烂肉，充斥着大量组织坏死导致的空泡，还有大量细胞纤维增生的迹象。如果用一个词来形容，这头病牛的大脑，简直像一块满是孔洞的海绵。

因此，经过英国中央兽

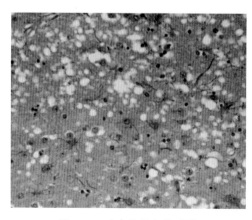

图 10.1　病牛的脑部截面图

医实验室的确认，将这种病症命名为牛海绵状脑病（Bovine Spongiform Encephalopathy，简称 BSE）。在民间它有一个大家更加熟悉的名字——"疯牛病"。

感染疯牛病的它们，有着几乎一致的症状：发病后走路不稳，肌肉不住地震颤，很快就无法站立而倒地不起，最后发展出更多并发病状而死亡。并且，也有一些病牛行为异常，焦虑、紧张，不断舔舐自己，因为瘙痒而摩擦，甚至有攻击人的行为发生。病牛大多在两周到 3 个月之间死亡。

当时谁也没有想到，仅仅数年之后，疯牛病开始在整个英国流传开来，如同一场瘟疫一般。仅是 1996 年一年，英国就被迫屠杀了 15 万头疯牛，然而这并没有阻挡住瘟疫的蔓延，无数病牛不断继续死亡。

到了 1997 年时，英国已经有 37 万头牛染病，并且病魔开始有向欧洲大陆传播开去的趋势。如果找不到病魔的根源，就没有办法遏制它的疯狂攻势，可惜，当时所有的努力都失败了。

02

更可怕的事情，也在同时发生着。

1995 年 5 月时，英国一名 19 岁的少年斯蒂芬·丘吉尔（Stephen Churchill）在家乡的一家自助餐厅里，吃了一顿看似普通的煎牛排。从此，这个曾经健康无比的大男孩的噩梦就开始了。

一开始他感到头痛，很快变得全身无力，一种非常压抑的负面情绪充斥着他的周身，他开始拒绝说话，总是一个人静静地发呆。

斯蒂芬的父母对此感到非常诧异，于是带他去看了医生。在经过诊断之后，医生觉得斯蒂芬的生活习惯非常健康，基本上不存在什么患大病的可能，因此他们只能判定他得了抑郁症。然而，无论吃何种精神药物，都无法阻止斯蒂芬的"抑郁症"继续加重下去。

他的母亲心急如焚，为了拯救自己的儿子，她亲自开着车，带他去了一家他曾经最爱的餐厅，然而斯蒂芬对着那些精美的菜肴，依然表现得全无热情。

"没有食欲吗？斯蒂芬，这可是你最喜欢的一道菜啊……"

可是，她的儿子一言不发，他甚至回忆不起自己曾经来过这儿。他的记忆开始不断消失，甚至连路都不会走，再之后就开始浑身颤抖，卧床不起。几天后，斯蒂芬就失去了神智，并且染上了急性肺炎，尽管医生用尽办法抢救，但他还是死在了手术室里。

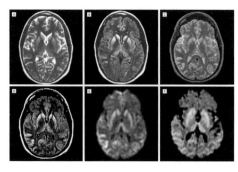

图 10.2　克雅二氏病患者的脑部

少年斯蒂芬的病故，震惊了整个英国，医学界终于将他的死和疯牛病联系到了一起：是啊，它们的症状如此惊人地一致。不仅如此，专家们将斯蒂芬的死因，联系到了很多年前所发现的某种病症。

1913 年时，两名德国医师，汉斯·克鲁兹菲德（Hans Creutzfeldt）和阿尔冯斯·雅各（Alfons Jakob），同时第一次记录了一种新的人类疾病：患病者初期会出现记忆力衰退、四肢运动失调等症状，随后会逐步恶化，并出现脑功能及认知能力下降、不规则抽搐和视力模糊等现象，一般在半年至两年内，就会不治身亡。

这种病，就以他们两人的名字来共同命名，被称为"克雅二氏病（Creutzfeldt-Jakob Disease，简称 CJD）"。克雅二氏病在当时是一种非常罕见的病症，无药可医，甚至学术界连致病的原因也完全搞不清楚。可以说，如果不是斯蒂芬的死，加上疯牛病的肆虐，谁也不会在意这种病。

然而，在对克雅二氏病的研究过程中，有些医生从那些厚厚的医疗档案中发现了一些极端可怕的事情，一些可能是人类史上最原始可怖的篇章。

03

在南太平洋中，有一个由 600 多个岛屿组成的海岛国家，名叫巴布亚新几内亚（Papua New Guinea）。我自己大爱的一部作品：《枪炮、细菌和钢铁》的作者贾雷德·戴蒙德（Jared Diamond），就曾经在这里进行田野考察，并记录了当地原住民的各种古老习俗。

这个总面积 46 万余平方千米的国家，地处赤道多雨气候区，气候炎热潮湿，因为充沛的降雨而形成了一个个的热带雨林。在这些茂密的雨林之中，曾经居住着多达 1000 多个部族。

这些部族的祖先，在大约 4 万年前时从非洲大陆沿着印度洋边缘，一直迁徙到了这里，并在这些散乱的群岛间过着与世隔绝的生活。因为地理形状实在是过于支离破碎，因此，每个岛上的原住民都拥有着各不相同的习俗和传统。

咱们这篇文章所聚焦的，是位于东部山区中的一个名叫"弗尔（fore）"

的部族。20世纪50年代时，一位名叫丹尼尔·卡尔顿·盖杜谢克（Daniel Carleton Gajdusek）的冒险家兼医学家来到弗尔部族进行田野研究。

他观察到，弗尔族人中有一种非常离奇的病症，患者常常表现为：关节疼痛、全身乏力、行走困难、全身颤抖、记忆丧失和痴呆等。（嗯，你们是不是已经非常熟悉这些症状表达了。）

图 10.3　一对母子库鲁病患者

当地人将这种病症称之为"库鲁病（kuru）"，这个词来自于弗尔族语言中的词"kuria"，意思是颤动。没错，因为当地土著发现，这个病发作后最大的特点，就是不停地浑身颤抖。而且，全世界只有弗尔族这么一小簇人，会患上库鲁病。

图 10.4　弗尔族人可怕的葬礼仪式

经过进一步观察，盖杜谢克发现了一个很难解释的现象：库鲁病的患者绝大多数都是女性和幼儿。

是的，这种病似乎有着非常显著的性别区别对待，女性发病率如此之严重，以至于当地的男女人口比例竟然达到了3∶1。甚至连照顾幼儿基本都是由男性来完成的。那么，库鲁病这种悬殊的发病率，究竟是什么导致的呢，传染的方式又是什么呢？

出于一个医生的责任感，盖杜谢克决定搞清楚这一切。他调查了当地的饮用水、日常食物和土壤，但却没有发现任何可疑的致病源。这就有点奇怪了，毕竟大部分原始土著的病症，都是因为这些原因导致的。

盖杜谢克继续研究着，但却始终一无所获。直到某一天，他终于见到了这个部族不为人知的可怕一面。

那天之前，部族中某位成员病发离世了。在他的葬礼上，整个部族的成员都围着他的尸体。其中一名涂着面纹的强壮男子，手执尖刀将尸体切割成了一块块，紧接着在场的所有人一拥而上，抓取那些尸块。

然后，他们毫不犹豫地，将属于亲属的生人肉放进了嘴里。这样血腥的场面，令盖杜谢克感到强烈的不适，他忍住巨大的呕吐感，继续观察着这人类史上原始到极致的一幕。

他发现，就如同狮群分食猎物一样，弗尔族人在分食成员尸体时，也有着家族地位的区别：男性往往吃到的都是那些充满肌肉纤维的部分，而最不受欢迎的大脑，最终都留给了那些妇女和儿童。

插句嘴，那啥，请问你爱吃脑花吗？

04

说实话我也不知道，那一夜盖杜谢克医生后来是如何度过的，但是他却发现了一些不得了的东西。

直觉告诉他，库鲁病诡异的特性，必然和弗尔族这种同类相食的可怕风俗有关。那致病的真正元凶，就藏在这些死尸的脑组织中。那么，这种元凶会是什么呢？

当时盖杜谢克觉得，既然已经追查到了致病源——尸脑，那么调查清楚病原体也就是理所应当的事情：无非就是微生物、细菌，或是病毒中的一种。

于是，他首先从研碎的尸体脑组织液中，分离出了菌类和微生物（主要是原虫），并将剩余的组织液注入黑猩猩的颅骨中。过了 20 个月，黑猩猩果然开始发病了，症状和库鲁病极其相似（嗯，你们都知道是什么样了吧）。这说明致病的病原体，肯定不是细菌、真菌或微生物。

接下来，他又将杀菌后的脑组织液进行放射性照射，以使得其中的核酸失去活性，这意味着其中的病毒也被杀死了。然而没想到的是，在进行移植后，黑猩猩依然出现了发病症状，甚至还带有传染性。

这个现象令盖杜谢克大惊失色，因为从理论上而言，现在的脑组织液里，没有细菌真菌，没有微生物，甚至连病毒都没有，只有一些蛋白质——难道仅仅是蛋白质本身，也会使人致病致死，还具有不可思议的传染性？这完全颠覆了此前医学界的认知。

为了验证这样的想法，盖杜谢克又进行了一个对照组的实验，将其中一组的蛋白质进行了分解酶处理。结果，这一组的黑猩猩真的没有发病。

果然，某种蛋白质才是库鲁病的真正凶手。

虽然，盖杜谢克没有继续追查出这种蛋白质致病的原因，但他依然凭借着对库鲁病研究的贡献，获得了 1976 年的诺贝尔生理学或医学奖。

根据盖杜谢克所得出的结论：库鲁病的病原是某种侵害入大脑和神经系

图 10.5　盖杜谢克获得了 1976 年的诺贝尔生理学或医学奖

统的病毒（是的他依然不相信蛋白质也能成为传染源），以脑组织为主要寄主，可以长期地潜伏，世卫组织和巴布亚新几内亚政府严格禁止了当地同类相食的习俗，果然库鲁病的发病率急剧下降直至趋近于零。

05

其实，早在 300 年前，欧洲人就已经发现一些绵羊和山羊会患有一种奇怪的"羊瘙痒症(Scrapie)"。其症状表现为：丧失协调性、站立不稳、烦躁不安、奇痒难熬，直至瘫痪死亡。此外，还有水貂、鹿和一些猫科动物也有类似的病症。

在结合了羊瘙痒症、疯牛病、克雅二氏病、库鲁病等病症的共通之处后，医学界渐渐摸到了这类病症的共同原因，而真正将它大白于天下的，是美国神经学家——斯坦利·普鲁西纳（Stanley Prusiner）。

1982 年时，他发现了一种致病的蛋白，并以自己的名字将其命名为"prion"，中文翻译为"朊蛋白"。所谓"朊(念 ruan)"，其实就是蛋白质的别称。在很多媒体中，将朊蛋白称为"朊病毒"，这其实是不太准确的，因为它其中并没有病毒所携带的核酸物质。因此，学术界也将其称为"朊毒体"。

当普鲁西纳提出这样的观点时，引发了学术界的轩然大波：毕竟在此之前，学术界认为传染病的病原体都是微生物，都必须具备可复制的核酸，比如细菌、病毒、真菌、原生动物等（不然拿什么复制？）。

而蛋白质这种人畜无害的软萌玩意儿，咋就成了致病元凶呢？

尽管顶着无数质疑的声音，1997年的诺贝尔生理学或医学奖，依然颁发给了普鲁西纳，而且是独享（此奖项一般都是二人共享）。

这严重挑战了很多学术界的权威，并且由于一般诺奖的评选，必须经过10年以上的检验，因此仅仅第2年就颁奖给普鲁西纳，招致了很多人的不满，甚至有人公认抨击他的学术成就。但事实证明，普鲁西纳的确是个天选之子，他那离经叛道一般的观点居然真的是正确的。

那么，朊毒体的致病原理是怎样的呢？让我们简单地解释一下。正常的朊蛋白（PrPC），是一种生物体内的普通细胞膜蛋白，但是当基因突变之后，它的折叠方式发生了变化，导致了三级结构变异。

这种变异的朊蛋白（PrPSC）在人体中无法消化，加上它们和正常蛋白的一级结构相同，因此也不会被免疫系统识别并清除，只会积累在人体的大脑和神经系统中，并越积越多（集聚成了淀粉样纤维），最终破坏了脑组织。

这就好比一个群体混进了奸细，他们和普通成员一样，连情报局也辨别不出，并且奸细还会把群体普通成员也发展成为内奸，最后，奸细的数量就会在这个群体里越来越多。这就是为何疯牛病的病牛大脑，全都变成充满破洞的海绵体的原因。

然而还有一个很重要的问题，朊毒体没有核酸，它靠啥来复制并实施传染的呢？

这是因为，它能与正常结构的朊蛋白结合，并诱导其改变结构（具体原因很复杂和热力学稳定性有关，这里就不赘述了），转变成可怕的朊毒体。这就类似于病毒的复制，只不过它们是诱导正常蛋白以病理蛋白为模板，不断复制为更多的病理蛋白。

而疯牛病之所以大规模传播，就是因为当时英国为了提高牛肉出产效率，将其他牛肉和骨头的混合物（肉骨粉）加入饲料中，其中来源可能包含病死牛只。从某种意义上讲，这也是同类相食惹的祸啊。

甚至，可能尼安德特人的灭绝，也和同类相食导致朊病毒大规模传播有关（包括北京猿人等

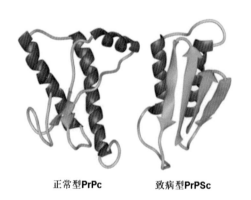

正常型PrPc   致病型PrPSc

图 10.6　正常的朊蛋白与变异后朊蛋白的对比

直立人也被认为很可能是同类相食的食人魔）。

06

如果只论传染性和致死性的话，可能朊毒体还并没有那么可怕。但它真正的可怕之处，在于极其难以杀灭（特别是人体内的灭活）。

朊毒体具有和一切已知传统病原体截然不同的特性：它对各种物理化学因素，都有着异乎寻常的抵抗力：短时间高压蒸气消毒不能使之完全失活，对紫外线的抵抗力比常规病毒高 40~200 倍，对射线辐射、超声波、酒精、酸等传统灭活方式的抗性都极强，甚至在室温下 10%~20% 的福尔马林溶液中，还可以存活长达 18 个月。

加上朊毒体不能被多种核酸酶灭活，于是实验室中经常看到的场景是：所有病毒都老早就死了，只有一堆朊毒体还肆无忌惮地存在（对，甚至不能说存活，它们可以称为生命体的边界）。

因此，依赖于各种高温煎烤蒸煮病牛肉，试图杀灭朊毒体是毫无意义的，这一点上哪怕是我堂堂大吃货国也无能为力，只能阻止相关国家牛肉进口（嗯，比如美国牛肉到 2017 年才解禁）。而英国也只能通过焚烧处理病死牛，用肉体毁灭的方式来灭掉朊毒体。

是的，朊蛋白原本也只是一种蛋白质，只不过原本岁月静好的它们，走上了歪路，发生了"变性"（非正常折叠），才会变成了置人于死地的杀手：朊毒体。

其实在医学界，除了朊蛋白，还有一些其他的"变性蛋白"，只不过它们不会出现类似朊毒体那样的生物体间传播。这些变性蛋白所导致的病症，被统称为"神经退行性疾病（Neurodegenerative Disease）"。

听起来这个名字似乎蛮陌生的，但实际上具体的病症大家应该都很熟悉，比如小脑萎缩症、阿尔茨海默病（Alzheimer's Disease，也就是老年痴呆症）、

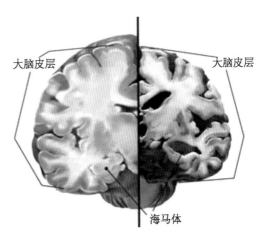

大脑皮层　　　　大脑皮层

海马体

图 10.7　左边是正常的大脑，右边是患病的大脑

帕金森综合征（Parkinson's Disease）、肌萎缩性脊髓侧索硬化症（ALS，也就是"渐冻人"，冰桶挑战那个，也是霍金患的病症）……

嗯，这些病症的元凶，都是变性蛋白。

其实正常人的身体，是有着变性蛋白清除能力的，只是随着年龄增大，蛋白清除系统逐渐老化，变性蛋白不能及时清除，就长期积压，形成蛋白沉淀。当人体内的蛋白沉淀超过细胞降解的极限时，就会发生非正常折叠反应，以此达到自我保护。变性蛋白聚集在大脑和神经系统的不同部位，于是，就产生了各种各样的神经退行性疾病。

虽然包括朊毒体在内的变性蛋白很可恶，但是人类已经发现它们，已经在研究它们了，已经研究了它们很多年。因此我相信，代表着地球生命体最高智慧的我们，对决连生命体都几乎算不上的它们，人类一定可以赢下这一战！

或许，人人都生而"精分"——20世纪"裂脑人"研究

  曾经有个关于左右大脑的测试刷爆了朋友圈，虽然后来被程序员哥哥们扒了皮，但是依然说明人类对于自己大脑，有着很强烈的好奇心。是的，可能人体各个器官中，只剩下大脑留下的秘密最多，因为这个部位，原本就是我们高等智力的来源。

  那个关于左右大脑的智力评测显然是不科学的，因为虽然我们的大脑分为左右两个半球，但是对于绝大多数的人类而言，大脑就相当于如今全球化的地球，两个半球是紧密结合、协同工作的，并没有什么简单如儿戏一般的小测试就可以独立地测出其中某个半球的机能。

  但是，为什么要说"对于绝大多数人而言"呢？这是因为，的确存在极其少数天生的一些人，又或者一些后天被施加手术的人，他们的大脑左右半球，就如同哥伦布发现新大陆之前的地球一样，两个半球之间几乎是没有联系的。

  这种特殊的人群，我们称之为"裂脑人（Split-brain patient）"。对他们的研究，揭露了人类大脑一些非常神奇的功能原理。

01

  我们都知道人脑有着左右半球，那么，连接它们之间的部分是啥呢？这个玩意儿，叫做胼胝体（Corpus callosum）。不知道这俩字怎么念不要紧，我一开始也念错，查了才知道它们念作 pián zhī（不是骗纸）。

  这个胼胝体，是一种大脑中重要的白质带，它的主要成分是髓磷脂（也就是脂质）。裸露在外的胼胝体呈现出白色，其中包含2亿~2.5亿个神经纤维，这些神经纤维被一层髓磷脂构成的髓鞘包覆着。

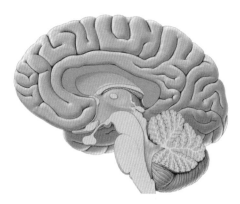

图 11.1　绿色的部分就是胼胝体

是的，胼胝体的作用就是控制着神经元共享的信号，并协调左右脑之间正常工作。形象一些地说，它就好比连接东西半球的海底电缆，而外围的髓鞘就好比是电缆防水的绝缘层。

需要说明的是，胼胝体这种"高级玩意儿"，只有部分哺乳动物才拥有，像鸟类、爬行类、两栖类都是没有的。而且即便是哺乳动物中，也只有属于真兽亚纲的那些才有胼胝体，相对低等的单孔目和有袋类也没有。它们只有比较基本的，连接左右半球的简单结构，比如前连合（Anterior commissure，人类也有）。

而在真兽亚纲中，左右半球的神经传导速度，是由外面那层髓磷脂的覆盖程度决定的，覆盖度越高，内部包裹着的神经轴突直径就越大。这其实也很好理解，就像海底电缆越粗，意味着里面的光纤数量越多，传输能力也越强。

同时，随着灵长目动物大脑的进化，脑部的尺寸越来越大，也意味着左右半球距离越远，这也就需要更大直径的胼胝体来连接两个半脑。显而易见，在所有灵长目动物中，人类的胼胝体是最大的，大到甚至可以把海马体给压在底下的程度。

值得注意的是，胼胝体的发育成熟与否，和人的自我控制能力，以及精神疾病的发作有着相当密切的关系，比如精神分裂、自闭症和阅读障碍等。而且，胼胝体的发育是和年龄密切相关的，其中的白质只有到了成年时才会发育完善，所以年轻人的各种中二病，其实很可能只是因为胼胝体还没完全发育成熟而已。

前面我们也说了，有一些人的胼胝体天生就发育不完整，这样的患者往往在幼儿时期就会出现痉挛、手眼协调差、轻度视觉障碍、轻度智力低下等情况，同时还有一个明显的迹象，就是幼儿很晚才能把头部抬起。目前而言，胼胝体发育不全属于先天疾病，没有办法治疗。

同时，还有另外一些患者，尤其是癫痫患者，为了阻止癫痫发作的脑电活动从一个脑半球传递到另一个半球，会采取一种特殊的办法来治疗。这种办法，就是将他们的胼胝体切除，以此来阻断两侧脑半球的通路。

是的，这就是用手术的方式，人为制造一位"裂脑人"。

02

你们肯定很好奇，左右大脑被几乎彻底分隔之后，患者会出现怎样的变化？

根据我手头的一份临床报告显示，大部分病例在实施了胼胝体切除手术后，第一周都会出现无法说话、拒绝进食的状态。同时还会出现四肢乏力。肢体活动障碍甚至是瘫痪的症状，一般需要一个月左右才能恢复。

虽然初期看起来有点吓人，但是进行过手术之后，他们的癫痫症状大都减轻，很快就停止发作了，而康复出院之后，病人心理状态也没有出现什么明显变化，大都情绪稳定，生活可以自理，有些人甚至还能继续上班工作。

然而，左右脑已经几乎分离了的他们，的的确确还是产生了一些变化，只是他们可能自己并未意识到而已。虽然病人自己也许没有意识到，但专业的脑科以及神经科学研究者是不会放过这样的研究的。更何况，关于人类左右脑的差异以及工作原理，一直就是医学界长期渴望破解的一道难题。

早在 1836 年，法国神经学家马克·达克斯（Marc Dax）就发现，一位大脑左半球神经损伤的病人，出现了右半身偏瘫，并丧失了语言能力。通过长期研究之后，他总结出：这种失语症可能与人脑的左半球密切相关。可惜的是，达克斯一年之后就去世了，他的研究无人知晓。

直到 30 年之后，一位名叫保罗·布洛卡（Paul Broca）的外科医生发现了类似的案例。他听说法国有一位名叫路易·维克多·勒博涅（Louis Victor Leborgne）的病人，身患瘫痪和失语症长达 21 年之久，但是他的理解能力和心理状态却很正常。

于是在勒博涅离世之后，布洛卡对他进行了尸检。在打开死者的头盖骨之后，布洛卡发现，正如自己所预料那样，勒博涅的大脑左半球额叶上存在病变。在此之后，布洛卡又检查了 12 例其他患有失语症的病人，并且发现多达 95% 的病例都跟大脑的这个部位出现损坏有关。

通过多年研究，布洛卡将部分人类语言功能锁定在人脑的左下额叶邻近区域，这块区域也因此被命名为布洛卡区域（Broca's area）。布洛卡区域出现损伤的患者，所出现的失语症，被称为"表达型失语症（Expressive aphasia）"，也被称为"布洛卡失语症"（Broca's aphasia）。布洛卡失语症患者常常临床表现为只能断断续续地说话，表达支离破碎，非常吃力，但是他

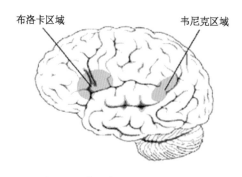

布洛卡区域　　　　　　　韦尼克区域

图 11.2　布洛卡区域和韦尼克区域

们的理解能力很正常，同时这些患者通常患有右侧肢体无力，或者是瘫痪的症状。

与之对应的，是"韦尼克失语症（Wernicke's aphasia）"，这也被称为"接受型失语症（Receptive aphasia）"。这种失语症的特点，是病人能够和人流畅地对话，但是言语中会出现很多无意义的词汇，还会缺失一些关键性的主谓宾语，也就是胡言乱语，词不达意。

韦尼克失语症的原因，是因为病人大脑左半球的颞叶皮层出现损伤，这块区域也因此被称为"韦尼克区域"。和布洛卡一样，韦尼克也确认了左脑和人语言理解能力的关系。

与左脑相对的，是当时对于右脑的研究却并不发达。直到近一个世纪之后，才有一些医学家发现大脑右半球损伤，会引发一侧空间识别困难，以及无法识别人脸的症状。因为对右脑的了解所知甚少，甚至在当时有着这样的主流观点：人类的左脑才是进化得更高级的，左脑有着全面的理解能力和认知，而右脑则是落后的。

这样的观点，直到一位脑神经大神的横空出世，以及他那著名的"裂脑人"实验的诞生，才终于消失在学术圈的尘埃之中。

03

这位大神，就是著名的美国神经心理学家兼神经生物学家——罗杰·沃尔科特·斯佩里（Roger Wolcott Sperry）。

原本在哈佛大学灵长类生物研究实验室工作的斯佩里，因为对人脑和思维的研究吸引了加州理工学院的注意，并聘请他来此担任神经学方面的教授。在这里，斯佩里结识了大批顶级科学家，比如物理学家理查德·费曼，量子化学的创始人莱纳斯·鲍林等。

这帮心高气傲的天才常常直接闯进斯佩里的实验室指点江山，令他感受到了一种强烈的冲动：我也要在自己的相关领域，搞出一点大动静来，不能被这些家伙给比下去。

关于大脑左右半球的研究，斯佩里一开始只能通过动物入手，但是当癫痫病的胼胝体切除手术开始逐步推行之后，裂脑人的出现让斯佩里激动不已。他终于可以通过人类来证明自己的假想了。

1961 年，洛杉矶怀特纪念医院（White Memorial Hospital）的著名神经学家兼医师约瑟夫·伯根（Joseph Bogen）对一名 48 岁的退役军人进行癫痫治疗时采用了胼胝体切除的方式，术后患者恢复很好。

图 11.3　罗杰·沃尔科特·斯佩里

这个消息传到了斯佩里那里，他决定对这名裂脑人进行相关研究。并且在此之后，伯根医生又进行了 12 次胼胝体切除手术，得到了 12 名裂脑人。在先后获得了这些患者的同意之后，斯佩里通过一系列激动人心的实验，揭示了各种关于人类大脑的秘密。

我们知道，人类的两颗眼球，其实传输的信号是分别送到大脑两个半球的：如果将左右眼的视线阻隔开的话（这是前提），那么左眼的信号只会送给右脑，而右眼的信号只会送给左脑。同时，再由两侧大脑共同进行完整的进一步处理。

然而，当胼胝体切除之后，左右半球就彻底分隔开来了。

这时包括眼睛在内，身体的左右半侧就相对处于独立控制的状态下了：左脑控制包括右眼的右半侧身体，右脑控制包括左眼的左半侧身体。如果巧妙控制裂脑人的视野，让他的左右眼分别只能看到独立的画面，那么他的大脑左右半球，就相当于在独自工作着。

为此，斯佩里想到了一个堪称精妙的方法：他在实验对象裂脑人的面前，放置了一块屏幕，要求他注视屏幕中心点，而在屏幕中心点的左右两侧，以小于 100 毫秒的速度，分别快速闪现一幅图像。这样一来，中心点左侧闪现的图像就只能被左眼接收到，同理右侧闪现的图像只能被右眼接收到。高速的闪现，是为了避免眼球转动所带来的视觉干扰。

与此同时，裂脑人的双手被固定在屏幕后方，这样他自己也看不到自己的手，从某种意义上来说，此时的他，处于双手和双眼各自独立开来的状态。

在这样的状态下，斯佩里让屏幕的左右两侧分别呈现出一个亮点。当亮点显示在右半侧屏幕时（左脑感知及运作），受试者立刻说出自己看到了一

图 11.4　正在接受测试的裂脑人

个亮点。而当亮点显示在左半侧屏幕时，受试者表达了一个非常诡异的反应：他居然说自己什么都没有看到。

难道左右脑分离之后，裂脑人的左眼就失灵了吗？

然而，接下来的一幕震惊了斯佩里：他不再要求受试者用口头表达，而是转而通过手势来表达。在这样的状况下，当亮点出现在左半侧屏幕时，受试者通过左手的手势，清晰明了地传达了一个事实：他的左眼确确实实看到了一个亮点！

这意味着什么呢？

显然裂脑人的左眼并没有瞎掉，他的确看到了那个左半侧屏幕的亮点，并把这个信号传输到了他的右脑，只是他的右脑没有语言表达能力，它不会说话。因此，它无法借助裂脑人的嘴巴，用语言来报告说左眼看到了一个亮点。

可是，如果不通过语言，而是通过肢体的话，右脑还是可以控制左手的，它很明确地借助左手的动作，表达出看到了一个亮点的事实。

接下来，测试升级，为了检验裂脑人右脑的图像理解能力，斯佩里把闪现的光点换成了彩色图片，当左半侧屏幕出现一幅铅笔的图片时，受试者准确地用左手从各种物品中拣出了一支铅笔，表达了自己左眼看到了一支铅笔的事实。

再接下来，测试进一步升级，这一次是检验裂脑人右脑的文字理解能力，左半屏幕出现的是具体的文字"测量时间的工具"。又一次，受试者用左手从各种物品中准确拣出了一只手表。这证明了他的右脑除了无法掌控语言表达，理解能力包括发出指令是完全没有任何问题的。

更重要，更令人激动的一点还在后面，当裂脑人通过左手不断证实了自己明明看到了各种东西的同时，他却不停地说出：自己什么都没有看到……这难道真的是同一个个体内，存在两重心智吗？还真的有那么点像呢！

因为，对一个健全的人而言，他即便仅仅通过左眼看到了某个东西，但是因为左右脑可以互相交换信息，他完全可以用语言表达出自己看到了什么。

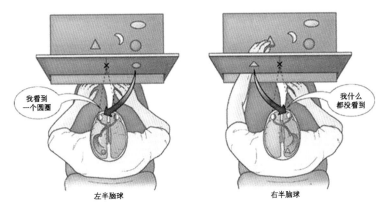

图 11.5　裂脑人实验的示意图

而对于裂脑人而言，他的胼胝体被切除之后，这种交互就被切断了，他会说话的左脑完全感知不到左眼看到的景象，因此只能说自己啥都没看到。

从图 11.5 中我们可以看出，当胼胝体切除后，受试者的左右脑的交互终止。他的右眼看到了 FACE，传输到左脑，控制语言说出了这个词。而左眼看到 FACE 时，传输到右脑，控制左手画出了这个词，但此时左脑没有接收到任何信号，因此受试者直言没有看到任何东西。

这样的事实被斯佩里用一个实验证明了：他给受试者看了一张写着"HEART"的图片，受试者的右眼看到的是"ART"，也说出自己看到的单词是"ART"；而当斯佩里要求他用左手找出对应的单词时，他选出的并不是"ART"，而是"HE"。

没错，就是这么神奇。

04

通过各种裂脑人实验，斯佩里得出了一个结论：人类左右两个分离的大脑半球，都具有各自的高级认知功能，左右半球在接受测试时，都显示出了自己的感知、想象、抽象思维的功能，并且都有着自己的学习过程和记忆链，更关键的是，这些都和另一个半球的意识与经验无关。

1973 年斯佩里完成的一个著名的实验，就证明了这一点：当时他找到了一位 21 岁的男性裂脑人，并将他的左半球，也就是右眼进行了视野遮蔽，让他只能用右脑半球来接受实验。

在实验过程中，斯佩里给他以幻灯片的形式播放了各种人物和场景的照片，并要求他用左手对这些画面进行评价，如果喜欢就把拇指向上，如果厌

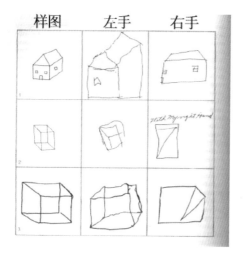

图 11.6　左：原图；中：右脑绘图；
右：左脑绘图

恶就把拇指向下。

这个男孩在看到丘吉尔、卡森医生（也是一位神经学家）、漂亮的女孩以及芭蕾舞者的照片时，都将拇指向上表达了欣赏。而在看到希特勒以及战争场面的照片时，他毫不犹豫地将拇指朝下。而在看到尼克松的照片时，因为当时水门事件还未爆发，男孩显示出犹豫不决的神情，最终他独出心裁地选择将拇指平放，以表达自己中立的态度。

而且，在最后一张照片，男孩看到了自己的照片时，他一边腼腆地笑了，一边以谦卑的姿态选择了拇指向下。整个实验的各个细节，都证实了他的右脑半球有着完整的思考能力，以及清晰的自我意识和社会意识。

同时，斯佩里还从人脑左右半球的对比中，发现右脑似乎有着更加发达的视觉处理能力，以及拓扑学的几何空间识别能力。

在对裂脑人的测试中，他发现右脑半球在还原一幅空间立体的画作时，展现出的能力比左脑强大得多。因此，在 1977 年，他发表论文，认为人类几何辨别能力是基于右脑半球完成的，而左脑几乎不可能单独完成这项任务。

这些也让人想起了《射雕英雄传》里的老顽童和郭靖，这俩人都能完成左手画圆右手画方这样常人难以做到的事情。老顽童更是能够自创出一套左右互搏之术，自己和自己打得不可开交，这剧情是否其实暗藏着一个天大的秘密：周伯通和郭靖的大脑胼胝体，都不太发达，所以左右脑可以单独运作？

正常人可以左右手同时完成轴线方向相同的画。但轴线方向垂直的画，对于正常人就很难左右手同时完成。然而胼胝体切除的裂脑人可以无压力完成。

毕竟，很多裂脑人在接受胼胝体手术后，就会自己的左手跟右手互搏……比如去超市买东西的时候，裂脑人就会发生这样的窘境：一只手抱了瓶百事可乐，另一只手却冲着可口可乐要拿。

所以，说不定金庸老爷子也接触过某个并不自知的裂脑人（或者胼胝体发育不良），并参考他的一些行为，塑造了老顽童周伯通这个角色？细思极恐哪。

1981年，斯佩里和另外两名科学家一起共享了当年的诺贝尔生理学或医学奖，他的裂脑人研究可以说揭开人类大脑的重大秘密。同时我们也要看到那些可怜的裂脑人也为这项研究做出了自己的贡献。

值得一提的是，斯佩里不但是个具有超强好奇心痴迷于学术研究的人，他还用自身来证明了人脑可以同时对科学和艺术进行开发：斯佩里不仅是个诺奖级的科研工作者，脑神经科学的大咖，同时他还是一个非常高超的艺术家，他的雕刻和陶艺制造，都有着专业级的水准。

20世纪60年代斯佩里的大脑研究，引起了学术界的轰动，也成功引起了一个年轻人的注意。

05

这个人，就是迈克尔·加扎尼加（Michael Gazzaniga）。

在达特茅斯学院念书时期，加扎尼加就对人类大脑的工作原理产生了强烈的兴趣，当他听说加州理工转来一位大牛，对人脑左右半球的研究非常出色时，他决定加入这个研究项目，并亲自写了一份信给项目负责人——罗杰·斯佩里，询问他是否需要一名暑期实习生。

当然了，这些只是加扎尼加给出的理由，其实，驱使他选择加州理工的真正原因是他女朋友当时正在加州理工附近兼职打工。

加扎尼加加入项目组之后，他作为助手配合着斯佩里，完成了上文叙述的很多实验。在他毕业之后，也开始了自己的裂脑人研究实验，他找到的第一名受试者，是一名化名W.J的男子，此人原本是一名参加了"二战"的美国伞兵，在战场上被一名德国士兵用枪托砸中了头部后，从此患上了严重的癫痫。

对W.J的测试和斯佩里之前的实验大同小异，同样在屏幕上显示视野分隔的两个图像，并要求W.J看到图像后，口头以及按动按钮来完成报告。于是似曾相识的一幕出现了：W.J的右眼看见图像时，一边说我看到了，一边右手按动按钮；而当他左眼看到图像时，一边说我啥都没看到，一边左手狂按按钮。

是的，这又一次说明W.J的左右脑根本不知道彼此正在做什么，只是各行其是。

但接下来的实验中，加扎尼加对整个测试进行了升级，他想去验证一件非常重要的事：如果让左右脑这对看起来彼此隔绝的意识，进行互相接触认知，会发生什么情况呢？

加扎尼加找到了一位裂脑人，让他的右脑接受到"笑脸（SMILE）"这个词，同时让他的左脑接受到"脸（FACE）"这个词。接下来，这位裂脑人用他的右手画出了一个笑脸，而此时他的左脑只知道是"脸"，并不知道是怎样表情的脸。

这时候加扎尼加发问了：为什么你画了一张笑脸呢？就在此时，令人惊讶的场景出现了，这位裂脑人自圆其说地回答道：你想要我画怎样的脸？难道一张悲伤的脸吗？谁会喜欢一张悲伤的脸呢？

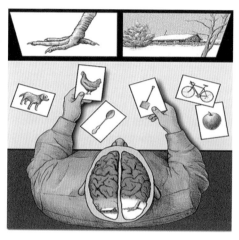

图 11.7　加扎尼加著名的"鸡爪和雪景"实验

是的，他的左脑根本没有接触到"笑脸"的内容，但是为了解释右脑完成的动作，左脑通过语言对自己根本无法解释的事情，强行给出了解释。

在此之后，加扎尼加又完成了另一次类似的测试，他给一位裂脑人受试者的左眼单独看到一张裸女图。在右脑接受到这个图像后，这位裂脑人先是突然脸红，接着又神经质地哈哈大笑。

这时候加扎尼加问他：为啥你会哈哈大笑呢？这位裂脑人能说话的左脑显然不知道发生了什么，因此给出的回答是：我也不知道啊，明明什么都没看到，我会笑可能是因为这台机器太有趣了吧。

当然，这些还不是最有名的案例。加扎尼加最有名的一次实验，

图 11.8　加扎尼加（右）正在给一位裂脑人做测试

是与一名化名为 J.W 的裂脑人一道完成的。

在这次测试中，加扎尼加让 J.W 的右眼（也就是左脑）接收到一张鸡爪的图片，同时让他的左眼（右脑）接受到一张雪景。接下来，J.W 会看到一系列图片，他需要从中找到和自己刚才看到的最有关联的两张。

于是，J.W 选择了一张公鸡的图，以及一张铁铲的图片。然后加扎尼加发问了：为什么你会选择这两张图呢？请给出你的理由。

J.W 回答道：因为我看到了鸡爪，所以鸡的图片显然是有关联的，至于铁铲的图片，因为我要用铁铲给鸡打扫鸡笼啊！

这显然是一种接近于圆满的自我解释了，因为 J.W 能说话的左脑根本不知道雪景的存在。最终 J.W 之所以会选择铁铲，是因为右脑看见了，并产生了铲雪的关联，因此让 J.W 也选择了这张。但是他的左脑完全不能理解右脑做了什么，它只能根据自己的猜测和推断，给出了言语上的解释……

加扎尼加后来又用一个实验来证明这个观点：让一位裂脑人的左眼（右脑）单独接收到一幅可怕的谋杀场景后，加扎尼加问他情绪如何。这位裂脑人说自己感觉有点恐慌，但当继续追问为何会觉得恐慌时，他给出的解释是：我也不知道为什么，可能是因为这间房间有些压抑吧。

嗯，裂脑人能说话的左脑也会感受到恐慌，是因为恐慌作为一种情绪，是可以通过脑皮层传递的（化学性质的），所以并不是切断了胼胝体，左右脑之间就没有任何信息沟通了。于是，加扎尼加得出了一个结论，左脑可以对自己并不知道的情况进行合理地联想和解释。同时，这也意味着裂脑人的左右脑，几乎就是两个分离的意识。

这种左右脑意识的分离，在有些裂脑人身上体现得淋漓尽致，有一位裂脑人当众用左手拉下裤子，而右手拼命拽住裤子，不让左手这么做。当分别询问一位裂脑人左右脑的理想时，他的左脑给出的答案是制图员，而右脑给出的答案是赛车手。

06

是的，20 世纪各种对裂脑人的实验，证明了人脑左右半球的独立性，包括斯佩里在内的很多学者也得出了这样的结论：左脑天生就更擅长语言、逻辑、计算这些领域，而右脑天生更擅长空间想象、艺术和直觉等方向。

我自己少年时期所接触到的说法，也是类似的，包括弹钢琴可以激发右脑，同时，天生右脑发达的人艺术天分更强等（所以从小我就各种被迫学钢琴）。

后来，裂脑人的研究因为一些原因而终止了，而大脑成像技术取代了直接研究裂脑人，成为探索大脑功能的首选方法。通过这项技术，科学家不再需要裂脑人的反应，而是通过显示器，清晰明了地观察大脑的哪个区域处于活跃状态。

关于裂脑人的篇章，似乎就这么告一段落了。然而，关于这类特殊人群，依然存在一些更特殊的现象。透过这些离奇的现象或许说明，上述的那种左右脑先天功能的认知，可能并不一定准确。

曾经有一部非常有名的电影，叫做《雨人》，达斯汀·霍夫曼饰演的"雨人"雷蒙，其实是有着原型的，这个人叫做金·匹克（Kim Peek），除了并不是一个自闭症患者外，他和雷蒙几乎有着一模一样的特点：拥有着超人般的记忆，以及低下的智商分数。

其实不谦虚地说，我自己的记忆力也略异于常人（在记忆力测试中超过99.99%的人），随便举两个例子：我至今清楚记得幼儿园班上每个人的名字、长相，还能记得初中班上每个同学的学号（60来人每个都记得），而如今他们很多人自己都不记得自己的学号了。

然而我依然得承认，在金·匹克面前，我的记忆力简直就是战五渣。那么，这家伙的记忆力究竟可怕到什么程度呢？

金·匹克能够把他读过的书全部背出来，他从小大部分时间都和父亲待在图书馆里，当他把借来的书倒置就表示这本书我读完了，并且能背下来了。金·匹克毕生背下的书有1.2万本，内容从历史、文学到数学、艺术无所不包，而且他简直是一个活的资料库，他对125年内的各种文献如数家珍般了解。用80年代一个流行的词来形容，此人真的有"特异功能"。

同时，金·匹克对于音乐的记忆也非一般人，他可以记得几十年前听过的曲调，并借助钢琴还原出来。并且，他还能通过乐曲辨识出各种乐器，并通过和自己脑子的数千首曲调比对，猜测出作曲家是谁。

然而除了这些超人般的天赋之外，金匹克在其他方面就显得十分弱了：他直到4岁还不会走路，自己不会系纽扣，其他运动技巧上也存在障碍。并且，在一次智商测试中，他得到的分数只有87分。

通过对金·匹克的诊断发现，他婴儿时患有巨头畸形症导致小脑受损，这也是他运动功能障碍的原因。更重要的是，他还同时患有胼胝体发育严重不良的症状（而且前连合也发育不良），这导致他几乎就是一个天生的裂脑人。

但是请注意这有一个关键点：和之前实验中那些后天手术形成的裂脑人

不同的是，金·匹克的左右脑都具有完备的语言功能！

是的，金·匹克因为先天左右脑半球无法沟通，因此他不可能像健康人那样，把右脑的信息输送到左脑来进行语言处理。这就意味着，在金·匹克的成长过程中，他的左右脑被迫都发育出了独立的语言处理功能。

这或许便解释了他为什么会拥有可怕阅读和记忆能力的原因：他读书时每一页只需要 10 秒钟，是因为他的左右眼可以分别读左右一页，并将信息分别传送到右脑和左脑进行信息处理，他的大脑相当于一个独立的双核CPU。

而且，还有更重要的一点，虽然没有胼胝体，但根据医生的推测，金·匹克很可能被迫发育出了强大的脑皮层下区域传输能力，也就是说，虽然是一个先天裂脑人，他的左右大脑很可能依然可以存在互相交流。

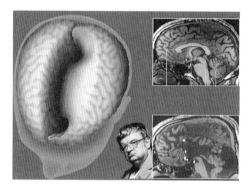

图 11.9　上：普通人的大脑；
下：金·匹克的大脑

作为证据，金·匹克的身上就从未有过那种类似"精分"的诡异表现，他的左右脑半球从未因为某件事不合而展现出冲突。

金·匹克的强大记忆力是否也是源于自己这种迥异于常人的构造呢？目前还没有准确的科学解释，毕竟，大部分的裂脑人记忆能力都是比正常人要差一些的。

不过我从资料中查到，1968 年斯佩里也接触过一例先天胼胝体缺失的裂脑人病例，此人化名为保罗（Paul）。和金·匹克一样，保罗的左右侧脑半球都有着非常完备的语言能力，左右脑都会说话。

而且，保罗虽然是天生的裂脑人，他的学习成绩包括语言熟练能力都很好，至少超过平均水准。只有部分涉及空间想象的科目，比如几何学、地理学方面，他的成绩偏弱。

因此，通过这两例先天裂脑人的事例，我做出了一个大胆的推测：其实人在胚胎发育时，左右脑的能力其实是差不多的，区别也不大，只是正常婴儿的大脑发育趋势会使得左脑更偏向于语言、计算；而右脑更偏向空间想象、直觉。

但是对于天生裂脑人，如果没有胼胝体实现左右脑的交互的话，那么他的左右脑就必须各自为政了。而在人类婴儿阶段，语言发展的优先级很高，因此他的左右脑都被逼迫着去发展语言功能，从而导致左右脑的空间想象能力都被压制了。

这就好比正常人的大脑是两台连网计算机，各自处理一半事务，再通过交互信息共同发出指令。而裂脑人的大脑是两台独立的计算机，它们只能处理其中一部分事务，另一部分因为机能问题受到了限制。

当然了，这只是个人的一点猜测，正如开篇所说，关于人类大脑的研究一直都充满了无尽的秘密。或许，当我们研究透了自己的大脑时，真正的人工智能也就不远了吧……

他用一根长钉，从眼眶锤入那个人的头颅，竟只为了治精神病

通过前面那篇关于裂脑人的文章，我向大家介绍了人脑是多么复杂的一个器官，然而时至今日，学术界对于大脑的功能，依然还处于探索状态。

正是因为如此，关于脑部功能，特别是精神疾病类的顽疾，曾经难倒了无数医生。在古希腊时代，人们认为精神病就是人的灵魂出了毛病，因此将精神病学命名为"Psychiatry"，其词根"psyche"便是希腊语中灵魂的意思。

到了中世纪时，宗教人员将精神病患者认定为魔鬼附体，对病人采用无所不用其极的治疗方法：在一本名为《巫师的锤子》（*Witch Hammer*）的手册中，详细记录了包括拷问、审讯、驱魔等各种方法来治疗精神病患者，甚至采用了酷刑般的手段，比如用烙铁灼烧病人的身体、用长钉插入他们的舌头……

图 12.1 中世纪恐怖的"开天窗"疗法

而其中最著名的一种疗法，被称为"颅骨钻孔术"，也就是如同开天窗一般，移除病人头盖骨的一部分，当时的医生认为，这样病人身体内的恶魔就可以从这个孔洞"散发"出去。这种恐怖的方法早在公元前5世纪，就被希波克拉底记录在作品《头颅创伤》中，并一直在启发着后人。

事实证明，这样的方法除了残害这些病人，对于根治他们的精神疾病根本没有显著效果，于是到了17世纪工业革命开始时，特别是法国大革命的爆发之后，人们开始反思，究竟用什么方法，才能解脱这些病人的痛苦呢？

这，便是咱们这一篇要说的一段医学史故事。

01

直到20世纪早期，医学界依然找不到有效治疗精神病患者的方法，特别是那些有暴力倾向的病人，往往会成为医生们的老大难问题：他们中很多人犯下了暴力行为，但却不能按照对待犯人那样入狱处理，只能关进精神病院中。

然而因为对病理性质的不了解，那些暴力倾向严重的病人在精神病院中多半只是变相地进行监禁，他们手脚上都要戴上厚重的镣铐，甚至被关押在特制的容器中，每天都被严密的监视着。除了每天要按时吃药治疗之外，其他方面都和处理真正的重罪犯人没有多大区别。

并且在那个时代，关于如何治愈严重精神病患，学术界也莫衷一是，各种试探性的疗法都在尝试中，最被看好的方法大体被分为两种，一种是化学疗法，也就是研发出可以治愈精神疾病的药物：当时最常见的治疗思路是通过镇静剂来抑制患者的神经系统，比如使用胰岛素和甲硝唑来所进行的休克疗法。

而另一种，就是本文要说的物理疗法。是的，如果你是游戏玩家，那么听到"物理"俩字想必就懂了，简单粗暴就是这种疗法的代名词。

在20世纪30年代时，关于物理疗法常见的一种形式，叫做水疗（hydrotherapy）。所谓水疗，就是让病人不断经受冰凉冷水和滚烫热水的反复刺激，从而起到治疗效果。他们通常躺在特殊构造的浴缸里，看似享受，实则痛苦不堪……

稍晚一些，另一种更著名的物理疗法也诞生了，这就是赫赫有名的电休克疗法（Electroconvulsive Therapy，ECT）。

所谓电休克疗法，是指电击脑部的方式来诱发痉挛，以治疗精神疾患的方式。具体的操作方式，是将电击器安置在患者头部的两侧（也有单侧治疗的方式），通过脉冲式的电击，引导电流通过双侧大脑颞叶，以治疗严重抑郁症、狂躁症以及精神分裂症等精神疾病。

虽然电休克疗法在第一轮治疗中能够起到效果，但是约有占总量一半的病人会在一年内复发，只能接受再一次的电击治疗，甚至是循环往复的噩梦。

而且这种疗法的负面效果也很严重：经过多次的临床研究，医学界发现电休克疗法常常造成长时期记忆丧失，以及神智的混乱。更重要的是，有一些精神疾病患者在经

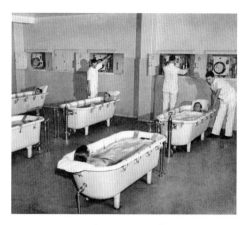

图 12.2　兴起于 20 世纪中期的水疗

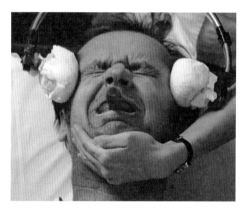

图 12.3　电影《飞跃疯人院》中墨菲正在遭受电击治疗

受了电休克疗法后，出现了癫痫发作的症状。当时的许多精神科医生认为，正是电击疗法诱发了癫痫的发作。

即便不考虑这些具体的医学领域的负面效应，在社会经济的范畴下，长期性的电休克疗法在那个年代也无法通行于世界。这是因为，20 世纪 30 年代，恰好是大萧条爆发的时期。哪怕是世界最发达的美国，也无法承担长期医疗手段所需要的资金。

正所谓屋漏偏逢连夜雨，在 1940 年时，全美国有着多达 100 万的病患，挤爆了包括街头诊所在内的各种医疗机构。而其中的那些精神病人，往往是因为焦虑和精神压力过大而引发了病症。

伴随着经济恶化，公立医院的人力资源和医疗资金严重短缺，治疗的条

件也在不断恶化，医学界迫切需要一种简单有效又经济的方式，来处理那些精神病患。正是在这样的大环境下，一种特殊的治疗方式诞生了。

02

1933 年，耶鲁灵长类动物实验室的两名神经学家，约翰·富尔顿博士（Dr. John Fulton）和卡莱尔·雅各布森博士（Dr. Carlyle Jacobson）在一次动物活体实验中，发现了一些不寻常的现象。

当时，实验室豢养的两只雌性猩猩贝琪（Becky）和露西（Lucy），出现了严重的精神疾病状态：有时呈现出严重的攻击倾向，有时一整天抑郁沮丧，无精打采，对任何事物都提不起兴趣。

于是，他俩想到了用一种看似不可思议的方式对它们进行治疗：打开黑猩猩的颅骨，并切除了它们一半的大脑前额叶。这种方法其实前人也有过尝试，比如 19 世纪末期，德国的生理学家弗里德里希·戈尔兹（Friedrich Goltz）就曾经切除过一只狗的前额叶，发现它的性格产生了巨大变化。

贝琪和露西也是如此，在手术之后，富尔顿对两只黑猩猩进行了测试，发现它俩似乎保留了之前的智商和技能，但是性格却变得温顺起来，再没有出现过攻击人的现象，也不再呈现出沮丧的状态了。

鉴于此，两人共同发表了一篇名为《前额叶切除术可以化解黑猩猩的凶暴本性》的研究报告。在 1936 年伦敦召开的第二届国际神经学会议上，这篇报告吸引了一位大咖的注意。

图 12.4　富尔顿正在测试其中一只雌性黑猩猩

此人叫做安东尼奥·莫尼斯（Antonio Moniz），是一位葡萄牙的神经学教授。毕业于葡萄牙科英布拉大学医学院的他，在获得博士学位后并未直接走上医学道路，而是搞起了政治。他先是在毕业一年之后当选为议会成员，随后又在"一战"中被任命为葡萄牙驻西班牙大使，甚至还在 1918 年凡尔赛和约会议期间担任葡萄牙的外交部部长。

1928 年之后，莫尼斯终于从政坛退休，全身心回归到了医学界，并创造出一种名为脑血管造影术（cerebral angiography）的方法，通过 X 光反射手段检查大脑中的血管，并精确定位脑瘤的位置。

凭借这项成就，莫尼斯拿到了两项诺贝尔奖提名，此时的他，已经是脑神经领域的顶级专家。因此富尔顿他们的报告，立刻激发了他的灵感。莫尼斯深知，黑猩猩和人类的脑部结构非常相似，特别是前额叶部分（prefrontal cortex）。

如今我们知道，前额叶负责着非常复杂的功能，它们通常被称为执行类功能，包括更高层次的决策和规划、推理和理解、个性的表达、创造力的产生，以及人类的社交行为等。前额叶的皮质与大脑的许多其他区域（比如丘脑）紧密相连，并负责传递感官信号。

与此同时，人类大脑是由两种不同类型的物质所构成的：灰质和白质。其中，灰质包括神经元以及脑细胞，以及连接它们的血管。而白质主要包括连接灰质区的轴突以及神经纤维，并通过脑电脉冲在彼此间传递消息。

莫尼斯由此想到，如果参考富尔顿他俩的黑猩猩实验，切除人脑中前额叶的白质，能不能起到治疗精神类疾病的作用呢？

03

他想到的这种方式，后来被命名为脑白质切除术（lobotomy），也被称为脑前额叶皮质切除术。其实"lobotomy"这个名字，就是由希腊语中的"脑叶（lobos）"和"切除（tomos）"组成的。

莫尼斯的想法，也正是来自于远古时代的医学。

考古学家发现，古埃及时期很多尸体的颅骨顶部，都有一些人为凿出的孔洞。通过深入研究，人们发现这其实是一种非常古老的手术，名为颅骨穿孔术（trepanation）。

正如前文所说的，颅骨穿孔术又名环锯术，是一种古老的，介于科学和迷信之间的医疗手法，具体实施就是在人的颅骨上钻一个洞，

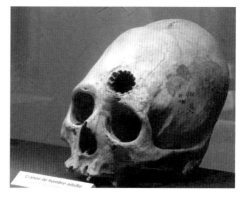

图 12.5　古代人类就已经掌握了开颅治疗癫痫的方法

让硬脑膜暴露在外。

从石器时代的岩壁绘画上就可以发现，在更早时期，远古人类相信依赖这种办法可以缓解偏头痛，治疗精神疾病以及癫痫。人类学家发现，不仅是古埃及和古希腊，从南北美洲到非洲，从波利尼西亚到远东，各地的人类似乎都独立发展出了这种治疗手段。

中世纪时，颅骨钻孔术达到了顶峰，一整套相关的器材都因此而被发明出来，可以想象得到，当时接受这种治疗的病人，承受了多大的痛苦。时至今日，非洲一些原始部落，以及太平洋上的一些岛国，依然沿袭这种古老又有些残忍的方式来医治精神疾病。

除了这种来自远古的启示外，莫尼斯还研究过某个医学家的案例，这便是 19 世纪时著名的瑞士精神病学家戈特利布·布克哈特（Gottlieb Burckhardt）的一系列精神外科手术。

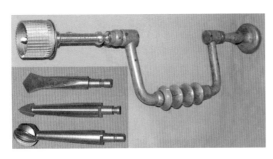

图 12.6　布克哈特使用的开颅工具

1888 年时，布克哈特接手了包括两女四男在内的 6 名精神病人，他们全都表现出严重的精神病症状，比如幻听、偏执性妄想、攻击行为，以及莫名地兴奋异常。因此，病人们被诊断为慢性狂躁症、原发性偏执型精神病、原发性精神分裂症等。

恰好，在当时没有任何有效方式能够治疗这 6 名病人。于是，布克哈特医生果断出手了。

通过开颅手术，布克哈特切除了 6 名病人大脑皮层中额叶、颞叶等一部分区域。手术之后，一名患者经历了癫痫性惊厥，五天之后死去；一名患者虽然病情有所改善，但后来依然选择了自杀；另外两名患者病情没有任何改变；只有最后的两名患者性情大变，显现出异常"安静"的状态。

虽然手术的"治愈率"只有 1/3，但是布克哈特依然沉迷在兴奋中，他觉得找到了治疗千古难题的方法，并且在一年之后的柏林医学大会上，提交了一篇关于脑部手术的论文。

布克哈特认为，精神疾病具有生理基础，是大脑紊乱导致的。同时，他还认为人脑是模块化的，如果某个区域发生了反常，只要切断这个区域和其他部分之间的联系就可以了。因此，切除大脑颞叶、额叶，就可以起到这样的作用。

他的看法遭到了一些医学界人士的质疑，比如意大利精神病学教授朱塞佩·塞皮利（Giuseppe Seppilli），就在 1891 年发表论文否定了大脑模块化的观点，并认为这和心理学作为单一实体的观念背道而驰。此外，包括癫痫、失语症、瘫痪在内的严重后遗症，令布克哈特的手术声名狼藉，许多人愤怒地指责他在没有弄清楚原理的情况下，就贸然操刀手术。

面对重重质疑，布克哈特选择为自己辩白，他在 1891 年写道：

"这世上有两种医生，一种是因循守旧的医生，唯一原则就是不伤害病人，哪怕他们宁愿不治病；另一种医生则勇于做一些尝试，而不是看着病人无动于衷。"

"显然，我属于第二种医生。"布克哈特如是说。

04

显然，安东尼奥·莫尼斯也属于第二种医生，虽然没有明说，但他用行动表达了一切。

莫尼斯赞同布克哈特的做法，再加上富尔顿和雅各布森的黑猩猩实验，这令他信心倍增。于是 1935 年时，莫尼斯和自己的外科医生助手阿尔梅达·利马（Almeida Lima），对 20 名精神病患者进行了检查，这些病人全都患有严重的焦虑症、精神分裂症以及抑郁症。

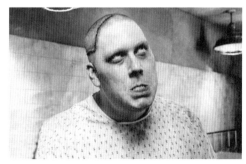

图 12.7　接受了脑白质切除术的一位病人

在对一名 63 岁的精神分裂症患者进行了多次检查后，莫尼斯决定在他身上完成自己的第一例脑白质切除手术。

因为自身患有痛风病，莫尼斯无法亲自实施手术，因此只能通过指导助手利马来完

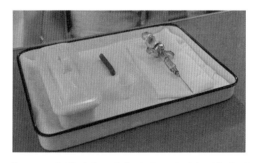

图 12.8　电影《禁闭岛》中出现的脑白质切断器

成。两人先是用尸体颅脑部分进行了训练，掌握了充足的技术后，初次的手术在当年冬天进行。利马在这名病人紧邻脑前额叶的两侧颅骨上，各凿开了一个洞，并通过向孔洞内的额叶皮质区域注射乙醇的方式，切断了前额叶和丘脑之间的两束神经纤维。

手术之后，莫尼斯报告说病人表现非常平静，不再有之前的精神症状了。他觉得自己真的成功了。

在接下来的 1 年零 3 个月里，莫尼斯又对其余的 19 名病人实施了脑白质切除术。他觉得注射乙醇的方式会引发出乎意料的并发症，因此改为使用更加物理的方式：开发出一种名为脑白质切断器（leucotome）的工具。

只要把它插入患者颅骨的开孔中，按压背面的按钮，顶部一个金属环就会自动弹开，通过操作这个金属环的伸缩，使用者就可以环切前额叶核心区域的脑白质神经纤维束。

对于这 20 例手术，莫尼斯自我评价是：有 35% 的病人病情大幅好转，还有另外 35% 的病人适度好转，只有 30% 的病人病情没有变化。虽然没有布克哈特手术后的死亡和癫痫症状，但是莫尼斯的临床结论仅仅在 3 个月后就给出了，一些人质疑他低估了并发症的可能性，术后的跟踪观察也不充分，因此得出的结论很不全面。

尽管面临指责，但莫尼斯依然坚持自己的理论，他坚信精神分裂症就是人脑中发生的生理性病变，并且在产生病症后，脑部的主体并不会发生结构性的变化，只有连接它的部分会出现问题，通过脑白质切除术，就能有效解决患者的病症，并且大脑可以承受得起这样程度的损害。

在当时经济极度困难的时局下，莫尼斯的研究给那些为了治疗患者已经疲于奔命的医生们指点了一条明路，通过一个难度不算大的手术就可以解决问题，那可比长期周而复始的心理治疗来得方便多了，也经济多了。

于是，尽管反对的声音从来不少，莫尼斯的脑白质切除术依然受到了业界广泛好评。1949 年，他通过这项研究获得了诺贝尔生理学或医学奖，成为第一位获得诺奖的葡萄牙人。他也成为精神外科领域的权威人士。

虽然莫尼斯的手术已经足够简单，但是当时的医学界还在追求更加高效简易、更加经济成本低廉的治疗方式。相比葡萄牙人，美国人在这方面的尝试胆子更大。一位美国医学家，就在莫尼斯的鼓舞下，改进了脑白质切除术的手段，令它变得更加没有门槛。

05

这位美国人叫做瓦尔特·弗里曼（Walter Freeman），是一位出身于医学世家的神经病理学专家。他的祖父是南北战争时期一位著名的外科医生，他的父亲也是当地一位杰出的医生。

从小耳闻目染下，弗里曼早早就进入了医学行业，并在华盛顿特区的圣伊丽莎白医院就职，指导实验室的工作。

接触到莫尼斯的理论后，弗里曼惊为天人，钦佩得五体投地，并称其为自己的偶像和导师（后来莫尼斯的诺贝尔奖提名，弗里曼也贡献了自己的一份力）。弗里曼花了一年时间，仔细研读了莫尼斯发表的各篇论文，他决意把这项前卫的手术推广到美国基层。

然而，由于此前一次手术操作失误导致病人死亡，弗里曼被吊销了外科医生执照，他只能聘请了一位名叫詹姆斯·瓦茨（James Watts）的神经外科医生充当自己的合作伙伴。1936年时（距离莫尼斯首例手术不到一年），弗里曼参照莫尼斯的方法，指导瓦茨完成了第一例脑白质切除术。治疗对象是美国堪萨斯州的一位家庭主妇爱丽丝·哈马特（Alice Hammatt）。

果然，手术之后的哈马特变得正常多了，除了沉默寡言之外，原本狂躁不安的症状消失殆尽。大喜过望的弗里曼在随后的短短两个多月里，一口气完成了20多例脑白质切除术。

到了1942年时，弗里曼和瓦茨二人已经执行了200多次手术，他们联合发表的报告中声称，有63%的患者在术后有所改善，24%的患者没有显著变化，仅仅14%的患者在手术后出现病情恶化。

1949年时，弗里曼听说意大利一名叫做阿马

图12.9　冰锥手术的刺入角度和移动角度，都有严格的标准

罗·菲阿贝尔蒂（Amarro Fiamberti）的外科医生掌握了一门"神技"，可以不通过正常的开颅手术，就能够将工具深深地探入人的颅脑中。

在亲自观摩了这项技术后，弗里曼感受到了深深的震撼，他把这种令人瞠目结舌的手段，引入到了自己的脑白质切除术中，改良了原先的手术程序，并给它起了一个炫酷的名字"冰锥切割术（icepick）"。

然而只要亲眼目睹一次这种手术，就能感受到它那异乎寻常的恐怖和残忍，那简直是触目惊心（真正字面意义上的）的一幕：

手术中，医生会手持一把类似于冰锥（其实最初时候就是真正的冰锥）的尖利工具，从患者的眼球上端插入眼眶底部，再在另一头用一把锤子不断敲击，顶穿眼窝部位薄脆的骨头后，插进大脑内部。再通过一定角度的往复移动，以切断连接大脑前额叶的皮质。

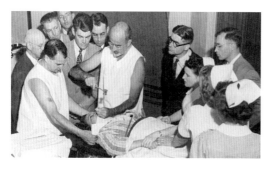

图 12.10　亲自示范冰锥手术操作的弗里曼

哦，你们是不是要问，恐怖如斯的手术，病人岂不是要被吓晕过去？

实际上，改良之后的冰锥切割术，不需要之前的全身麻醉，只需要事先用电击的方法把病人电晕就行了，是不是简单又方便？

事实上，因为这种改良版本的手术简单易学，甚至连非外科手术人员也可以成功掌握。因此没有外科手术执照的弗里曼，也能亲自上马操作，可谓缓解了外科医生人手紧张的燃眉之急。而且，完成整个手术只需要短短 10 分钟。

而且，当时大多数精神病医院并不会配备手术室或外科医生，因此，这种改良版的冰锥手术立马火爆各大精神病院，成为治疗精神科顽疾的王牌主打手段。在 1949—1956 年间，美国有超过 5 万名精神病患者接受了改良版本的冰锥切割术，这其中有 3500~5000 人是在弗里曼医生这里完成的。

弗里曼成功地做到了脑白质切除术的推广，他将其称之为"施加于灵魂的手术"。据说当年弗里曼会亲自开着一辆改造过的面包车游走于各大城市，方便随时随地进行手术，他将其称为"脑白质切除术移动站"。

名声大噪的他，成为精神疾病物理疗法派的支柱级人物，不但到处访问各大精神病院，亲自现场示范指导手术操作，还常常在报纸和杂志（甚至是时尚杂志）上出头露面。他那炫技式的双冰锥同时插入颅脑大法，更是成为他的标志性操作。

然而弗里曼并没有料到，仅仅几年之后，脑白质切除术就被反攻倒算，沦为人类医学史上最野蛮黑暗的发明之一。

06

其实，如果以如今的医学角度来看，脑白质切除术的原理还是有一定道理的。

我们知道，丘脑（thalamus）是人类感觉的最高级中枢，同时也是最重要的感觉传导接替站。除了嗅觉之外，来自全身各种感觉的传导通路，均在丘脑内更换神经元，然后投射到大脑皮质。

因此，当把连接丘脑的脑白质神经纤维切除后，相当于大脑的高级情绪功能也就被移除了，也便意味着切断了情绪和冲动的源头，患者自然会觉得"哎妈呀，世界居然忽然一下子清净了……"

然而，这种自伤八百的行为，倒像是抗生素时代发明前的截肢手术：当时肢体局部被感染后，为了消除败血症的可能，只能进行整体截肢处理。同样的，为了改变精神病患的行为，让他们变得安全和谐可以融入社会，就把他们的大脑进行切割，就算效果达到了，他们的高级情感功能也丧失了，可以说，变成了一具行尸走肉。

更何况，很多情况下，效果不但达不到，还有各种并发症和后遗症。莫尼斯自己也承认，部分病患在接受手术后，不但比预期更加冷漠和麻木，还丧失了方向感，时常会觉得恶心不适。他在 1937 年的论文中还提到，有一位女性患者在术后总是焦虑有人会杀害她，长期处于高度紧张状态。

而更多的患者所体现的常态是：无法集中注意力，难以进行逻辑思维，失去了创造力，行为反应迟缓，记忆力显著下降。所有这些，正是前额叶功能丧失的反映。

关于这项红火的新手术，越来越多的丑闻逐渐被媒体曝光出来：一名叫做霍华德·杜利（Howard Dully）的 12 岁男孩被迫接受了手术，而原因仅仅是因为他总是反抗自己的继母。手术之后，杜利变成了一个沉默寡言的怪胎，他在日记中含泪控诉道：这项手术根本没有治愈我，它把我改造成了一个机器人。

值得一提的是，杜利的继母私自决定了这次手术，花费仅仅是 200 美元。而当时很多人草率决定选择这项手术，正是因为它的廉价。与可怜的小杜利

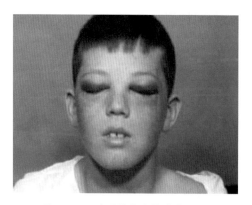

图 12.11　刚刚接受冰锥手术后的
霍华德·杜利

相比，一些社会名流的治疗失败案例，更是掀起了舆论的轩然大波。

好莱坞曾经的女影星弗朗西斯·法玛尔（Frances Farmer）被曝出生活中存在严重的暴力倾向后，被洛杉矶警方送往当地精神病院。诊断出患有狂躁抑郁性精神病的她，被母亲强迫中止胰岛素药物治疗，转而送去进行脑白质切除术。手术之后，法玛尔没有丝毫的好转，多年后她离开精神病院时，已经从一个颜值惊人的美艳女星，沦为一个灰头土脸，神情呆滞的中年妇女。

还有一个更加著名的案例，来自于约翰·肯尼迪的姐姐罗丝玛丽·肯尼迪（Rosemary Kennedy）。根据报道，她曾经是一个害羞而随和的姑娘，在十几岁时忽然变得暴躁而且喜怒无常。在医生的建议下，肯尼迪家族同意了接受弗里曼的脑白质切割术，而那时他的团队仅仅执行了 60 例手术。

手术之后，罗丝玛丽·肯尼迪确实变得平易近人了，因为她的大脑只剩下类似婴儿的精神功能。她再也无法清楚地表达自己，或是完好地控制自己的身体功能。近乎于行尸走肉的她，时常会盯着空气发呆好几个小时。

相关的医护人员表示，在手术前肯尼迪女士只是患有轻度的精神疾病，但手术之后的她，彻底变成了一个精神残疾，只能在病院里度过自己的余生。因此，她的妹妹尤尼斯·肯尼迪·施莱佛（Eunice Kennedy Shriver）在 1968 年，以姐姐的名义创办了为身心障碍人士举行的特殊奥林匹克运动会，简称特奥会。

随着大量"二战"老兵术后出现问题的事件曝光，脑白质切除术的地位已经岌岌可危，只等着压死它的最后一根稻草。然而等到的却不是一根稻草，而是一块板砖。

就在莫尼斯获得诺贝尔奖一年之后的 1950 年，一种新型药物的研发成功，给予了脑白质切除术最后的致命一击。这种药物叫做氯丙嗪（chlorpromazine，在美国以 Thorazine 的名字售卖），属于吩噻嗪类抗精神病药，同时也是第一代抗精神病药，开创了药物治疗精神疾病的历史。

氯丙嗪的药理机制，是通过阻断脑内多巴胺受体，从而对抗精神分裂症和躁郁症。而且它的价格低廉，作为治疗药物每天只需花费 10 美分左右，很快就成为全球通行的药物。

20 世纪 50 年代初氯丙嗪的问世，标志着从此物理疗法被化学疗法彻底逆袭，精神疾病领域进入了精神药理学发展的黄金阶段。更重要的意义在于，从此之后精神疾病患者不再需要被终身强迫关押在医院中。值得一提的是，迪卡普里奥主演的《禁闭岛》，背景也是一个关于精神治疗史的故事。

终于，脑白质切除术在重重质疑和反对声中，走到了自己的末日。1967 年，弗里曼的一名病人在接受他的手术时死于脑出血，从此之后他被禁止进行相关手术。如今，包括莫尼斯的祖国葡萄牙在内，很多国家都禁止或是严格控制脑白质切除术的实施。

其实，纵观人类医学史的长河，遍布着无数类似的黑历史。毕竟在其他行业试错的代价，从未像医学领域这样高昂。那么问题来了，我们究竟需要冒险开发新思路的"野蛮"医生，还是保守沿袭旧方案的"稳妥"医生呢？

剧毒之岛：苏联制造的真实版生化危机

> 在游戏《生化危机3》的结局，政府为了遏制浣熊镇的那场可怕事故，最终选择的方案是用一枚核弹彻底毁灭了这个城市。然而在现实里，这种办法可能并不一定真的像游戏中那么简单有效，一了百了。
>
> 所以这篇文章要说的，就是发生在苏联的一次真实版生化危机，它包含两个部分，第一个部分可能很多人有所耳闻；至于第二个部分，知道的恐怕就少一些了。

01

1979年4月的一天，苏联工业重镇斯维尔德洛夫斯克市（Sverdlovsk，现名叶卡捷琳娜堡）的24号医院里，有人忽然送来了3位症状相似的病人，他们都表现为发高烧、头痛胸闷、喘不过气。

接手这几位病人的，是24号医院呼吸科主治大夫玛格丽特·伊莉延科（Margarita Ilyenko）。她一开始以为是肺炎症状，但很快发现病人的病情恶化比他想象得要迅速得多。刚刚第二天凌晨，3位病人中就有两名已经死亡了，剩下的一名也奄奄一息：他的口鼻不断溢出渗血的黏液，因为呼吸极度困难已经陷入了昏迷。

就在第二天，城市中另一家20号医院里，也出现了同样的事情。

"我们这儿有几个病人很不对劲，高烧不退，一直剧烈咳嗽，还不断呕吐……"20号医院的呼吸科主治大夫雅科夫·克利普尼策尔（Yakov Klipnitzer）通过电话向伊莉延科焦虑地讨论病情。

"我们这里也是，一天之内大厅里就挤满了病人，病床上到处都是打着寒战的人，很多病人的皮肤上都长出了黑色的水泡，看起来很恐怖。"伊莉延科回应道。

"这是怎么回事？难道是某种传染病吗？"

医生们的猜测并没有错，这些病人们的确感染了什么，只是他们从来没有接触过类似的病例，也不知道该如何医治。短短一天之内，死亡人数就急剧上升到数十名，很快24号医院的停尸房里已经堆满了尸体，死神在这座中型城市里肆虐着。所有市民都开始惶恐起来，但却不知道这瘟疫是从何而起。

通过整理病人的档案，伊莉延科发现了病人们的某种共性：他们似乎都来自于城市32区，也就是奇卡洛夫斯基区的一家陶瓷厂。难道这家陶瓷厂内存在某种感染源吗？

此刻的陶瓷厂，已经被暂时封闭。身穿严密防护服的疾控中心主任维克托·罗曼诺科（Viktor Romanenko）正在安排消毒人员不停地用氯气喷洒消毒。在陶瓷厂正常工作时，可以透过厂房巨大的窗户，看见工厂内部挤满了上百名忙忙碌碌的工人。

很快，政府对外公布了结论，这是因为陶瓷厂工人们集体食用了某私人屠宰场贩卖的被污染的肉类，才导致了瘟疫死亡事件。

图 13.1 关于瘟疫传播事件的记录

"他们纯粹在胡扯，"在这家厂子上班的尼古拉·布米斯特罗夫（Nikolai Burmistrov）根本不相信这种解释，"我们很多人也吃了他们家的肉，为啥我们都没事？"

工人们的质疑是完全有道理的，特别是结合当时苏联的国际环境，再考虑到斯维尔德洛夫斯克市的城市定位，就不难猜测到，政府一定在隐瞒着某种可怕的真相。

02

自从"二战"开始后，斯维尔德洛夫斯克市就一直是苏联军事工业综合体的主要生产中心。在这里，每年都有大量坦克，核武器和其他军备被制造出来。

而陶瓷厂所在的32区，就有着一座军事基地，并驻扎着两个坦克师。紧挨着32区的19区（Compound 19）看起来更加神秘，这里矗立着一座戒备森严的军事设施，然而仅仅从外形上看，似乎只是个寻常化工厂的样子。

在那个年代，根本没有几个人知道这座"化工厂"究竟在制造什么东西——一种令人毛骨悚然的生命体。

1945年，当苏联军队占领了伪满洲地区时，他们找到了日本那臭名昭著的731部队所建立的生化实验室。在实验室的遗留品中，苏联人发现了一种可以作为生物武器的材料——炭疽。当年，惨无人道的日本人抓了大量中国人在此进行炭疽活体实验，并留下了多份报告。

于是，苏联人不动声色地将炭疽样本和研究报告全部移走，偷偷带回自家研究。是的，他们特意在斯维尔德洛夫斯克市建造了一座秘密实验基地专门研究各种生化武器，也就是19区的这一座。

那么，炭疽是怎样从这座生化基地，传播到了陶瓷厂的呢？从感染者的分布区域图上，我们可以觅到一些蛛丝马迹。

病人们的分布，明显呈现出一种从某个点开始，向着东南方向不断扩散延伸的狭长扇形。是的，这个点，恰恰就是19区生化实验基地！

引用后来负责调查此事件的哈佛生物学教授马修·梅塞尔逊（Matthew Meselson）的说法就是："工人们吃肉并不会造成50千米内直线型区域感染的分布形状，只有风可以做到这一点"。他的妻子珍妮·吉列（Jeanne Guillemin）同样参与了此事件调查，并在1999年发布了一本专门介绍此事件的书——《炭疽：致命疫情的调查》（*Anthrax: The Investigation of a Deadly Outbreak*）。书中提到不仅仅是工人和市民，当地还有很多牲畜也同样感染了炭疽。

图 13.2　感染者在城市中的分布

图 13.3　制造炭疽武器的加工车间

再结合当天的天气情况，当时风向正是朝着陶瓷厂刮过去，那么传播原因也就不言自明了。如此一来剩下的谜团只有一个：为什么炭疽会从19区的生化实验室里泄漏出来？

直到许多年后，这个隐藏许久的真相才被揭开：在自然条件下，炭疽是通过致病源的炭疽杆菌芽孢（属于细菌的一种内生孢子）进行传播的，当炭疽杆菌芽孢经由皮肤、消化系统或呼吸系统进入人体内时，就会引发致命的炭疽病。

炭疽芽孢具有极其恐怖的传播性，在生化实验室中研发的炭疽武器，为了充分利用空气传播性，会将其制作成一种类似于气溶胶的细密粉末。这种粉末的制造其实和酿酒异曲同工：将它们放在巨大的发酵桶中培养，配合以适当的条件，很快繁殖力惊人的炭疽就会充满整个发酵桶。随后，炭疽必须进行分离和干燥处理，并最终被制造成粉末状。

在19区生化实验基地制造炭疽武器的过程中，将这种恐怖的生命体和外界阻隔的关键，就是干燥机排气管上的那一道过滤器。

1979年3月30日，星期五那天，基地的一名工作人员发现通风管道有堵塞的情况。于是他将干燥机关闭后，去除了填塞其中的过滤器，并进行清洗维护。他按照规定留下了书面的通知记录，然而他那马虎的上级主管尼古拉中校，却忘了将这个重要的细节添加到生产日志中去。

于是，轮岗之后的下一班主管在日记中没有发现任何异常，他下令重启机器，继续工作。虽然几个小时之后，就有工作人员发现过滤器被遗忘在了外面，并立刻进行了重新安装，但是，大祸已然酿成了。

最终，陶瓷厂工人成为最先染病的对象，当天工作的工人大多数都患病了，一个星期之内，许多病人就陆续死亡，根据苏联原生化部门副主任肯·阿里贝克（Ken Alibek）的说法，至少有105人在此次生化泄漏事件中丧生，而确切的数字则是未知的，毕竟所有医院记录和其他证据，都被克格勃销毁了。

值得一提的是，苏联解体前夕，肯·阿里贝克叛逃到了美国，并在那里成为生化领域的顾问，参与了美国政府制定的生化防卫战略中。1999年，阿里贝克写了一本书，专门记录了当年的这起泄漏事件，书的名字就叫做——《生化危机》（Biohazard）。

在这本如同惊险小说的纪实作品中，他留下了这样的记录：

"在第19号营地，一座忙碌的生化武器制造厂里，工人们必须轮岗工作，为苏联军队生产一种干燥的粉末状炭疽武器。这的确是项充满压力和危险的工作，发酵的炭疽菌必须从液体基中分离出来，研磨成粉末，以便在弹头爆炸时形成气溶胶。"

惨剧发生后，虽然政府尽最大努力进行了城市清洁，大量的消毒剂被喷洒在道路、建筑和树木上，但依然有很多市民都感染了炭疽病菌，产生了许多例炭疽皮肤病。因此，人们也将斯维尔德洛夫斯克炭疽泄漏事件称为"生化版切尔诺贝利事件"。

03

我们曾经介绍过埃博拉病毒和朊毒体这样的恐怖玩意儿，但是炭疽比起它们来，恐怖程度完全不逊色。正是因为炭疽杆菌的一些特性，它们比前两者更加适合制造成生物武器。

上文里也说了，炭疽病（anthrax）是以炭疽杆菌的芽孢作为传播媒介，它的得名来源于古希腊语中的"炭（anthrakos）"，这是因为当它接触皮肤后，会留下黑炭一般的焦黑色水泡，周围还会产生肿胀。除了皮肤传染之外，炭疽病还可以通过呼吸道和消化系统传入，可以说是无孔不入了。

在所有传播渠道中，呼吸道传播是最可怕的：一旦炭疽芽孢通过呼吸道进入身体，它会首先潜入淋巴结，并在那里开始大量孵化繁殖……惊人数量的孢子最终会入侵血管，并引发大面积的组织损伤和内出血。如果没有及时治疗，呼吸道感染的炭疽病致死率高达85%（噢，即便得到治疗致死率也达到45%）。

作为一种古老的、人畜共患的疾病，炭疽病早在古巴比伦时期就被发现了，在西方的《圣经》和我国的《黄帝内经》中均有所记载，是一种恐怖的瘟疫。1607年，中欧就有6万人死于炭疽病，俄国更是炭疽肆虐，仅1875年就有10万只牲畜死于炭疽病，因此炭疽病又被称为"西伯利亚病"。

炭疽杆菌的芽孢拥有相当强大的生存能力，很多普通的灭活方式都对它无效，无论用消毒剂浸泡，还是加温180摄氏度两分钟以内，都无法有效杀死炭疽孢子。甚至埋藏于地底的炭疽芽孢，依然可以存活数百年之久。比如中世纪苏格兰医院废墟上的考古挖掘中，就发现了炭疽芽孢，以及几百年前用来杀死它们的石灰残骸，谁都没有想到，重见天日的这些古老孢子竟然复活了。

除了传染渠道多样，生存能力强大之外，传播能力超强也是炭疽可以成为生化武器的重要原因。每1克的炭疽杆菌粉末中，含有超过1万亿个炭疽芽孢，如果在一座拥有50万人口的城市的上风处，沿着一条长2千米长的线路喷洒 112 磅炭疽芽孢,最终可致使 12.5 万人染病,9.5 万人死亡。当然了,牲畜和野生动物也无法幸免。炭疽所向,一片死寂。

第一次世界大战时,德国人就在 1917 年使用炭疽芽孢感染协约国军队的战马和军人。"二战"时就更不用说了,除了残忍到不择手段的日本人,美国、英国也都研发过自家的炭疽武器。

1942 年,英国人选择了苏格兰高地附近一座名叫格林纳德(Gruinard)的无人荒岛,在岛上用围栏围住了上百只绵羊,并通过飞机投弹和爆炸的方式,在岛上进行大规模炭疽武器实验。仅仅 3 天之后,绵羊就开始大规模死亡,岛上到处留下它们浑身流血的尸体。

虽然科研人员立刻对尸体进行的焚烧和掩埋处理,但在 30 多年之后的 1979 年,对岛上土壤的采样显示,每克土壤中依然存活着 3000~45000 个炭疽芽孢。最后,英国人只能用近 300 吨甲醛杀毒液洒满了岛上每一寸土地,才算解除了生化危机。只不过,这座岛至今仍然是荒芜的无人岛。

"二战"之后,大家几乎已经忘记了炭疽的恐怖,直到 2001 年 9 月,人们才重新想起这种曾经人人闻之而色变的存在。

9 月 18 号那一天,美国广播公司新闻、哥伦比亚广播公司新闻、全国广播公司新闻和纽约邮报等美国新闻媒体办公室都收到了一封可疑的来信。3 周之后,两名民主党参议院也收到了类似的信件。当他们打开信封后,发现信纸上还有一些非常细密的浅褐色粉末。

他们并不知道,这些不起眼的灰尘一般的存在,居然是死神附体——武器级的炭疽芽孢粉

图 13.4　格林纳德岛上的炭疽武器实验

图 13.5　夹在信纸中的炭疽粉末

末。很快，22人出现炭疽感染症状，其中11人更是将炭疽芽孢直接吸入。最终，5人死于这次恐怖的炭疽袭击。

那么，这些信件中的致命炭疽又是从何而来的呢？

04

其实，美国人和苏联人很早就意识到了炭疽武器的可怕，因此1969年时，时任美国总统的尼克松就下令终止炭疽武器的研发。3年之后，苏联人也同意结束研发，双方共同签署了著名的《禁止生物武器公约》（*Biological Weapons Convention*），两边都信誓旦旦地宣称会停止生化武器的开发。

然而事实证明，所谓条约不过是一些幌子。美国人以研究生化武器防御为借口，光明正大地建立了政府生物防御实验室，继续研究炭疽武器。

没想到的是，2001年那次生化袭击中，他们就尝到了恶果：那几封信件中的炭疽杆菌全部属于同一菌株——安姆斯菌株。而这个菌株，最早就是在马里兰州美国陆军传染病医学研究所（这家机构还研究过雷斯顿埃博拉病毒）的政府生物防御实验室中开发的。

在美国联邦调查局调查过程中，隶属于这家生物防御实验室的员工布鲁斯·爱德华兹·艾文斯（Bruce Edwards Ivins）扛不住了，选择服毒自杀，他也是这起案件中唯一确定的嫌疑犯。

图 13.6　布鲁斯·爱德华兹·艾文斯

而苏联人呢，他们虽然明里不敢继续研究，但仍然悄摸摸地在搞，斯维尔德洛夫斯克的炭疽泄漏事件就是他们受到的教训。只不过他们当时死皮赖脸不认账，硬说是食用污染的肉所致，直到1991年叶利钦上台后才勉强承认。

可惜的是，苏联人当年并没有立刻吸取教训。

1971 年时，一群苏联渔业科学家搭乘一艘名为雷夫·博格号（Lev Berg）的科考船，来到中亚咸海中一座名叫沃兹罗日杰尼耶（Vozrozhdeniya）的无人岛附近时考察当地水质时，因为小岛复杂的地形而迷了路。

博格号驶入了小岛深处，并在这里忽然遭遇了一团诡异的褐色烟雾。当船只从烟雾中离开时，一名年轻的女科学家开始剧烈地咳嗽。几天后，她开始出现发高烧 38.9℃，头痛，肌肉酸痛的症状，并在就医后检查出她感染了天花，并立刻服用了抗生素和阿司匹林。虽然这位女科学家早前就接种过天花疫苗，但她的背部、面部和头皮上仍然长出了大片的皮疹。

因为治疗及时，这位女科学家幸运地逃过一死，但另外 9 名感染者就没那么好运气了，其中有 3 人死亡，包括她的弟弟。

一年之后，又有人发现小岛附近漂浮着两具当地渔民的尸体。在此之后，这座岛周围又出现了大量死亡的鱼类。根据附近渔民的说法，后来还有两个探险的户外爱好者上了岛之后，就再也没能回来。

显然，岛上存在着什么致命的东西，让一切敢于接近它的生物，全都死于非命。

05

从外表上看，这座位于哈萨克斯坦和乌兹别克斯坦边境的小岛，并没有任何特别之处。但是，通过中情局的机密航拍照片，可以看到这座岛上不但有码头，有渔民工作的木棚，还有一些类似于靶场和兵营的建筑。

更诡异的是，岛上还有数量可观的动物围栏，和一些看似科研机构的建筑。这

图 13.7　沃兹罗日杰尼耶岛的航拍图片

不能不令人联想到，英国的那座死亡之岛——格林纳德。

事实上，这座与世隔绝且长期以来几乎无人知晓的小岛，很早就被苏联人看中了。1948 年时，他们在这座岛上，建立了一个绝密的生物武器实验室。

这做实验室隶属于一个被称为 Aralsk-7 的高度机密项目，整个项目的最终任务只有一个：规模化生产生物武器。

因此，女科学家应该值得庆幸，1971 年她只是遭遇了天花感染，更恐怖的东西，要到几年后才会降临岛上。

1979 年的斯维尔德洛夫斯克炭疽泄漏事件爆发后，苏联人并没有舍得销毁那些他们苦心研究的宝贝。而是将大量的炭疽芽孢混合在抑制其生长的漂白剂中，并成批地转移到了沃兹罗日杰尼耶岛上。

据估计，最终转移到岛上的炭疽芽孢，竟然有 100~200 吨之多。

可以想象一下，如果这些剧毒之物大量扩散出来，显然威胁性绝对远远超越切尔诺贝利事件。当年，这些炭疽芽孢被放置在岛上一个叫做坎特贝克（Kantubek）的小镇附近。说是小镇，其实就是当年的实验基地和住宅区。

在这座连地图上都找不到的苏联机密基地里，不仅存放有炭疽杆菌和天花病毒，还有伯纳特氏立克次体、土拉弗朗西斯杆菌、猪布鲁氏杆菌、普氏立克次体、鼠疫耶尔森氏杆菌、肉毒杆菌毒素和委内瑞拉马脑炎病毒等多种生物武器。不可思议的是，这里曾经还是一个集幼儿园、中小学、游乐场于一体的小社会。

更恐怖的是，1991 年苏联解体后，这里的科研人员便开始大批撤离，他们留下了大量未经妥善处理的生化武器，并在此后的多年里数次泄漏，最终让这座小岛变成了不折不扣的剧毒之岛。

2001 年时，一批穿着严密的防护服的美国科学家，来到沃兹罗日杰尼耶岛上进行生化危害考察。此时的岛上已经是一片荒芜，曾经的实验室已然只剩下断壁残垣，曾经用来饲养豚鼠、仓鼠和兔子的数百个笼子散落得到处都是。从实验室遗迹里的那些熔化的试管和培养皿就能看出，苏联人离开时显然放了一把大火，想把一切都焚毁。

生化实验基地两千米开外的露天试验场，是用来测试生化炸弹的有效范围和扩散速度的。旷野里时不时有老鼠和昆虫出没，小队成员全都小心翼翼地躲开它们。理论上而言，生命力强悍的它们，如今也是病毒和细菌

图 13.8　瘟疫之岛上的断瓦残垣

的绝佳载体。

如今虽然除了小队成员岛上空无一人，但谁都不敢掉以轻心，毕竟这里四下潜伏着比人类更加可怕的生命体。

通过一番调查，这帮冒险家吃惊地发现，因为岛上的植被稀疏，加上沙漠气候的炎热天气（夏季温度可达60℃），大部分病毒和微生物都被杀死了。但是，依然还有一个唯一的例外，你们都想象得到的：炭疽。

由于某些区域有炭疽的存在，仅仅15分钟后，队员的防毒面罩过滤器就开始报警：呼吸器的滤芯已经饱和，不能再使用了。

考察队员决定当天就离开沃兹罗日杰尼耶岛，在临行前，一名队员在笔记本上写下了这样的笔记：岛上的污染状况比想象中好很多，如果能够进行一次彻底的消毒喷洒，也许可以消除危险。希望这座"重生之岛（岛名的意思就是rebirth）"上，炭疽永不重生。

是的，当人类费尽心思制造这些毁灭性的武器时，或许最先被毁灭的，就是我们自己。

凡高、尼采、林肯、同治帝全都被它折磨得痛不欲生

在人类传染病的历史上，有着诸如埃博拉、朊毒体这样恐怖的杀手。然而，有另一种可怕的玩意儿，虽然致死性不如它们，但其所导致染病的名人数量，可能是各种传染病中最多的。在它肆虐横行的年代，影响力完全不比那两位差。

01

故事要从 1493 年开始说起。

当发现了新大陆的哥伦布，带着满满一舰队的丰富收获：黄金、白银、巧克力、红辣椒、花生、马铃薯、西红柿、玉米、甜椒，等等，志得意满地回到葡萄牙里斯本时，他万万没有想到，有一种可怕又狡诈的恶魔，也依附于他的舰队和船员，一起到达了欧洲大陆。

并且，当时任何欧洲人对恶魔的到来都毫不知情。而且谁都没有料到，恶魔的初次现身，居然是在战场上。

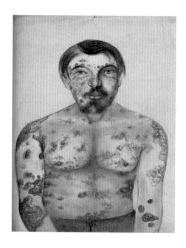

图 14.1　被感染者的惨状

那是两年之后的 1495 年，查理八世正带着他庞大的法国军队远征那不勒斯，国王阿方索二世跟他儿子费迪南多二世只能接连败退，法国人很快就打下了那不勒斯王国。解禁的军人们开始在城中各种烧杀掠夺，将这座丰饶之城弄得乌烟瘴气。

然而很快，查理八世就发现士兵身上出现了一种怪病：四肢和躯干上长出模样丑陋的脓包，还散发出令人作呕的臭气，很快脓包又开始溃烂。更可怕的是，这种疫病在很多人身上都出现了，整个军营到处都叫苦不迭，一片哀鸿遍野。

查理八世认定这是那不勒斯人传播而来的一种瘟疫，因此，称其为"那不勒斯病"。然而，这个锅那不勒斯人必然不肯背，因为人家原本健健康康，此役过后也有很多人染上了这种怪病。

反过来，那不勒斯人则认定这一定是法国人搞的鬼，因此，他们将这种病称为"法国病"。

这种怪病迅速蔓延，任何人都不知道它因何而起，也不知道究竟该怎么治疗。法国军队很快军心涣散，查理八世只能狼狈逃出了那不勒斯。而他统领的那支雇佣军多国部队，也解散得大半，这些人各回各家各找各妈，回到了英国、德国、荷兰、瑞士等地。

不幸的是，这可怕的病疫也跟着他们的身影，传到了这些国家。

1495年秋天，怪病从法国传入了瑞士和德国，两年之内就跨越了英吉利海峡来到了英国和苏格兰，数年内，匈牙利、希腊、波兰、俄国整个欧洲到处都爆发了这种疾病。广大欧洲群众开始恐慌了，他们想起了一百多年前被那场横扫欧陆的黑死病所支配的恐怖。

02

然而，和黑死病不太一样的是，这种新的病症并没有那么容易传染，但是症状却似乎更加可怕。患者生出的脓疱经常从脑袋一直蔓延到膝盖，大范围的溃烂甚至导致腐肉块从人身上直接脱落下来，一旦病发，几个月内患者就必死无疑。

在当时的艺术作品上，也清晰地展现出了这种怪病的可怕。

意大利医师兼诗人吉罗拉莫·弗拉卡斯托罗（Girolamo Fracastoro）在一首田园诗中，第一次揭露了这种病症：诗歌中的男主角，牧羊人 Syphilus 不幸染上了这种病症，并传染给了他的同伴们。后来他们才知道，是因为得罪了太阳神阿波罗才导致大神降怒于他们。在诗中，吉罗拉莫给这种病命名为 De Contagionibus。

图 14.2　丢勒创作的木版画

图 14.3　另一幅描绘病人痛苦的画作

1498 年，文艺复兴时代的木版画祖师爷阿尔布雷希特·丢勒（Albrecht Dürer）所创作的一幅木版画中（图 14.2），一位北欧雇佣军的手臂和大腿上，都清晰可见遍布的脓包。

同时期的一幅线描画作（图 14.3）上，一位奄奄一息的病人赤裸地躺在床上，身上的脓包和溃烂清晰可见。他身边的另一位病人也遭受着同样的病痛。从他们的表情里，你可以毋庸置疑地读到一种痛苦和无助。

随着怪病的蔓延，欧洲各国都视其为恶魔，并且都认为是从别的国家传染而来的，于是在命名方式上，他们不惮以最坏的恶意对邻国进行地图炮攻击：

在意大利，波兰和德国，人们都管它叫"法国病"，因为是在法国参加雇佣军的人带回来的。俄国说这是"波兰病"，因为它是从波兰传过来的。波兰人称之为"德国病"，因为是从德国传入波兰的。而在丹麦，葡萄牙和非洲北部的一些地区，人们统称其为"西班牙病"。

从命名方式上，我们不但能看到欧洲人喜闻乐见的相互攻讦，更能看出这种疾病的传播方向。

比如，飞翔的荷兰人统统将这种怪病称为"西班牙病"，就是因为刚刚赢得了独立战争的荷兰人，大都是新教徒，他们认为在哈布斯堡家族统治下的西班牙天主教徒，都是不道德、不洁的，是上帝惩罚他们才让他们染上这种怪病。同理可知，信奉真主的土耳其人，把这种病称为"基督教病"。

03

更可怕的事很快就发生了，这种不甘于被束缚于欧洲的疫病搭上了另一位大航海王达·伽马的船传播到了印度，很快亚洲大陆上也开始流传开来。

南亚次大陆的印度哥们好的不学，也学会了搞地图炮这一套，北部的穆斯林就说这是"印度教病"，印度教徒反唇相讥说是穆斯林传染过来的。最终有些人同意同仇敌忾，追根溯源之后统称其为"西欧病"。

原本是中性的一个病名，竟然成了不同群体互喷的贬义词，仿佛除了当代"蛇精病"之外也没谁了。之所以这种怪病也有同样的效果，大抵是因为人们发现它的传播，总是跟妓女以及与她们成日鬼混的水手脱不开关系。

1520 年时，怪病绕了地球半圈，终于达到了传播的最后一站，亚欧大陆的尽头：中国和日本。（你要问为什么没有继续向东传过太平洋，我只能说你记性实在太不好了。）

在远东，日本人厚颜无耻地称之为"中国溃疡"，而我大天朝人民发扬了内斗的本能，将其命名为"广东疮"，只因为它是由印度传入广东岭南一带的。李时珍的《本草纲目》，就详细记载了此病的流行状况。

明代陈司成所著的《霉疮秘录》（相当于一本那个年代的性病防治大全）中，也详细介绍了这种新出现的怪病：

"独见霉疮一症，往往外治无法，细观经书，古未言及，究其根源，始于舞会之末，起于岭南之地，致使蔓延通国，流祸甚广，一感其毒，酷烈匪常……""入髓沦肌，流经走络，或攻脏腑，或寻孔窍……，始生下疳继而骨痛，眉发脱落，甚则目盲，耳闭，甚则传染妻孥，丧身绝良，移患于子女。"

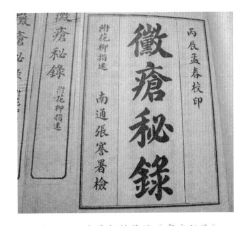

图 14.4　陈司成所著的《霉疮秘录》

就问你们，看完上面这段文字怕不怕？

后来，不知是谁良心发现，觉得老是这样黑广东人不好，鉴于此病患者病发后脓包溃烂后的皮肤伤口很像杨梅，就将其称为——梅毒。

是的，这种曾经席卷世界的恐怖怪病，就是曾经的街头电线杆牛皮癣上、如今的 × × 男科医院专治广告上喜闻乐见的梅毒。

04

梅毒，是一种细菌型的性感染疾病（记得不是病毒哦）。它的病原体，是螺旋菌菌种梅毒螺旋体的一种亚种（学名 *Treponema pallidum*）。英文的梅毒叫做 Syphilis，就是那首诗里牧羊人的名字变体。

梅毒的可怕之处，在于它的病发分为多个阶段（一般是 3~4 个），每个阶段的症状都不一样。而且，更可怕的是，在梅毒的早期，经常会伪装成其他病症的症状形态，因此威廉·奥斯勒爵士就称之为"可怕的伪装者"，还有很多当时的医生直言不讳地说梅毒是"病症中的骗子"。

比如，痔疮，就是梅毒伪装形态的其中一种。想象一下如下场景：某个月黑风高的夜里，某个小哥出去嗨皮了一圈，回家发现菊花长东西出来，到医院一看，哎呦喂不就是痔疮嘛，割割割，手起刀落小哥哀号着回家了。结果半个月之后，又长出来了。到了第二期的时候，嗯，其他症状出现了，小哥才发现——天哪竟然是梅毒！！

梅毒更常见的伪装形态，是手足癣和湿疹，以及一些久治不愈的皮肤病。著名哲学家伊拉斯谟斯也认为，梅毒可能是所有疾病中最危险的。

首先，第一期的患者会在身上长满丑陋的瘤子、疙瘩甚至是角状的奇怪凸起，并且伴随高热、脱发、头痛等怪异病状。之后，神奇的事情来了，症状会逐渐自行消失，让人误以为已经病愈。然而根本不是这回事，这狡诈的恶魔只是潜伏在人体内，预谋着下一次爆发。

再次爆发一般在3~15年之后。这时候，梅毒会变成让人丧命的杀手，它会让人在极度痛苦中神经崩溃死去：先是全身各处长出橡胶质地的慢性梅毒瘤，令患者变成面目狰狞可怖的怪物。我曾经参观过的巴黎的人类学博物馆里，就有一个患者的头部雕塑，看了让人后背发毛。

接下来大幅的溃烂、眼睛失明、鼻子甚至直接脱落下来。在西亚有人发掘出17世纪的一枚人造金属鼻子，就是供患有梅毒的患者鼻子脱落之后佩戴用的。到了后期，梅毒还会引发令人痛苦至极的骨质消融，在患者死去后会发现他们的头盖骨上，往往留下了一个或数个巨大的黑洞。

图 14.5　梅毒患者的头部雕塑

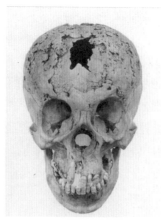

图 14.6　梅毒患者的头盖骨上，骨质消融清晰可见

与身体上的痛苦相比，梅毒还会引发患者的精神错乱、失常乃至疯癫。这可能就是许多文豪、艺术家、哲学家患病之后，走向疯狂的原因吧……钱锺书就曾经在《围城》中写道："梅毒在遗传上产生白痴、疯狂和残疾，但据说也能刺激天才。"

根据1894年《美国医学协会期刊》上公布的哥伦布的患病状况来看，他在后来的航行中出现发烧、酸痛、关节肿胀以及神经系统过度紧绷等症状，再后来，他开始语无伦次，"几乎濒临发疯，表现出异乎寻常的行为，有时候精神相当错乱"。后来发疯的他杀性大起，连续吊死了好几个看不顺眼的西班牙船员。这些症状几乎可以认为他深受梅毒的影响。

同样的疯狂也表现在尼采身上，一生未婚的他据说曾经在热那亚的一家妓院感染上了梅毒，此后的人生就一直处于病痛和疯癫的状态，因此说出各种语不惊人死不休的神论。

法国文豪莫泊桑年纪轻轻时，也因为过分钟情于嫖娼而染上了梅毒。或许正是因为他对于妓女有着如此大的痴迷，才能写出《羊脂球》这样深刻的作品。然而，梅毒也折磨了他一生。在和福楼拜的通信中，莫泊桑认为自己因为梅毒而陷入了深深的抑郁之中，再也不能动笔了。

图 14.7　莫泊桑

到了梅毒发作的后期，莫泊桑甚至产生了苍蝇在啃食自己大脑的幻觉，他自杀了两次都未遂，最后只能在病魔的肆虐下孤独地死于梅毒并发症。

讽刺的是，那个曾经还在信件中安慰莫泊桑的福楼拜，不久后也梅毒发作了（毕竟这货也是个喜欢玩风弄月的主儿啊）。

当时正在驾驶马车的他，被一阵剧烈的神经痛震得滚在地上。后来他在文章中写道：啊！被灌肠又被放血，他们竟然用水蛭来治疗，还不能碰一滴酒，本作家已经是个死人了。

更不可思议的是，德高望重的美国总统林肯，居然也患有梅毒。不仅如此，他的老婆也有此病，只是不知道究竟是谁传染给了谁。在梅毒的影响之下，林肯毕生都有着严重的心理问题，深受抑郁症的困扰。

除了这些名人之外，还有一份长长的名单列表，据说他们都很有可能（其中一些已基本确认）患有梅毒。这份名单如下：

贝多芬、舒伯特、舒曼、波德莱尔、凡高、马奈、王尔德、凯伦·布里森、英王亨利八世、乔伊斯、伊凡雷帝、霍华德·休斯、同治皇帝……

06

虽然我们或许可以说，一半是天才，一半是疯子，但那些患梅毒病痛的人才会真正了解它的可怕，何况是在当时那个没有真正治疗方法的时代。

1496 年，维罗纳的佐治亚·维卡罗（Giorgio Sommariva）医生发明出了水银疗法试图攻克梅毒。在此之后的数百年里，水银成了对付梅毒的最佳方案。一般的方式，是用水银在患者的皮肤表面摩擦，甚至让他们服用水银制的药膏。

图 14.8　关于水银熏蒸法的木版画

再后来，一种水银熏蒸的方法也出现了，患者坐在一个封闭的箱子里，沐浴着水银的滚滚蒸气。

不用想也知道，这种以毒攻毒的方式，往往给梅毒患者带来更大的痛苦。他们纷纷出现牙齿松动、牙龈溃疡等典型的汞中毒现象。

到了 17 世纪时，一位英国医生兼草药学家尼古拉斯·库普勒（Nicholas Culpeper）推荐使用一些草药比如愈创树来治疗梅毒，其中包括一些来自于中国的中草药。画家约翰内斯·施特拉丹乌斯就曾绘制了一幅画作，名为《用愈创树治疗梅毒的准备工作》（Preparation and Use of Guayaco for Treating Syphilis）。作品当中，四名仆人在准备药汁，医生在一旁检视着，而一位看起来很尊贵的病人正在饮用药汁。

直到 1908 年，德国免疫学家保罗·埃利希（Paul Ehrlich）在实验室开发出了一种有机砷药物萨尔瓦桑（Salvarsan），治疗梅毒的效果比水银疗法好很多，他也因此获得了诺贝尔生理学或医学奖。

后来，又有人发现高烧可以有效击退梅毒，因此创造出了一种丧心病狂的治疗方法：让患者先感染上疟疾，再靠疟疾发病的长时间发热来治疗梅毒，最后再用奎宁来治好疟疾。大概比起水银疗法的痛苦，这种折腾已经变成可接受的了。

直到"二战"之后，青霉素的发明才彻底终结了梅毒难以治愈的历史。然而哪怕在如今，任何一个人依然不会愿意患上这玩意儿。

毕竟，性滥交有风险，梅毒不长眼……

第四章

人类学 + 社会学

人类史的一次真实穿越，一场谜一样的死亡事件

许多人可能都幻想过带着现代科技穿越到古代，会是怎样的一种体验？或者是，当我们突然遭遇某种高等文明时会发生些什么？

在人类史上，真的发生过类似这样的"穿越"：一群来自高度发达文明的冒险者，遭遇了某种极端原始的文明，并上演了一出离奇而又充满转折的吊诡死亡事件。嗯，我说的不是皮萨罗欺负蒙特祖玛，也不是科尔特斯征服阿兹特克，这场遭遇，发生在太平洋的中心。

可惜，这场真实穿越没有按照正经穿越小说的剧本来书写。我们先从穿越前往的那个古老文明说起吧。

01

在南太平洋的中心，从东经180°，南纬30°到北纬30°之间的一片三角状海域中，星星点点散落着许多大小不一的岛屿，比如新西兰、夏威夷群岛、汤加群岛、复活节岛等。在这些七零八落的岛上，也散布着一种非常古老的海洋文明，他们被称为波利尼西亚人（Polynesia）。

波利尼西亚一词来源于希腊语，就是许许多多岛屿的意思。从地图中可以看出，这一带的岛屿的确又多又破碎。只要看过电影《海洋奇缘》，就会对他们的海洋式生活有着深刻的印象。

波利尼西亚人的外貌特点是棕色的皮肤，个个浓眉大眼，体型非常高大强壮，另外大部分人的身上都有着文身。如今的波利尼西亚人后代，很多都是职业搏击或是拳击运动的顶尖高手，比如著名的前摔跤手，现好莱坞明星巨石强森（虽然他是带有混血）。比如曾经被称为小泰森的大卫·图阿（David Tua），只有175厘米身高的他却能在重量级拳坛杀出一片天地，对上刘易斯都完全不惧。此外，还有日本首个外籍横纲，原名查德·罗恩（Chad Rowan）的曙太郎，出身于夏威夷群岛的他，也是波利尼西亚人的后裔。

如果仔细分辨的话，你可以从波利尼西亚人的外形中辨识出亚洲人的特征。事实上也的确如此，按照目前人类学主流的解释，波利尼西亚人的祖先，其实最早来自于中国的台湾。语言学家对南岛语系研究后，发现波利尼西亚语言可以追溯到东南亚甚至是闽南语。特别是在分子人类学开始发展后，通过进行 DNA 测序，人类学家们追踪到了波利尼西亚人身体中的秘密，以及他们在茫茫大洋中的迁徙史。

　　大约在公元前 3000 年前，波利尼西亚人的祖先从中国台湾出发，一路途经了菲律宾、印度尼西亚和巴布亚新几内亚东部，在大约公元前 1400 年时来到了美拉尼西亚岛屿。他们和这里的原始居民，也就是 1 万年前从非洲前往这里的矮黑人的后代发生了混居和融合之后，又继续向更东边的大洋进发。

　　公元前 900 年左右，他们终于来到了如今波利尼西亚大三角地区的西边，也就是斐济、汤加以及萨摩亚群岛等地。

　　进入波利尼西亚大三角地区之后，这里的岛屿分布相比于之前那些地区，要分散得多了。毕竟已经在浩瀚的太平洋中心，不再有东南亚地区或是美拉尼西亚群岛那样相对连贯的岛链。

　　但这并没有阻挡住波利尼西亚人向往大海的激情，他们继续发展航海技术，终于在公元 700 年左右到达了社会群岛一带，在这里他们又分出东南北 3 个分支，分别在公元 800—1200 年间，来到了复活节岛、夏威夷群岛，以及新西兰。

　　整整 4000 年的漫长岁月里，波利尼西亚人如同征服星辰大海一般，将

图 15.1　波利尼西亚人的双体独木舟

自己的足迹遍布了太平洋中的几乎每个岛屿。根据某些作物比如甜薯和香蕉的存在，甚至很有可能证明他们曾经抵达过南美大陆。

值得一提的是，波利尼西亚人从来都没有发展出龙骨船的技术，他们所拥有的造船，只有人类史最原始的船只——独木舟。

作为一个划独木舟的入门级选手，我也深知这玩意儿稍微遇到点大风浪，就有翻船的可能，更不用说太平洋中心那可怕的惊涛骇浪了。那么波利尼西亚人究竟是怎样靠着这样原始的船只，在波涛汹涌的太平洋中横行无忌的？

答案是，人家把独木舟科技的加点发展到了极致，他们在独木舟的船身外，用几根浮木作为固定，打造出了一种舷外支架系统。这样做的最大好处是，在无法增加船舶尺寸的情况下，最大可能地提高船舶稳定性和抗风浪能力。不仅如此，他们还通过将两条独木舟并联，开发出了双体独木舟，而这正是现代造船业双体船、三体船的灵感来源。

然而，波利尼西亚人只是将航海科技加点到了顶级（毕竟是《文明5》里最早就能进入海洋的民族），在其他方面，他们就落后得一塌糊涂了。

02

作为一种原始的海洋文明，波利尼西亚人很少能享受到大陆上那些丰富的资源，他们的物质是相当匮乏的。其中一个很显著的体现就是，由于缺乏金属矿，他们从来没有开发出青铜器或是铁器，一直都只能使用石器。

波利尼西亚人的石器，是一种叫做"石锛"的东西，这是一种长方形、单面刃的石制工具。如果你穿越到了手无寸铁的环境，或许也可以尝试用以下方法制作这玩意儿：

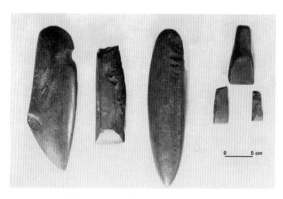

图 15.2　波利尼西亚人的石锛

先用石锤在岩石上反复敲打，以此将长石片从岩石上分离下来，再用某种酸性的植物液体浸泡长石片使其软化，接下来将软化的石片琢制成石锛的雏形，最后再将其打磨成型。做好的石锛，还要再用藤条绑在木头上，以完成最终形态。

石锛的正确使用方法，是连砸带砍，正是利用这种原始的工具，岛民们把树木砍倒，又继而制作成独木舟和双体独木舟。当然了，你要用这玩意儿当武器使也蛮顺手的。

石锛制作的另一种东西，也是波利尼西亚人最著名的杰作，便是一种被称为摩艾（Moai）的巨型石像。摩艾巨像以复活节岛上的那些最为有名，因此过去一直被称为复活节岛石像。摩艾巨像的平均高度为4米，平均宽度为1.6米，重量通常在13吨左右。但复活节岛上的摩艾石像特别高大，有很多超过10米高，重量更是达到30~90吨。

自从被发现以来，考古学家一直在研究这种神秘石像的制作方式和用途。想必你们和我一样，在儿童时代也阅读过各种类似《人类未解之谜》的篇章，将摩艾巨像和外星人或者史前文明关联起来。

事实上，摩艾巨像是一种古代波利尼西亚宗教的具象化体现，它们被视为一种灵魂或者精神的储存物，并且象征着神权和政治权力。每一个岛上的酋长都会在生前为自己建立一座摩艾石像，这是他们神圣血统的体现：每个波利尼西亚酋长都被视为是神灵的后代。而且，摩艾石像的体积越大，就象

图 15.3　复活节岛上的摩艾巨像

征着酋长的法力越大，地位越高。

　　虽然尺寸巨大，但是摩艾巨像的雕琢也没有想象中那么不可完成。因为它们大多是火成岩和凝灰岩，质地比较软，重量也比大理石花岗岩这些轻得多。而且，波利尼西亚人对于酋长的尊敬是超乎想象的，他们可以牺牲一辈子去做一件事情，只为了表达这种敬爱之情。

　　根据夏威夷岛当地人的描述，一位部落中低等级成员为了表达自己对酋长至高的尊敬，甚至可以做出一件令人瞠目结舌的事情：宁愿让自己成为酋长的食物，被他生吃掉。为啥酋长会有如此大的魅力，能让族人心甘情愿为他们肝脑涂地呢？

　　人类学家在研究这种不可思议的群体关系后，做出了以下的猜测：波利尼西亚人的部落，或许和古代日耳曼人相似，他们的酋长是战斗中的绝对领袖，为了实现部落的胜利，所有成员都自发地绝对服从酋长。

　　同样的，波利尼西亚人建立的王国也不像东亚或是欧洲国家那样结构复杂，他们的成分很简单，类似于非洲的祖鲁人或是南美的印加人，国王就是一切，所有人都必须为国王服务，无条件听从他的统治。

　　这一点在波利尼西亚人另一样著名的传统——哈卡战舞（Haka）中也体现得淋漓尽致。位于中间的酋长就好似领舞者，带领着所有部落成员发起武力威胁。另外，他们跳舞时会把舌头伸得很长，就是为了羞辱敌人，象征他们死掉被枭首之后，脑袋挂在长竿上的惨状。

　　关于波利尼西亚人最后一项特色，就是他们的文身了。一名部落成员文身的数量，取决于他在族群中的地位，只有立下赫赫功劳的人才可以遍体文身。而未成年人通常是没有文身的，这也说明他们还没到婚配年龄。

　　此外，波利尼西亚人特别反感女性艳红的香唇，他们非得把她们的嘴巴给染黑，再弄上黑色文身为止。嗯，整这么折腾一出，其实原因就是想要降低女性的诱惑程度，因为嘴巴是人脸上最性感的部位。

　　好了，现在我们已经把穿越的大环境了解了一遍，该到穿越者出场的时刻了。

03

　　说起这位穿越者，在大航海时代的后期他可以说是名满天下。他的全名叫做詹姆斯·库克（James Cook），大部分人都习惯称他为库克船长。贯穿这位天才航海家的一生，充满了无数的精彩和刺激，在讲述他那次最著名的穿越之前，我们先来聊聊他的生平。

1728 年出生于英国约克郡的库克，是个天生就为星辰大海而生的男人。16 岁时，正值青春年少的库克来到一个叫做斯特尔兹（Staithes）的渔村，并在那里找了一份杂货店店员的工作。一年半之后，他果断地做出了人生中第一个重要决定：辞去这份稳定却毫无波澜的工作，跟着当地的几个船长，去到大海上，成为一名见习水手。

3 年的见习水手生涯里，库克学习到了代数、几何、三角函数、航海和天文学等知识，并在 7 年战争爆发后，果断加入了英国皇家海军。1757 年时，青年才俊的库克在北美地区服役，并参与了著名的魁北克围城战，以及亚伯拉罕平原战役。

和之前文章的主角沃伦一样，库克也是个搞测绘的顶级高手，正是凭借着他所绘制的圣罗伦斯河河口地区的军事地图，英军主将詹姆斯·沃尔夫才轻松登陆了亚伯拉罕平原，实现了一场突袭战的胜利。

此后，库克还绘制了非常详尽而完整的纽芬兰海岸地图，我曾经在参观纽芬兰首府圣约翰斯的博物馆时，就见到了这张地图的原始版本。

这张地图精确到什么程度呢？它甚至成为此后 200 年来，船只出入该地的首要参考，直到几十年前才被更精确的卫星地图所取代。

在绘制完成这张地图后，库克丢下了这样的一句话：我的野心不止于比前人走得更远，而是要尽人所能走到最远。

和后面某篇文章我们即将要说的一位主角，探索北极航道的德朗船长一样，库克船长也对于航海探索有着无可比拟的欲望，他同样是一位天生的冒险家。只是，他早期探索的方向不在极北，而在南方。

为什么常年在地球北端活动的他，会突然去南边呢？原来，1768 年时，英国皇家学会的天文学家们给出了一个预告：太平洋中将会出现一个罕见的天文奇景：金星凌日。

所谓金星凌日，是指位于太阳和地球之间的金星掠过太阳，并遮蔽一小部分太阳对地辐射，形成类似太阳暗斑的天文现象。在那个时代，想要观测这种天文现象，需要最顶尖的天文、地理、海洋等科技支持，能够完成观测被视为是大国实力的绝佳象征（就跟如今的观测引力波是一个道理）。

全世界大部分发达国家都争相对这个罕见的现象进行观测考察，作为海洋大国头号牌子，英国自然也不会落后，他们决定派出考察船前往，而最适合带队的人选，就是刚刚晋升海军上尉的库克。

然而，观测金星凌日很可能只是一个幌子，因为库克在出发前，还接收到了海军部发出的一封密函，里面给出了另外一个绝对机密的任务。

04

1769 年 4 月 13 日，库克指挥着奋进号（HMS Endeavour，后来美国一艘著名的航天飞机也以此命名）抵达了太平洋的中心，一座名为塔希提（Tahiti，也就是大溪地）的岛屿。

是的，他终于进入到了波利尼西亚人的领地。

在不太完美地结束了金星凌日的观测之后，库克开始执行那个海军部发出的绝密任务：在茫茫南太平洋中寻找某个"广阔而未知的南方大陆"。

是的，在那个疯狂海外殖民的年代，谁能发现更多的新地盘，都将意味着大批资源的攫取，以及国力的迅速提升。自从美洲大陆被发现后，无数航海家都疯狂地寻找可能的新大陆，某个神秘的南方大陆便是库克此行的目标。

库克的第一次探索收获很大，他先是从社会群岛向西进发，并发现了新西兰。每到达一个新的地域，库克首先进行的都是同一件事：驾着船队进行绕岛环行，以获取大致的地理信息，以及岛屿的面积数据。在环绕新西兰之后，库克明白这里并不是他要找的未知大陆，他还证实了分隔新西兰南北两岛的，只是一片狭窄的海峡，而不是此前人们所以为的海湾。如今，这个海峡被命名为库克海峡（Cook Strait）。

紧接着，他离开新西兰继续向西行驶，并到达了澳大利亚的东南海岸。库克觉得这里和英国威尔士南部风貌相仿，便将此地命名为"新南威尔士（New South Wales）"。

第一次探索中还有一件事值得说一下。在航行过程中，库克发现许多船员都出现了某种症状：四肢无力、精神沮丧、牙龈浮肿甚至糜烂出血，最后全身出现紫色的斑块，器官衰竭而死。

类似的症状其实在大航海时代时有记录，但是直到当时，也并没有人搞清楚其中的症结所在。库克在进行调查之后，发现了一个现象：

图 15.4　库克船长亲自照料患病的船员

大部分患有这种病症的，都是下级船员。于是他从下级船员的食物入手，了解到他们的食谱中严重缺乏新鲜的蔬菜水果。

如今我们都知道，这种缺乏维生素 C 导致的病症叫做坏血病（scurvy）。

只是，当时库克还不知道如何治愈，但是他果断地下令，船只每到一个港口，就必须补充柠檬、橙子等富含维生素 C 的水果。此外，他还在后来的每次航行中都大批量地备上了一种食物：德国酸菜（sauerkraut）。

然而，很多船员吃不惯这酸不拉唧的玩意儿，库克只好亲自给自己每天的菜单里都加上了德国酸菜。那些船员见到船长嗜酸菜如命，想必是好东西，于是纷纷效仿，这样一来坏血病也再也没有发生在库克的 3 次探索中。

库克的第二次探索，依然是为了找寻传说中的南方大陆，他 3 次南下进入南极圈，最深入一次到达了南纬 71°10′ 的地点，也在那里的海面见识到了巨大的冰山和浮冰。限于船只条件，他并没有像后来的德朗船长那样孤军闯入极地，而是在确认南太平洋并不存在所谓的"南方大陆"之后，就返程结束了这次探索。

在两次探索中，库克在新西兰、汤加、塔希提岛、复活节岛等地都遭遇了当地的波利尼西亚土著，他们彼此之间关系处得相当不错，但这也为他最后一次探索中的那次遭遇埋下了伏笔。

05

库克船长的第 3 次探索，原本是为了寻找另一个航海家们的圣杯——西北航道，但是当他们的船只越过白令海峡之后，就遇到了后来德朗船长也遇到的千里冰封的北冰洋。库克机智地又一次选择返航，这时冬天已经快要来临了，因此，他决定前往几个月前刚刚发现的，温暖的夏威夷群岛（Hawaii Islands），并在那里进行补给后再做打算。

嗯，铺垫了那么多前戏，我们这次生死穿越终于开始了。

1778 年 12 月时，库克船长带着两艘船：决心号（HMS Resolution）和发现号（HMS Discovery，一艘美国航天飞机也以此命名）来到了夏威夷群岛附近，在岛屿间游弋了一个多月后，他们发现了群岛中最大的夏威夷大岛。同时，这也是西方国家初次发现这座岛屿，库克按照老样子，沿着夏威夷岛顺时针进行了环岛巡游观察。

1779 年的 1 月 17 日这一天，库克决定从凯阿拉凯夸湾（Kealakekua Bay）进行登陆，在登陆时他就已经注意到，这座岛上的土著已经乘坐双体独木舟，

图 15.5　玛卡希基节上，欢迎年神罗诺降临的仪式

大批大批地聚集在两艘船附近，并且动作举止十分诡异。

或许在库克船长看来，岛上居住的夏威夷土著，和他之前接触过的，其他岛屿上的波利尼西亚人似乎并无二致，但是他却忽略了一点，海洋的分隔，导致这些岛屿上每一种文明，都有着独特的传统和习俗。

对于原始文明的夏威夷人而言，库克船长一行的出现毫无疑问是前所未见的大新闻，这些神奇的降临者拥有着庞大到不可思议的大船，穿着花花绿绿的服装，还携带着闪闪发光的金属工具。夏威夷土著们就像穿越小说里那些古代人一样，对于这帮"穿越者们"感到无比好奇。

事实上，这些夏威夷人当时恰好在庆祝岛上的"玛卡希基节（Makahiki）"。这是一个类似于中国春节一样的节日，也是在一年的春季纪念开春播种。在夏威夷的神话传说中，每年这个时节，一位象征土地丰收的神明——"年神罗诺（Lono）"就会降临到岛上。

神话中罗诺的出现，是站在极高的木柱幡子顶部，这和决心号的桅杆非常相似。而且根据传说，罗诺在登岛现身之前，也会顺时针环绕着大岛一圈，这也和库克船长的行为不谋而合。

于是，当地土著的国王卡拉尼奥普（Kalaniopiu'u）宣布，他们多年来的祭祀感动了神明，库克船长就是真神罗诺降临。

在此之后，库克一行被虔诚的岛民们真的当成了神一样崇拜：部落祭司们请他们进入岛上的大神庙希基奥（Hikiau），并用香油涂满他们的全身，再戴上象征神圣的花环。岛上的土著妹子们更是悄摸摸地爬上大船，主动向船员们投怀送抱，巴望着能怀上神仙的种儿。

被好吃好喝款待了近一个月之后，库克还是决定离开夏威夷岛的温柔乡，继续返回北方寻找西北航道。然而谁也没有想到，就在出海后刚过几天，发生的某件事情决定了库克的命运，并间接导致了他的诡异死亡。

06

詹姆斯·库克全然没有料到，夏威夷群岛附近的海风可以如此猛烈，他更没有料到，英国海军船厂的维修如此偷工减料，不负责任——决心号在出发后不久，就遭遇到了前桅折断的毁灭性打击。

决心号在这样糟糕的状态下，想要继续航行是绝不可能的。因此，唯一的办法就是返回夏威夷大岛，进行修理调整后，再重新出发。

可以说，在库克船长看来，这个计划再正常不过了，完全谈不上有什么风险。但是他并不知道，当船队于2月11日登陆凯阿拉凯夸湾，重返夏威夷岛时，却见到了意想不到的一幕：岛上土著对库克船长的回归感到极为震惊，他们非但不欢迎库克一行，甚至表现出强烈的敌意。

原来这一切都是因为，此时根据夏威夷神话，当地的玛卡希基节已经结束，罗诺神已经远走，只有第2年时才会再次降临。但是库克这位尊神，竟然不守规矩地刚走就回来了，"剧本"不是这么写的啊！

土著们觉得自己被耍弄了，卡拉尼奥普国王也极为不满，在他的指使下，岛民不仅拒绝库克的船员砍伐树木修理桅杆，更是到他的船上偷各种东西。

2月13日晚上，又有几个土著摸黑爬上了船，趁船员不备，将一艘救生艇偷走了。第二天库克发觉之后大为光火，也许是出自发达文明的自负，他决定绑架卡拉尼奥普国王，并以他为人质交换回小艇。

图15.6　库克船长在冲突中不幸殒命于夏威夷岛上

没想到的是，这一举动酿成了大祸。

被库克诱拐上船的过程中，卡拉尼奥普国王在几个妃子的提醒下，猛然意识到自己即将被绑架。于是他也彻底怒了，立刻向库克宣战。两边一言不合就开打。代表现代发达文明的库克这一方虽然拥有火器和铁斧，但无奈人数实在太少，加上夏威夷人战意极其旺盛，又有着体型极其壮硕的优势，库克等人只能且战且退。

就在撤退中，库克一不小心，被一个名叫卡努哈（Kanuha）的高大战士蹲草偷袭，后脑勺挨了重重一石锤，立刻倒地昏迷不醒。疯狂的土著战士们一拥而上，轮番用石头砸在他的头上，可怜这位伟大的船长，名留航海史的冒险家，就这样惨死在了夏威夷岛上。

更可怕的还在后面，库克的尸体被岛民们拖走之后，交给了卡拉尼奥普国王。国王宣布以最高规格完成一场对于神的葬礼。嗯，所谓最高规格，就是把库克的尸体肢解之后，内脏全部掏空，再放到火上烘烤，将剩下的尸骸保存下来作为宗教圣物。

是的，这就是这段神奇穿越令人意想不到的悲惨结局。如果只是讲故事的话，到这里已经说完了。但是，我还想在最后的一点篇幅，再探讨一下库克船长死亡的一点内幕和真相。

07

在很多资料里，都是这样理解土著们的疯狂举动的：夏威夷人看到库克的船不守约定地回来了，并发现他们竟然会流血受伤，因此意识到他们并不是真的神明。在这样的"恍然大悟"，又带着被"愚弄"了的状态下，他们"恼羞成怒"最终杀死了库克。

但是，事实真的是这样吗？我只能说，虽然夏威夷人的确很原始，但

卡纳罗神（KANALOA）　　罗诺神（LONO）　　库神（KU）　　凯恩神（KANE）

图 15.7　夏威夷的神明

有些文章未免将他们想象得太低智了。

在我搜集到的夏威夷神话中，有这样的相关记载：

夏威夷的丰收之神罗诺，每年春天会用自己的生殖器官（是的，神话里就是这样写的……）带来甜薯种子，并将它们植入大地，也就是他的妻子帕帕。这样的场景，就具象化为长长的木柱插入泥土中。

但到了收获季节，罗诺神的兄弟，代表人类武士祖先的另一个神明"库神（Ku）"，会前来掠夺成熟的甜薯，并将罗诺神杀死，继而煮熟吃掉。除此之外，夏威夷神话中另外还有俩神，他们是创世四兄弟。事实上，在波利尼西亚人的神话中都有类似的故事。

在这个神话中，罗诺神其实本质就是甜薯的一种化身，事实上原始社会中任何动植物都有可能作为神明的形象出现，将甜薯煮熟就是毁灭它的神性，表现为这样它就丧失了自然界中的繁殖能力。

这样的神话并不仅仅只是个神话，对于波利尼西亚而言，它有着现实的意义。在享受神明带来生命力的同时，每个波利尼西亚人其实都有着一种"弑神"的情结，因为对于他们而言，神明其实就是自然本身，所谓杀死神，其实就意味着战胜大自然。

这种弑神行为，其实也是夏威夷的传统仪式之一，被称为卡利伊仪式。仪式的举行时间，恰恰就在玛卡希基节之后，是的，也就是库克船长回到岛上的时间。

卡利伊仪式的实质，就是一种罗诺神和库神之间的对抗。而这场对抗中，国王会带领岛民站在库神也就是人类武士之神这边。因此，当库克成为罗诺神的化身之后，他最后和国王的对抗也是不可避免的。更何况他居然在卡利伊仪式时，不可思议地重归岛上，这不明摆着就是找干架的吗？

所以，夏威夷人依然当你库克是神，只不过，俺们要弑神！

如果我们继续深挖的话，会发现在冲突还没有白热化之前，普通土著虽然拒绝再向库克等人提供任何帮助，但是，有一类人依然毕恭毕敬地奉上精美的食物。

这一类人，就是岛上的祭司们。事实上，夏威夷岛的祭司阶层才是库克应该团结的对象，然而他并没有意识到这个原始社会中，也有着阶级对立的微妙关系。他认为岛上只有一个国王，所有的臣民都理所应当地听从他，只有巴结国王才是正道，甚至把船上的铁手斧都作为馈赠送给了他。

可惜，卡拉尼奥普国王并不买账。祭司们对库克的疯狂追捧令他怒火中烧，他的眼中看到的是一种背叛，一种权力被削弱甚至失去的可能性。于是他从不合作，再到后来绑架事件后的暴怒，双方的战争终于不可挽回地爆发了。

土著平民们自带的弑神属性，土著国王维护自己至高权力的决心，这些，可能才是库克之死的真正原因。

库克毋庸置疑是一位极其成功的航海家，但是，显然他也带着来自发达文明的那种傲慢。但

图 15.8　夏威夷岛上的祭司阶层

凡他能稍稍重视一下夏威夷土著们的传统和社会背景，可能也不至于会落得身死他乡。也许，这个血的教训也值得我们在穿越时，好好学习和借鉴一下呢……

　　我时常觉得，人类可能天生就对荒岛有一种情结，由此我们经常会看到两种关于荒岛的设定：第一种，是把一群人扔到荒岛上，让他们互相残杀，会发生什么事情；第二种，是把一群男人和一个女人扔到荒岛上（相反的性别设定也有），他们又会发生什么。

　　第一种设定，也就是《大逃杀》电影的由来，并因此衍生出了大量的游戏作品，比如最有名的"吃鸡"游戏：《绝地求生：大逃杀》。而第二种设定，看似是那些意淫小说的剧情，特别是一男多女的种马剧本。然而，在历史上，真的发生过这样的事情。

　　32个男人，和唯一一个女人，在一座与世隔绝的荒岛上，引发了无数的杀戮。是不是听着就像小说？然而这个故事的的确确是真实的，透过它，或许可以看见关于人性的一切。

01

　　故事的发生地，在一座叫做安纳塔汉岛（Anatahan island）的小岛上。安纳塔汉岛是属于太平洋北马里亚纳群岛的一个岛屿，拥有群岛上最活跃的火山之一。以前曾经有原住民居住，而如今岛上目前没有任何定居人口了，这是因为岛上的火山始终存在爆发的危险。插句嘴，这座小岛距离中国人的度假最爱岛屿之一——塞班岛很近，只有120千米远。

　　安纳塔汉岛的形状是椭圆形的，长9千米、宽4千米，面积33.9平方千米，岛上有一座海拔790米的火山，无论是地貌还是尺寸，简直就是冒险电影剧本打造的那种荒岛类型。

　　在岛屿被现代文明发现之前，这里都住着一支叫做查莫罗斯人（Chamorros）的原住民。直到1543年10月底，欧洲人才第一次发现了这里。西班牙探险家贝尔纳多·德·拉托（Bernardo de la Torre）率领着圣胡安·莱特兰（San Juan deLetrán）船队，试图从萨兰加尼（Sarangani）返回新西班牙，并在此途经小岛。

1695 年时，西班牙人彻底统治了这座岛屿，并建立了椰子种植园，在此之后的近 200 年里，这座小岛一直都属于西班牙，是一个椰子干制造的专用岛。在 1884 年时，岛上椰子的年出口量可达 125 吨。到了 1899 年，衰落了的西班牙把安纳塔汉岛连同整个北马里亚纳群岛一起卖给了德国人。在此之后，这里就成了德国新几内亚的一部分。

然而到了 1901 年 5 月，小岛被报告没有德国人愿意殖民居住。于是，德国政府在 1902 年把它租给了一个由德国和日本合资创办的私人公司：帕甘株式会社（Pagan Society），以进一步发展椰子种植园。没想到，1905 年 9 月和 1907 年 9 月的两场严重台风摧毁了种植园，公司惨遭破产，只能继续维持作坊式的小规模生产。

第一次世界大战期间，安纳塔汉岛被日本控制，并作为南太平洋的一部分进行管理。"一战"之后，日本作为东亚最强大的战胜国，迅速抢占了这座德国在太平洋上的岛屿，并成立了国企"南洋兴发株式会社"，大肆移民垦殖。

1939 年时，我们故事的女主角，也是唯一的一个女性角色，比嘉和子，来到了这座岛上。

02

时年 16 岁比嘉和子，为了依靠身在马里亚纳群岛的哥哥，从冲绳投奔到了塞班岛。此后迁移到了巴坎岛，在岛上的咖啡店从事女服务员的工作。在巴坎岛上，比嘉和子的美貌让她显得非常出众，很多男青年都对她各种示爱。最终，和子挑中了其中一位冲绳出身，模样俊美的青年，并在 18 岁那年跟他结了婚。

图 16.1　电影《安纳塔汉岛传说》中的女主角：比嘉和子

这位青年，正是南洋兴发公司的员工比嘉正一，监督这个岛上椰子种植园的劳动。

1944年时，正一因为职位调动，从之前的巴坎岛转移到了安纳塔汉岛上，负责管理20来个原住民员工的椰子种植工作。

当时，岛上还有另一个日本人——正一的上司——日下部正美。3个人在岛上共同工作、生活。熟悉背景的同学都知道，此时的日本，正在太平洋战场上和美国开战，并且局面越来越不利。

但是，安纳塔汉岛因为太小，且没有驻军，因此暂时不在战火的范围之中。值得一提的是，虽然比嘉和子夫妻两人关系还算稳定，但是不知道出于什么原因，日下部正美也跟和子暧昧不清。而且，正一似乎也知道他们的不正当关系，却并未阻止。

这样的生活持续了一段时间后，丈夫正一决定去接在相隔不远的，帕甘岛上的妹妹。可没有料到的是，由于战局突变，美军开始猛烈攻击离安纳塔汉岛最近的塞班岛。正一也因此一去不返，毫无消息。

就在正一离开安纳塔汉岛后不久，美国人终于开始空袭这座岛屿了。在令人绝望的大轰炸中，比嘉和子和日下部正美疯狂地逃亡，躲到了岛中央的丛林之中，才勉强逃过一劫。然而，当他们返回种植园时，发现那里早已成为一片废墟，各种生活必需品都被毁坏了。因为太平洋战争的关系，和外界的联系也完全中断了。

于是这就带来了一个问题，怎样才能在这样的局面下生存呢？两人成了真正的当代鲁滨孙了。

好在天无绝人之路，公司之前饲养的40头猪和20只鸡，也逃过了大轰炸。这是非常重要的食粮资源，但是也并不能保证长久生活。不过日下部正美与和子还是小心翼翼地将这些牲畜妥善安置起来。

此时正一的离去，让和子和日下部正美再也没有什么阻挠，他们完全就像一对真正的夫妻一样生活。正美虽然在塞班岛上还有自己的妻子和小孩，但是在这样的局面下，他毫不犹豫地同和子一道在荒岛求生。

然而，这样"美好"的二人世界，不久后就被打破了。

03

昭和19年（1944年）6月12日这一天，从安纳塔汉岛向着楚克群岛进发的数艘渔船，同样受到了来自美军的攻击。其中3艘渔船立刻被击沉，另一艘也遭遇了重创，不久后也沉没在了海中。

这些渔船上的船员各自拼尽全力，游向他们视线中最近的一个岛屿。这个岛,就是安纳塔汉岛。最终活着来到岛上的船员,一共有31个人。并且有一个很不幸的事实是,他们全部是男人。于是,岛上就出现了这样诡异无比的局面:32个男人和唯一的1个女人生活在了一起,那个女人和其中一个男人以夫妻相称,但事实上他们却是假夫妻。

那另外31名船员中,大部分都是20来岁的年轻小伙子,最小的一个才16岁。值得一提的是,这31人中,有10个是日本军人,其他的则是普通船员。于是,这33个人在这个与世隔绝、附近海域战火纷飞的小岛上,开始了艰难地求生。

除了上文说的那些猪和鸡外,岛上还生长着天然的香蕉和番木瓜,此外,还有一些野生的芋头,因此看起来食物倒是不缺。基本的生存必需物还是充足的,只是需要人去到茂密的丛林中采摘。不过现在人多了,这种觅食的任务也不是问题。

刚开始生活时,那些船员还有点拘谨,按照所属船只的不同,分成了一个个小团体,到后来一回生二回熟,也就久而久之住到一起去了。

比嘉和子和日下部正美这对假夫妻,也友好地接待了那些新来的人,不仅帮他们治疗伤口,还把自己的食物分给了他们。可以说,这一段时期他们完全展现了人类的友好互助属性,以及人类天生的社群生活能力,以一种和谐的姿态过着互相照顾的生活。

但是,过多的人口还是造成了一定的食物负担,很快,那些牲畜都吃完了,鸡也没得吃了。岛上仅存的肉类口粮没了,所有人都只能去被迫捕猎。

好在大家都是渔民出身,捕食海货的能力还是不缺的,体形硕大的椰子蟹就成为他们的主食之一。除此之外,岛上任何一种活物,也

图 16.2　椰子蟹

都加入了肯德基套餐,说错了,是岛民求生套餐:比如蝙蝠、老鼠、蜥蜴⋯⋯

不过好在饮用水并不是很大的问题,岛上本身就有淡水资源,加上美军漂到岸边的一些金属大圆筒,可以作为很好的盛水器具。而且,人类为了吃喝,真的是可以绞尽脑汁开发的。岛民们很快就开发出一种用椰子的树浆酿酒的办法,于是不久之后,大家有吃有喝,还有酒可以买醉,简直忘了自己

是在绝地求生了。

吃解决了，那穿呢？虽然岛民原本都穿着衣服，但是时间一久风吹雨淋加日晒，早都破烂了。最后，大家只好跟原始人一样，用树皮开发做成简陋的衣服穿着。作为唯一的女性，和子还能穿上体面一些的树皮做的短蓑衣，勉强遮挡住自己的身体。而很多男人，就只是草草用树皮遮住下体就算完事了。

这样的生活，持续了一年之后，新的变故又发生了。

04

一年之后的 1945 年 8 月，美国在广岛和长崎的两颗原子弹宣告太平洋战争结束了，日本在"二战"中彻底战败。曾经不可一世的日本人终于投降，在 9 月 2 日举行了投降仪式并正式签署了降书。第二次世界大战结束了，然而因为完全封闭，这个消息并没有传达到安纳塔汉岛上，没有任何人知道这件事的发生。

虽然在此之后，美国士兵多次来到岛上，宣告战争已经结束，让岛民们回到日本本土。然而，岛上的人根本不信。他们认定白皮美国佬都是忽悠，想要骗他们离开这座赖以生存的小岛。

甚至美国人在多次空投"二战"结束的传单之后，岛上的人也完全不为所动，继续我行我素地生活。最后，美国人也失去了耐心，他们不管了。于是，岛上又恢复了 32 个男人和 1 个女人的生活，只是这样看似平静的生活也开始起了变化。

首先，这样极度不平衡的性别比例，让许多人都对原本就相貌不错的比嘉和子产生了想法。想想也是，那么多血气方刚的年轻大小伙子，能不动心

图 16.3　日本宣布无条件投降

思吗?

于是，岛上最年长的那个人提议，让和子与正美赶紧办个喜酒结婚，完事了两人就是名正言顺的夫妻，断了别人的非分之想。至于之前的老公，就当他不存在吧。比嘉和子同意了，她也担心那帮男人总有一天要干坏事，于是和日下部正美在全岛人的注视下，办了个仪式，也就是告诉大家，我是有主的人了!

在此之后，新婚夫妻两人就在岛上远离其他人的区域生活了下去。

按理说，这下唯一的矛盾也解决了，岛上又可以平静了吧。然而，现实却比小说还要给力，一波未平，一波又起了。

05

1946 年 8 月时，岛民们在山中采集果子时，意外发现了不得了的东西。

原来，这是一架坠毁在岛上的美军 B29 战斗机的残骸。飞机残骸中不但有 6 包未使用过的降落伞，还有食品罐头等，这个重大发现将彻底改变岛民的未来。比嘉和子拿到降落伞之后，就利用这些布料制作了自己的衣服和裙子，还给老公和其他人也做了一些简单的衣物，让大家不用再那样衣不蔽体地生活了。

然而，这些都不重要，更重要的事情很快就发生了：有人发现在飞机残骸不远的地方，有 4 把手枪，还有 70 发子弹。唯一值得庆幸的是，这些枪因为强烈的撞击，都已经损坏无法直接使用了。

然而，手枪这种武器的诱惑是巨大的，岛民中有个家伙愣是通过不懈地

图 16.4　电影《安纳塔汉岛传说》中，得到枪的两个男子

努力，把其中两把枪给修好了！这一下全都乱套了。

修枪男此时按捺不住激动的心情，叫来了自己的好兄弟，把另一把枪送给了他。我无法想象这位仁兄的政治头脑有多差，才能干出这么傻的事情，总之这个举动，也彻底改变了小岛后来的历史走向。

枪杆子下出政权，这是明摆着的道理。控制了岛上唯一的两把军火，这两人立刻翻身做主，成为岛上的统治阶级。手握权力的他们，想到的第一件事，就是比嘉和子。这两人已经饥渴难耐不知多少天了，靠着手枪的威胁，强迫比嘉和子献身，并且在此之后，他们长期霸占她的身体。原本的二人夫妻变成了三男一女的奇葩组合。

后来，又发生了一件蹊跷的事情。有个岛民从树上摔下来死了，而且当时最接近事故发生地点的，就是那两个有枪的男人。更重要的是，这个死掉的人还曾经和那两人有过仇怨。从此之后，岛上的人开始害怕、焦虑，会不会是这两个男人用枪威胁这个人自杀？

32个人变成31个人，死亡的出现，让岛上再也不复过去的平静了。而那两个拥枪的人也并不知道，自己手中的杀器，反而成了一个巨大的危险。毕竟，现在让其他人心心念念的，不再是和子的肉体，而是那两把枪。

这两人仗着手里有枪，继续在岛上作威作福，甚至干出了一件带来巨大恶性效果的事，他们把一个之前一直纠缠和子的男人枪杀了，原因就是看见他不高兴而已。

一石激起千层浪，岛上出现了这样的暴力事件，就更加不可控制了。而这样的局势，被一个男人看在眼里，他开始动起了鬼主意。

06

这个男人，不是别人，正是比嘉和子的新丈夫：日下部正美。

日下部正美到底是个公司中层干部出身，政治头脑比其他人强多了，他很清醒地意识到自己目前的处境岌岌可危，尤其是岛上唯一女性的丈夫这个身份，难免会给自己带来杀身之祸。

于是，他果断向那两个拿枪的大佬示好，并且公开向二人表达了一个意愿：如果能换来大家的友谊，咱宁愿把老婆让给你们哥俩。这是什么意思？明眼人想必一下就看懂了吧。可惜那俩哥们不懂，还一起夸正美懂事：老哥你到底是老男人啊，就是心智成熟！

就这样过了不久，持枪的哥俩就为了争夺比嘉和子的最终所有权，闹翻了。那是一天晚上，哥俩喝醉了（咋这么眼熟呢），酒酣耳热之际，为了抢女人又吵了起来。其中一个哥们掏出枪来往桌上一拍，冲着另一个就叫嚣：你再说一句废话，信不信我一枪崩了你？

那个被威胁哥们二话不说，当场拔枪就把这个倒霉蛋反杀了。

这个哥们杀了人之后，又回收了他的枪，从此之后，他就成了岛上唯一一个拥有枪的男人了。这是多么高的地位！可惜的是，没过几天，这哥们也挂了：他在某天出海钓鱼的时候，失足落水溺水而亡。

没有人知道他真正的死因，只有现实是明摆着的：原来的两个持枪男都没落得好下场，而他们留下的两把枪，到了日下部正美，和一个叫做岩井（化名，真名未知）的人手里。

这一幕是多么的似曾相识啊，我深深地觉得，如果这哥俩看过《三国演义》，特别是王司徒巧施连环计那段，可能就不会重蹈这样的悲剧了，可惜的是他们俩没有。为什么枪会到他们手上，资料里没有写，有没有可能是他们俩合谋杀死了持枪男，对此我觉得可能性很大。

总之，现在的局面变成了比嘉和子一女侍二夫，和正美、岩井一起生活。可怜的和子，又一次成为强权下的受害者。

然而，日下部正美也没有享受多久统治者的位置，一山不容二虎的寓言证明了，有两个人同时拥有枪，本身就是极危险的一件事。一个月之后，正美就被枪杀了。这一下，岩井又成了唯一一个拥有两把枪的人，他独占了比嘉和子，并和她举行了婚礼仪式，成为和子的第三任丈夫。

07

岩井的婚后生活究竟是怎样，没有人知道，但是在那样的一个人人自危的岛上，恐怕就算他拿着两把枪，过得也不会太舒坦。每天提心吊胆是免不了的。所幸这样担惊受怕的日子并不算太久，两年之后，岩井又被人枪杀了。凶手未知，但显然是偷了他的枪。

在此之后的很长一段时间内，岛上不断有人相继死亡，据说有人是失足从悬崖上跌落摔死的，有人是食物中毒死亡（据说是香蕉吃得过多）的，还有人是病发猝死的，死亡的阴影一直笼罩着这座小岛。

到后来，已经是第9个人死去了。没有人知道这些人的真正死因，虽然他们看起来像是因为不同原因死去的，但很可能还是死于枪杀。因为那两把枪的存在，这场无尽的杀戮还将一直继续下去。

图 16.5 电影《安纳塔汉岛传说》中，藏匿在丛林中的比嘉和子

这个时候，岛上年纪最大的那个人看不下去了，他又提出了一个新的建议：让比嘉和子选择岛上的一个男人结婚，他们俩避开其他人生活，恢复到过去的状态。而那两把带来一切死亡的手枪，被全部扔进海里。

显然，这位长者算是个明白人，他看得很清楚：人性中可怕的欲望，才是一切混乱的始作俑者。对于性的欲望，对于权力的欲望，是这个岛上发生各种惨剧的原罪。其他人也深以为然，同意了这位长者的安排，至于比嘉和子，她难道还有说不的权力吗？最终，和子选择了其中一位，举办了婚礼仪式，迎来了自己的第四任丈夫。而那两把枪，也被扔进了大海，看似一切终于可以平静了。

所有人都以为和平终将回归这座岛的时候，残酷的现实告诉我们，之前发生了那么多惨剧，绝不可能不留下任何后果，到了这个地步，就算枪没了，也已经无法抑制岛上极度不安的环境了。

在之后的日子里，又有 4 个人在岛上消失，他们不是失踪了，就是被杀害了。此时距离最开始的一起死亡事件，已经过去了整整 5 年，岛上从原先的 32 人，只残余 19 人。

为什么明枪已经没了，死亡事件还是会一个接一个地发生呢？所有男人都恐慌起来，他们一起开了一个会议，并得出了一个极其无耻的结论：他们一致认为，比嘉和子才是安纳塔汉岛上最大的祸害，只有除掉她，这个岛才能拥有真正的和平。

最终，这帮人商量决定，第二天一早就把和子给杀掉。

万幸的是，这剩下的 18 个男人中还有一个良心未泯。他趁着夜色，偷偷来到了比嘉和子的住处，告诉了她这个恐怖的消息，并叮嘱她：现在就立刻逃亡吧，否则明天就是你的忌日了！比嘉和子来不及感谢就狂奔而去，消失在了小岛苍茫的夜色里，她只身躲进了岛内的丛林中，过着提心吊胆的生活，每一分每一秒都担心被人发现。

一个弱小的女人，在岛上逃避追杀，还要自己找食物和水求生，这样的日子，恐怕用噩梦来形容也不为过。这样极度恐惧的日子一直持续了一个月之久，终于在逃亡后的第 33 天，比嘉和子在海岸边发现了什么，她终于迎来了自己的救星。

08

图 16.6　回到日本的比嘉和子，这一张是她的真实照片

呃，别想多了，不是她的第一任丈夫比嘉正一踩着五彩祥云来救她了，而是一艘军舰。那艘军舰上，赫然挂着一面美国国旗。

是美国的军队来了！比嘉和子激动地爬上了海岸边最高的一棵树，拼命挥舞着一面降落伞，发出最大分贝的叫喊，希望吸引美国军舰的注意。十分巧合的是，美国军舰也一下就注意到了她。于是历时 6 年之后，比嘉和子终于活着逃离了这座死亡之岛。

接下来，美国人又继续寻找到了岛上的其他男人，并再一次告知他们战争早就结束了，请他们立刻离岛。这帮人还是不信，认为是美国人设下的陷阱。直到 4 年之后，又有一批美国人上岛，并带去了这些岛民的家属写给他们的信，其中一个男人认出了自己妻子特殊的手工制作信封之后，才相信了这一切是真的。最终，这些剩下的岛民终于同意离岛，并接受了日本战败的现实。

而和子那个离岛就再也没有回来的第一任丈夫比嘉正一，此时早已回到冲绳岛，并在那里娶了另一个女人为妻。对此他辩解说，自己以为和子早就死在岛上了。

比嘉和子回到日本本土后，她的故事立刻把那些小报记者吸引了。于是比嘉和子在他们的笔下，变成了"安纳塔汉岛的女王""诱惑男人的魔女""兽欲控制着性奴"等，于是在大众的眼中，和子毫无疑问成了一个浪荡、不知检点、靠着身体吸引男人的妖妇。

她那 4 次玩笑一般的婚姻，也成为恶名的来源。然而被 32 个男人包围着的女人，究竟是高高在上的女王，还是苟且偷生的弱者？

直到 1953 年，由约瑟夫·冯·斯腾伯格(Josef von Sternberg)拍摄的电影《安纳塔汉岛传说》(The Saga of Anatahan)，将这曾经的故事搬上了大银幕，虽然片中依然充斥着色欲，但也算部分还原了比嘉和子的真实故事。本文中的配图，便来自于这部黑白电影。

关于安纳塔汉岛的故事，人类学家将其看做一个真实的思想实验，即小规模的现代人在回归与世隔绝的原始生活时，会发生怎样的事情。在我看来，这个岛屿之所以发生了如此多的悲剧，并没有如人想象中那样和谐地过上社群生活，最根本的原因是这个小社会本身就是畸形的，极端不平衡的。

32:1 的性别比例，意味着男性将用尽一切手段争夺生育权，而现代社会的一夫一妻观念，又注定在这个畸形的岛上是行不通的。所以无论和子跟谁成为夫妻，哪怕避开其他人生活，最终还是会成为众矢之的。

两把枪的出现，更是武力严重失衡的体现。拥有枪的人对于手无寸铁的人而言，意味着生杀予夺。更重要的是，获得统治权的人，并不是真正以德服众的管理者，而是纯粹依靠暴力来构建自己的权力的暴徒。

从开枪杀掉第一个人开始起，这种暴力渲染就已深入人心。那么当其他人连最基本的安全需求都失去时，铤而走险推翻暴政也就成为唯一可选择的道路。

所以，一个小岛所反映出的本质，其实就是现实的人类社会。

揭发万恶的资本主义？我可能玩了假的大富翁

我猜90%的人应该小时候都玩过《大富翁》吧，这款又名《强手棋》的游戏曾经是我的启蒙桌游之一，还记得小时候看到那一摞摞花花绿绿的钞票，和小伙伴从欢乐地买再到愤而掀桌的搞笑回忆……至今我还记得，当这帮疯子搞了一整条开满旅馆的街，每一次经过这种恐怖地区，掷骰子时那种心惊胆战，真是一不小心就会损失一个亿的感觉。

然而，最近在逛桌游店的时候，我无意中发现了一些关于《大富翁》背景的故事，发现原来这款游戏的背后，竟然藏着一些不为人知的秘密。

01

故事的源头，我们要从19世纪一位叫做亨利·乔治（Henry George）的美国政治经济学家说起。

亨利·乔治1839年出生在费城一个贫苦的人家，是父母10个孩子中的老二。幼年时代他因为家境窘迫，得不到正规的学校教育，很早就只能靠打零工赚钱。青年时代的他从事过各种苦力工作，在去往印度大陆的船上当过水手，在美国西部淘过金，还在旧金山干过印刷工。

图 17.1 亨利·乔治

这许多段经历被深刻地铭记在乔治的心中，他接触到了无数甚至比他出身还要差得多的底层人士，这些人的悲惨遭遇令乔治感到既同情又愤怒。

当时的19世纪中期到20世纪初这段时间，正是美国工业化进程突飞猛进的阶段。此时的美国，刚刚经历了南北战争的洗礼，自由经济体系初步建设完成，确立了自由市场制度，生产力发展迅速，社会财富也开始成倍的增长。

此时的美国，再也不是过去那个作为英国附属殖民地的存在，而是一个正在以肉眼可见速度飞速崛起的强国。短短 25 年里，美国就从过去落后的农业国变成了世界工业巨头，工业产值超过了英国和德国，成为世界第一工业国。城市化、公司化和垄断化进程，也在美国的土地上不断进行着。

从修建第一条横贯美国大陆的太平洋铁路开始，美国的铁路建设就以不可思议的速度进行，紧随其后的是公路建设，短短几年内，美国的铁路和公路长度就把世界上任何一个国家都远远甩在了后面。

交通的便利带来的好处太多了，过去的美国农业是自给自足型的，现在中西部的一位农场主毫不担心他的农作物可以迅速卖到东部去，同时他也可以买到那些工业地区生产出的现代化农用工具。

在工业的领域更是如此，一家工厂无论开设在美国哪里，都可以便捷地获得来自全国甚至国外的资源，这，才是工业化的根本。而与此同时世界上大部分国家，根本连工业化的影子还没有。（废话！做到这一步的到今天都没几个。）

但与此同时，异常发达的自由经济，导致美国社会的贫富分化空前严重：资本家疯狂地敛财，私人财产如同滚雪球一样膨胀，而底层民众只能靠出卖自己的劳力，勉强赚一点糊口的钱。美国社会在高速前行的同时，也积累了大量的社会矛盾，犯罪率居高不下。在马克·吐温的长篇小说《镀金时代》（ Gilded Age ）里，将彼时美国社会的种种丑恶暴露得一览无余。

这一切，也同时被亨利·乔治看在眼里。特别是当他在 30 岁那年，第一次来到了纽约市，他被这座城市的空前繁华震惊了（呃，插个嘴，我第一次去也惊到了。）满街的摩天大楼压抑得连天空都不再是完整的，富丽堂皇的酒店外停靠着奢华的新式汽车，夜晚的百老汇大街出没着各式穿戴华美的名流与富人。

然而目光所及之处，就在不远处的垃圾堆旁，一贫如洗的流浪汉只能枕着空酒瓶昏睡，大批劳工无奈地住在搭建起来的破旧棚户里，苟且度日。

同样出身低微的乔治深深同情穷苦人民的悲惨境遇，他逐渐意识到：无数的新发明和新创造并没有减轻劳工的工作强度，他们依然累死累活地打拼，同样地，无数的财富积累并没有给穷人带来富足，物质的进步反而让他们和富人之间的鸿沟越拉越大。

正是在这样的愁苦心情中，亨利·乔治开始思索这种巨大的不平等究竟

图 17.2 当时生活在底层的美国建筑工人

是因何而起的。他发现这种弊端和垄断有着关联：当时的美国，300 家大型托拉斯企业控制着全国 40% 的生产，影响力更是达到 80% 以上。同时，仅仅 1% 的顶级富人的收入，却超过了这个国家另 50% 平民的总收入。

为了解开这个问题，乔治不仅读了许多前辈们的著作，还亲自去到美国各处考察，正是在这段时间里，乔治渐渐意识到，这种贫富差距很大程度上根源于一样东西，那就是土地的私有制度。

02

正如上文提到的，1868 年，第一条太平洋铁路竣工了，当时广大的美国民众都为这条新闻而欢呼雀跃，纷纷表示俺们美国的美好未来即将到来。

而乔治却没有陷入单纯的激动中，他发现了这样的一个暗藏着的事实：建设太平洋铁路的两家铁路巨头，加州中央太平洋铁路公司和联合太平洋铁路公司，都从这条铁路的兴建中攫取了大到不可想象的好处。

因为，政府将体量巨大的土地，直接无偿赠送或是低价转让给了他们。

两家铁路公司一共得到的土地到底有多大呢？总面积超过了 5300 万公顷，超过了新英格兰地区 6 个州的面积之和。而且这个数字还在不断增多，到了 19 世纪末，美国政府转让给铁路公司的土地，甚至超过了法国的总面积！这简直就是把一个国家送出去了。

因为这片土地虽然荒芜，但是蕴藏着大量的土地矿产资源，而且，还是在大美利坚的土地上！所以，两家铁路公司很快就会凭借土地资源迅速膨胀，并通过变卖土地给下级承包商，赚得盆满钵翻。

亨利·乔治很早就看出了这其中的内幕，甚至太平洋铁路还没有正式通车，他便在 1868 年的《大陆月刊》上撰稿了一篇名为《铁路将带给我们什么》（*What the railroad will bring us*）的文章，表达了不满，并对未来的趋势进行了预测。他认为铁路的修建和随之而来的商业规模扩大，人口剧增，并不只是单纯的一件好事，因为它所带来的财富，绝大多数都在极少数人手里。

他一针见血地指出，那些拥有土地、矿产、固定实业的资本家将变得更加富裕，并且财富增长的机会也越来越多，而那些除了付出劳动一无所有的人，会变得越来越贫穷。

为什么会出现这样的趋势呢？亨利·乔治预测说，这是因为随着土地的不断增值，穷人不得不拿出更多的钱才能购买土地，而越来越多的人口，将导致竞争越来越激烈，穷人的工资被不断稀释。

后来太平洋铁路通车后，乔治预测的大部分情况都成真了，原先毫无价值的土地因为铁路的修建，价值开始猛涨，但这部分增值的财富，全部落入了土地拥有者的手里，从这些资本家中诞生了一大批顶级富豪。

预见了这一切的乔治，更加肯定自己的想法，他开始博览群书，并在 1877 年美国大萧条期间，赋闲在家开始撰写自己的第一本理论著作：《进步与贫困》（*Progress and Poverty*）。

在这本著名的政治经济学经典作品中，亨利·乔治阐述了这样的观点：美国政府的土地私有化政策是相当不公平的，它导致土地被极少数人垄断，并驱使着财富向这群人的手中集中，他们拥有着土地资产，并将土地升值部分的资产全部变为自己的私有财产。

他在书中通过两人的对话，形象地描写了当时美国的矛盾现状：工业化和现代化的发展导致经济发展，使美国落后的小乡村变成了富裕的大城市，劳动者的工作效率也大大提高。但具有讽刺意味的是，他们的工资却并没有相应提高，反而因为土地价格的不断增高，让他们连房子都租不起，生活反而更困难了。

不得不说，半道出家的亨利·乔治出身贫寒，经历坎坷，和大多数出身富贵的学院派经济学家相比有着巨大的差别。毕竟，乔治是亲自经验体会到了社会的动荡和各种矛盾，而不是坐在象牙塔里凭空想象。

然而，这位自学成才的经济学家的著作一经发表，立刻引发了全美国的轰动，销量甚至赶上了畅销小说。不仅仅是在美国造成了极大的影响，亨利·乔治的影响力还在向外辐射，横跨了太平洋，来到了地球另一端的一个大国，并影响到了那个国家的一位大人物。

是的，这个国家就是中国。这位大人物，就是孙中山。

03

孙中山的土地改革思想，受到亨利·乔治的影响是非常大的，他甚至在多次公开场合提到自己对于乔治的赞美之情。

他在一次演说中提到：

"贵国的单税论者亨利·乔治的学说，将成为我们改革纲领的基础。作为维持政府唯一手段的土地税来说，是一项极为公正、合理和均平分配的税制，我们将据此拟定新的制度……我们决心采纳亨利·乔治的全部学说，包括一切天然实利归民族政府所有……"

据说，1896年9月时，孙中山从纽约抵达伦敦，在大英博物馆里曾经见到过当时恰好来到这里旅行的亨利·乔治，并亲自得到了他的教诲。事实上，在后来的加拿大和日本之行中，孙中山也接触了很多亨利·乔治学说的门徒，这套思想已经在他的脑中打下了深刻的烙印。

甚至在北上和袁世凯"共商国是"时，他还将亨利·乔治的主见全盘解说给对方听。当时的袁世凯也点头称是，觉得这是国家未来应该改变的方向，然而掉过头来，他便用军阀式的镇压手段残酷地破坏了革命。

虽然如此，亨利·乔治的思想还是在中国得到了一定的实践，比如1911年时，马林就和中国社会党一起，在南京城郊的一块无主荒地上，用以工代

图 17.3　参加竞选中的亨利·乔治

赈的方法招募无田的农民来此进行开垦，土地和收入均作为公有。

而早在大清还没完之前，山东的德国殖民地胶州也按照乔治的思想搞过土地改革。当时胶州的德国特使单维廉非常赞同乔治的学说，他在 1889 年禁止胶州湾内的土地私下交易，并按照市价将土地收归公用，然后再转租给市民，并收取 33% 的地价增值税。

当然了，这种拿人家土地做试验的行为也没什么好称道的。

在此之后，单维廉就成了孙中山的顾问，并参与到了孙中山土地改革方案的研究制定中。只不过在当时中国的半殖民地半封建社会和美国的大环境可谓天壤之别，在那时想推行这样的道路也是完全不现实的。

这一段中国的背景，和我们这个故事隔得有点远，咱们就不继续说下去了。

总而言之，不仅是美国，亨利·乔治在当时全世界产生了巨大的影响力，他在 1897 年参加了纽约竞选，并把自己的理念写进了竞选纲领，获得了底层民众和中层阶级的巨大支持。

在竞选中，亨利·乔治甚至获得了 31% 的选票，超过了另一位名头很大的候选人，后来的美国总统西奥多·罗斯福……按照当时的架势，如果乔治能够通过纽约市长顺利从政，今后入主白宫都不能说不可能。

只可惜啊，我们的乔治大神一直没有实现他的政治抱负，因为，他在竞选纽约市长那一年突然脑溢血发作，不幸离开了人世。为此许多人都感到惋惜，不然还真不知道现在的美国，会不会是另外一番光景。

乔治虽然离开了人世，但是他的理念依然影响着世人，比如，20 世纪初美国一位叫做伊丽莎白·玛姬（Elizabeth Magie）的报社女记者，就是他的铁杆粉丝。

04

1866 年时，伊丽莎白·玛姬出生在伊利诺伊州一位报业出版商的人家里，毕竟是搞传媒家庭出身的，她很早就接触到了亨利·乔治的思想，并深以为然。

玛姬其实是一位个性很强烈的女性，可以说还带着那么点叛逆，很早的时候，她就发表过支持女权的言论，表达了女性不是男性的附属品，也同样可以有自己的抱负，有自己的想法，可以实现自己想做的事情。

与此同时，玛姬和丈夫搬到马里兰州的一家报社工作，在此期间，她读到了亨利·乔治的书，并且联想到自己的所见所闻，她完全同意乔治所说的：虽然美国的经济非常发达，工业生产都领先世界，但是贫富差距却越拉越大，这都是土地私有制的锅。

为了验证乔治的理论，玛姬决定设计一款游戏。在这款游戏上，以规则的形状分布开不同的地块，并在上面设置了一些公用设施和铁路。末了，鉴于马里兰州当时的高犯罪率，她又加上了一个监狱作为惩罚手段。

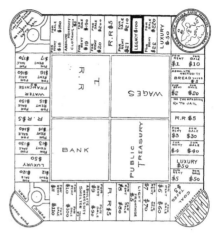

图 17.4　最早版本的地主游戏

玛姬将这款游戏命名为"地主游戏（the Landlord's Game）"，任何明眼人恐怕都能一眼看出，这就是我们如今"大富翁"桌游的雏形，它们实在太相似了。但是，很少有人知道，玛姬设计这款游戏的初衷只是为了验证乔治的理论，为此她设计了两个完全不同的规则。

第一个规则叫做"垄断（Monopolist）"，这个规则中，玩家必须通过不断购买房地产，收取相应的过路费来积累财富，获胜的方式是将其他玩家搞破产。嗯，这个规则玩过"大富翁"的都懂，就是如今我们熟悉的那个规则。

这也是我年少时桌游互相坑害的回忆，特别是那种看着别人越来越有钱，自己穷得叮当响，还要把囊中所剩无几的钱掏出来给那些大土豪们的感觉，简直是一言难尽。更可恨的是，很多时候你已经穷得破产卖地卖房了，对手还在一起笑话你。

在一款游戏里尚且如此，何况现实里呢？

玛姬的桌游还有另一个规则，叫做"繁荣（Prosperity）"。在繁荣规则下，土地并不只是属于玩家个体，而是由所有玩家共享。因此，只要有一名玩家通过发展土地赚到了钱，那么所有其他玩家都可以分

图 17.5　玛姬和她发明的初代"大富翁"

享到奖励。当场上资金最少的玩家也已经赚到初始资产的两倍时，所有人都一起赢得了这场游戏。因此，这可以视为一种"合作"性质的模式。

繁荣规则，其实正是还原了亨利·乔治的思想，杜绝土地私有化，并将开发土地资源赚到的红利，回馈给整个社会，而不是中饱个别资本家的私囊。

玛姬和她的朋友们一起尝试了新桌游，游戏大受欢迎，每个玩家都感受到了游戏的进程正如真实的现实一样残酷，这也达到了玛姬最初设想的效果。她在 1903 年给自己的"地主游戏"申请了专利，并在申请中明确加上了这样一段话：该游戏专利旨在表明土地垄断对于经济所造成的不良影响，以及用土地价值税作为补救措施的可行性。

05

在此之后，玛姬不但把这款桌游带到了校园，还和几个朋友合伙创办了公司进行发售，用她的话来说，希望更多的孩子可以通过这款游戏，了解到土地垄断的弊端。

1909 年时，玛姬找到了当时著名的桌游生产厂商，帕克兄弟公司（Parker Brothers），试图更大规模地推广自己的游戏，但却被帕克兄弟以游戏规则过于复杂拒绝。他们给出的理由是，当时的同类桌游都是以掷骰子从起点走完到终点为目的，"地主游戏"这样循环一圈一圈进行的游戏，到底怎样才能获胜？

图 17.6　查尔斯·达洛

还有另外一种解释，是因为帕克兄弟觉得这款桌游的政治目的太强，便拒绝了玛姬的要求。尽管如此，地主游戏还是在民间非常风靡，各种变体版本也层出不穷。

直到 20 世纪 30 年代，因为经济大萧条而失业在家的家用热水器推销员查尔斯·达洛（Charles Darrow），在朋友家偶然玩到了一次改良版的"地主游戏"后，他萌发了一个想法：把这款游戏经过重新包装和改良，改头换面卖给帕克兄弟公司。

这一次，帕克兄弟居然毫不迟疑地接受了达洛的山寨版本，并将其命名为"垄断（Monopoly）"，也就是如今我们熟知的"大富翁"，或者"强手棋"。

达洛凭借这个山寨版的"地主游戏"，不但笑纳了7000美元专利版权入账，成为了"大富翁"桌游的创始人，还成为史上第一个凭借着卖桌游，成为百万富翁的人……因此，他是真正靠"大富翁"变成了大富翁。

我们再来看看这个原始版本的大富翁，可以说，它完完全全就是20世纪初大美帝资本主义社会的缩影：很多地块都是按照当时大西洋城的街道命名的，比如马尔文花园、巴尔的摩大道、纽约大道、地中海大道等。

不同的数条街道用相同的颜色标注，也和20世纪初美国城市建设时，将地块分割成相应的区块异曲同工，只要房地产商买下整个地块，就可以随心所欲地建成住宅或是商铺。

引人注意的是那4条铁路，简直就是当年太平洋铁路修建后，美国大建铁路工程的写照。在大富翁中，每拥有多一条铁路，就可以多收入相应的过路费，由此可以看出，在那个年代铁路公司完全是不逊色于房地产公司的存在。

另外一个值得注意的点在于，大富翁中还有两个"公用设施公司"：自来水公司和电力公司。这其实也是当时美国的制度中争议很大的一个点，很多人即便不完全同意亨利·乔治的观点，但是也认为类似于水电等公用设施，应该归政府所有。同时还有另外一批人认为，即便是公用设施，也应该交给私人公司投资创办。

这样的争议至今仍然存在，特朗普也在呼吁美国应当开放公用设施的私有化，以市场为导向来提高公司的竞争力。不过，以我的个人体验来说，美国的公用设施公司提供的服务相当不咋地，手机经常没有信号，公共汽车经常晚点，有时甚至一晚点就是1个小时。

在"大富翁"中，公用设施虽然也是私有化的，但是和其他的地块还是略有不同，它不能进行二次发展投资，只能根据玩家掷骰子的数字来确定收入。棋盘上唯一算是真正公有化的，大概只有那块公共停车场了吧。另外，警察和监狱也被保留在了最初的"大富翁"版本，作为美国长久以来犯罪率的象征，这两样东西是绝对不会缺失的。

值得一提的是，当玛姬发现了大富翁桌游的上市，她感到深深的愤怒，不仅因为这款游戏完完全全抄袭了她的创意，更是因为他抄就抄吧，却只抄袭了"垄断"规则，把"繁荣"规则完全抛弃了。

可如果只有垄断规则，那么不就相当于变相地否定了亨利·乔治的思想吗？

不过话说回来，以我多年玩各种桌游的经验而言，合作类的桌游从来就不会太受欢迎，基本上尝鲜玩几把就丢边上吃灰了。大家喜欢的，一向都是那种钩心斗角，尔虞我诈的快感，这可能真的是人类本性吧……

06

不得不说，虽然玛姬阿姨肯定很厌恶"大富翁"这款桌游，但是，如果她了解到以下这个关于"大富翁"的故事，说不定她的怒气会稍许平息一些。

"二战"时，盟军有大量战俘被德国人关押在位于波兰的战俘营监狱Stalag Luft Ⅲ中，英国方面一直想找到办法帮助他们越狱，但是却没办法有效地传递相应信息。战俘们如果不知道自己周遭的情况，别说越狱难度很大，就算逃出来也很可能会撞上驻扎在附近的德军。

所以，如果能想办法把监狱周边的军事地图送给战俘，那么他们就能计划出一条行之有效的越狱路线了。

执行相关越狱任务的，是英国军情九处下属的秘密情报局（MI9），这位项目的负责人，是一位叫做克里斯托弗·克莱顿·赫顿（Christopher Clayton Hutton）的军官。赫顿一开始想到的，是纸质的地图，但是在模拟越狱计划中，他发现纸质地图有着巨大的缺陷：打开和折叠时发出的动静都太大，容易引起看守的注意，此外也不防水，很容易就烂了。

经过一番琢磨，赫顿想到了一个办法，把地图印在丝绸上。丝绸又软又轻便，无论打开收起都是静音的。他联系到了当时英国一家能够进行丝绸印刷的公司——约翰·瓦丁顿公司（John Waddington Ltd）。而这家公司，恰好是英国版"大富翁"桌游的发行公司，丝绸印刷技术原本就被应用到一些桌游产品的生产中。

图 17.7　Stalag Luft Ⅲ战俘营的布局

瓦丁顿公司建议，把丝质地图藏在"大富翁"桌游里，浑水摸鱼带进战俘营。而当时德国方面允许民间慈善组织把医疗药品、保暖衣物、简单食品等送给战俘。桌游也可以被带进监狱，因为德国人觉得，战俘们有一定的娱乐的话，不会天天想着闹事逃跑，管理起来就方便多了。

因此，一款"真实越狱版"大

富翁桌游，就在紧锣密鼓的策划当中。瓦丁顿公司把地图都做上了小暗号，通过密码纸就能解读出来，比如某条大街其实代表的是某支驻扎在附近的部队，公共停车场的位置其实就代表着那里有援救部队，等等。

不仅如此，他们还给这款特别版大富翁做了很多"不必要"的小道具，比如小锉刀、指南针等，便于战俘越狱。根据后来解密的资料，甚至其中一些代表角色的指示物，是用纯金打造的，就是为了让战俘在逃亡时能够用它们换钱。

最令大家拍案叫绝的是，这款"大富翁"的游戏钞票里，竟然还悄摸摸塞进了很多张真正的德国马克钞票。

总而言之，这款特别版"大富翁"为了帮助战俘们逃出生天简直是无所不用其极。虽然没有明确数据表明有多少人借助这款桌游逃出了战俘营，但是到"二战"结束时，共有35000名战俘成功逃离德国战俘营，想必其中有不少人都利用到了这款"大富翁"。

从揭露资本主义弊端的武器，到协助战俘逃生的工具，这就是大富翁背后不为人知的故事。这款桌游能风靡全球至今，因为它原本就是人类现代社会的真实缩影。

1978 年的南美"社会主义"鬼镇：913 人集体自杀事件

　　"冷战"时期，拉丁美洲一片混乱。这里既是美国和苏联意识形态的争斗之地，又是各种反对派割据武装和政府军打得不可开交的修罗场，同时，还是各种大毒枭以毒品为暴利筹码，赚取政治资本的法外乐园。

　　然而，就在这样一片混乱的土地上，却有一座与世隔绝的小镇。更奇特的是，这座南美茂密丛林中的镇子人口上千，几乎全部是从美国迁徙至此，他们过着自给自足、丰衣足食的生活，看似享受着世外桃源般自由。至少从表面看来，在那个年代的他们，物质和精神生活都很丰富。

　　恐怕谁也无法将这样的一座小镇，和一场惨绝人寰的集体死亡事件联系在一起。

　　惨剧发生后，第一批到达现场的美国军人也被现场的景象吓倒了：整个小镇的开阔地带遍地尸体横陈，而且和那种大屠杀现场凌乱不堪的骇人景象不同，这里的尸体都可以说排列得整整齐齐，而且没有事后人为搬运过，死者的姿势和神态也相对平静。

图 18.1　惨剧现场，尸体全部整齐排列着

这似乎也便意味着，这是一场有预谋有计划的集体死亡事件，这些受害者可能在死前就知道即将发生什么，他们没有进行什么抗争，就集体选择了赴死。要知道，在震惊世界的"9·11"恐怖袭击发生之前，这场913人的集体死亡，是美国近代史上最大规模的非自然死亡事件。

　　为什么会发生这样的一幕？这场惨剧的背后，又牵扯到什么不可告人的阴暗秘密？

01

　　整个事件的核心，只与一个神秘男人有关。

　　在具体介绍他之前，我想说，自己曾经看过的不少美剧中都有这样的一个桥段：一个风貌落后却淳朴的村庄里，有个非常有煽动力又亦正亦邪的教主式人物。作为这个集体的绝对核心，他可以对任何村民发号施令，而奇怪的是这些村民对他都有着一种莫可名状的信任感，服从各种命令。

　　本文的主角吉姆·琼斯（Jim Jones）就是这样的一号人物，说起来，他的身世简直比剧本还要更加复杂。

　　1931年的5月13日这一天，琼斯出生在美国印第安纳州克里特县的一个小村庄，他的父亲詹姆斯·瑟曼·琼斯（James Thurman Jones）是一名参加过"一战"的老兵，一个酗酒如命的酒徒，但他更加惹人注意的身份，是一位3K党成员，换言之，一个白人至上的极端种族主义者。

　　为什么要强调他父亲的3K党极端种族主义者身份呢？因为吉姆·琼斯的身上虽然流着老琼斯的血液，但却有着和他父亲完全不同的思想，继续往下看你们就知道了。

　　这一切可能都和琼斯有一个嗜书如命的少年时代有关。当大萧条爆发后，家庭经济的窘迫逼着琼斯一家只能搬到一个偏僻的小镇，在那里琼斯很少能和正常的同龄孩子接触，陪伴他的只有书。

　　更关键的是，他看的书也有点与众不同。琼斯痴迷于那些时代大人物的著作，他仔细研究了包括斯

图18.2　吉姆·琼斯

大林、希特勒、马克思、甘地以及毛泽东等人的著作，并分析他们思想的优势和缺陷。其实如果追溯一下当时的背景就知道，当时正是"二战"爆发到结束的时期，各种新思想也随着战争传递到了美国本土。

在沉迷政治人物的同时，他还对宗教也产生了浓厚的兴趣。当时认识他的人都说，琼斯是一个非常奇怪的孩子。他痴迷于宗教，痴迷于死亡，经常会独自给一些动物举行葬礼，还曾经用刀刺死过一只小猫。

青年时代之后，琼斯接触到了一些底层的黑人，可能是出于对他们的同情，也可能是因为受共产主义思想的熏陶，他极度反感父亲的种族主义思想。有一次当他带了一个黑人朋友回家做客时，老琼斯不留情面地宣布驱逐，这一举动彻底激怒了琼斯，从此之后他再也没有再叫过他一声父亲。

而琼斯当时所在的印第安纳波利斯，恰好是一个种族歧视非常严重的地区，到处都有着种族隔离的现象。黑人群体尽管一直在进行各种抗议，但却没有什么效果。此时在当地一所卫理公会教堂任职的琼斯，试图将黑人信众也引入这个教会，但遭到了拒绝，因为教堂也是种族隔离的场所之一。

此情此景令琼斯想到：黑人群体是一个庞大的集体，如果能够和他们打成一片，将他们发展成为信众，那么自己就自然可以成为宗教领袖。

于是琼斯说干就干，1956 年 6 月 11 日这一天，他在当地一所教堂内举行了一个隆重的仪式，宣布自己创建了一个全新的教会，它有一个高大上的名字："人民圣殿全福音基督教会（the People's Temple Christian Church Full Gospel）"，简称人民圣殿教。

02

人民圣殿教可不是个一般的宗教，人家可正儿八经代表着"人民的名义"。

原来通读过马克思《资本论》的吉姆·琼斯，自称是个忠实的马克思主义信仰者，他觉得这种伟大的思想在美国大有可为，特别是解救那些水深火热中的黑人底层民众。同时，他还特别痴迷毛泽东思想，因此标榜自己是个社会主义者。他宣称建立人民圣殿教的目的，就是为了实现自己的共产主义理想。

那么他到底是真诚的共产主义接班人，还是只是打着个幌子呢？其实只要看看他传教时的言论，自然就一目了然了：他自称自己曾经转世为释迦牟尼，后来又转世为耶稣，再后来又转世为列宁。

这几句反辩证唯物主义的言论要是给马克思听见，怕是他老人家的棺材板都要压不住了。

当然了，琼斯最初也是靠着做好事行善来换取信众的热情的，他在印第安纳波利斯设立了免费食堂、日间托儿所、老年人诊所等福利机构，并提供各项社会服务。同时，他吸收了大量的黑人信众，让这些当时爹不亲娘不疼的底层弱势群体，感到自己终于找到了归宿。因此，人民圣殿教的信徒里超过半数都是非裔美国人。

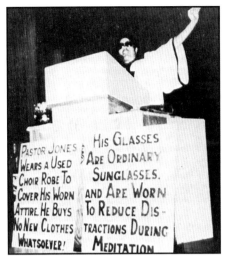

图 18.3　琼斯正在传教

同时，为了展现自己追求平等，反对种族歧视的精神，他还收养了 3 名韩国裔孩子，一名非洲裔孩子。琼斯自称自己的家庭是个"彩虹家庭"，各种族的孩子都可以在这里得到爱的供养。

不得不说，琼斯在当时的行动还是挺有勇气的，因为那时美国的大环境就是彻彻底底的种族主义。他也因为这些言行，在印第安纳州受到了大量的批评和指控，甚至有人给他送威胁信，还有人在他的教堂里偷偷埋了土炸弹。

图 18.4　琼斯的彩色家庭

这些极端行径的确吓倒了琼斯，他觉得印第安纳波利斯不是个长居之地，有必要开辟一个新的地点作为教会基地。在左思右想之后，他觉得南美洲是最适合的地点，那里经济基础更差，人民对宗教的热情也非常强烈。

而他一开始确立的地点，是巴西的贝洛奥里藏特（Belo Horizonte），为此，他还特意飞去那里准备进行一番长期考察。在巴西，琼斯专门研究了当地少数族裔的经济状况，以及接受他传教的可能性。因为当时的"冷战"背景，他不敢再鼓吹自己是个共产主义者，而是非常谨慎地自称仅仅为了创建一种使徒式的社区生活方式。

然而，琼斯考察还没有完全结束时，美国国内传来了坏消息：印第安纳波利斯的人民圣殿教基地怕是保不住了，他必须回到美国。就在回美国的过程中，琼斯还途经了一个国家——圭亚那（Guyana），当时的他并不知道，这个默默无闻的小国家将和他今后的人生产生重要的交集。

03

20世纪60年代末回到印第安纳波利斯之后，吉姆·琼斯发现这里已经难以安身立命，但此时的人民圣殿教已经在全美国蓬勃发展开了。作为教主，琼斯终于迈出了转型的第一步，他把总部基地迁往加州的红杉谷，同时，还在洛杉矶和旧金山都设立了分部。

果然，去到了加州之后，人民圣殿教的发展更加迅猛。教主琼斯公开承认，自己的宗教就是一种"社会主义宗教"，他甚至直言不讳地发表神论：如果你出生在资本主义的美国，种族主义的美国，法西斯主义的美国，那么你生来就带着罪孽；但，如果你是个忠诚的社会主义者，那么你就没有这种原罪。

出乎意料的是，琼斯的思想居然在资本主义大本营美帝受到了空前的欢迎，人民圣殿教甚至成为一股不可小觑的政治力量，并参与到了加州选举活动中。民主党人非常重视琼斯和他的信徒，多次拜访他的教会，并捐赠了大量款项来支持他。作为回报，琼斯也号召信徒们给这些政治家狂投选票。

此时的琼斯，已经被包装成为代表先进思想意识的典范：他不仅关注种族问题，还关心贫穷、民主、公平、正义等其他社会问题，俨然一位成功政治家。但实际上根本不是那么回事，在1975年旧金山市长选举中，民主党候选人乔治·莫斯克尼为了获得圣殿教成员的选票，甚至用旧金山住房委员会主席的职位作为筹码，对琼斯进行了赤裸裸的贿赂。

就职之后的琼斯，更是常常利用手中的职权，继续扩大自己的声望，并混迹于加州政客之间。

1977年9月，加州议员比尔·威利（Bill Willie）、杰里·布朗（Jerry

图18.5　成功打入美国政治圈子的琼斯

Brown）和副州长默文·戴马利（Mervyn Dymally）在琼斯发起的大型见证宴会上担任司仪。在那场晚宴上，布朗毫无掩饰地吹捧琼斯说："每天清晨阁下照镜子时，想必在镜子里所见到的，是一个马丁·路德·金、安吉拉·戴维斯（一位美国共产党领导人）、阿尔伯特·爱因斯坦和……毛泽东主席的集合体！"

可以说，吉姆·琼斯身上复杂的多元性标签，使得他吸引了各种人士的瞩目，美国第一位公开宣布出柜的政治家哈维·米尔克（Harvey Milk），也自愿成为他的终身信徒。

甚至在 1976 年美国总统大选中，获得民主党提名的总统候选人詹姆斯·卡特出于拉选票的目的，也希望把琼斯拉到自己阵营中。所以大选开始前，琼斯和旧金山市市长乔治·莫斯克尼多次秘密会见卡特的竞选团队，开小会商量拉票活动。后来，卡特成功当选第 39 任美国总统后，琼斯还曾被第一夫人罗莎琳·卡特邀请见过面。

此时的琼斯功成名就，人民圣殿教发展迅猛，政治事业也蒸蒸日上，然而就在他走向人生巅峰之后，却犯了两个致命的错误，导致自己的上升势头戛然而止。

第一个错误，就是野心膨胀的他，公开要求政府允许他的教徒拥有军火，因为他觉得很多教徒的生命安全受到威胁，有必要建立一支自卫的武装组织。这句话一放出来，琼斯的野心也便昭然若揭了。

第二个错误，就是他为了建立个人威信，对教内持不同观点的人施加酷刑，甚至发出死亡恐吓。如果有人试图退教，琼斯就会抓到他们并毒打一顿以做警示。

然而越是压迫，反抗就越多，很多受迫害的教徒曝光了这位"伟光正"教主的各种丑闻：包括私吞信众资产、装神弄鬼伪造神迹、体罚教众等斑斑劣迹全都公之于众。虽然琼斯一再辩称这些都是那些退教者的恶意诬蔑，但无论如何，他过去给自己营造的形象已经面临颠覆的危险。

更重要的是，琼斯怀疑中情局和联邦调查局已经介入其中，开始对他进行调查。因此他意识到，加州也不再安全，甚至整个美国都不是他这样的"社会主义者"立足的地方。

怎么办？逃离美国，去更适合传教的天堂，是摆在吉姆·琼斯面前的唯一选择。

1973 年冬，琼斯和一些亲信教徒们列出了一个逃亡计划，准备将整个教会全部迁往海外。最初，琼斯的头号出逃选择是古巴，这个社会主义国家毫无疑问是最适合自己教派发展的土壤。然而人家古巴人民却并不欢迎琼斯，认为这个来自资本主义世界的美国人，骨子里不可能有真正的社会主义思想。

没办法，琼斯只好把视线转向另一个国家，也就是当初他考察巴西时路过的那个南美小国：圭亚那。在仔细地研究了圭亚那的经济状况，以及和美国的引渡条约之后，琼斯做出了一个重要的决定：将圭亚那作为自己的下一个落脚点。

图 18.6　正在圭亚那考察的琼斯

个人认为，琼斯之所以会选择这么一个名不见经传的国家，主要的原因有两个。其一是圭亚那是南美洲唯一一个主要说英语的国家，琼斯和他的信众们可以快速适应当地的生活。其二，这个小国非常落后，政府也很弱小无力，不太可能对琼斯的团体进行监管。

这样一来，琼斯就可以在这里实现他的下一个宏大目标：建立一个以自己的宗教为核心，并鼓吹社会主义性质的乡村公社。而这又恰恰是当时圭亚那政府希望在这个国家推广的一种社区模式。

这些信众愿意不远千里搬迁到一个陌生的国度，还有更重要的一个原因。自从古巴导弹危机之后，琼斯借机渲染核危机的严重性，号称核大战很快就会爆发，他必须要提前带着教徒们前往一个与世无争的"社会主义伊甸园"。

鉴于当时美苏争霸已经白热化，"冷战"的气氛压抑得很多人都喘不过气来，加上核武器的恐怖，很多人相信了他的话。

一切准备工作就绪之后，1974 年琼斯就率领着他人民圣殿教的教众们，开始集体移民前往圭亚那。在这座小国西北部的丛林里，琼斯亲自挑选了一块超过 3800 英亩的地皮租了下来。这里地处密林深处，土地贫瘠，位置偏

图 18.7　早期的琼斯镇，标准化的住房

远又封闭，甚至连最接近的水源也在 11 千米之外。然而这种超然世外又物质贫乏的环境，正是琼斯所需要的，这里更加便于他对信徒们进行掌控。

第一批移民以木匠、技工为首，他们在这里建筑起了一排排房屋，一座小镇的雏形在密林里渐渐出现了。兴奋异常的琼斯决定以自己的名字，把这里命名为"琼斯镇（Jonestown）"。

琼斯镇的地理环境虽然落后，但是住宿环境并不差，在充足资金的支持下，小镇每座房屋里都有空调、冰箱、电视机、收音机等设施，生活还是很滋润的。琼斯镇的主要食物来源是在此种下的蔬菜和水果，这也正符合琼斯镇的官方名称——"人民圣殿农业计划（People's Temple Agricultural Project）"。

最开始的琼斯镇，绝对可以称为一个世外桃源，所有新成员都充满了集体主义精神和兄弟之间的情谊，他们的努力工作也收到了回报，不仅能够自给自足，还将多余的粮食卖出去赚钱。琼斯本人也趁热打铁，把琼斯镇宣传成一个"人人平等的社会主义天堂，以及逃离美国政府监控的避难所"，吸引更多教徒搬迁至此。

与此同时，琼斯还买通了圭亚那海关，在他们的包庇下琼斯镇可以自由地进口武器来武装自己，琼斯多年来一直希望打造一个武装团体的目的也达到了。

在琼斯的个人威信和影响力之下，一批批的移民纷至沓来，圭亚那政府得到了琼斯的好处，对任何移民都不仔细审核，一堆惹是生非的刺头儿流氓也混进了新的团体。而且，虽然进来容易毫无门槛，但想走就没那么容易了：琼斯严格禁止任何人擅自离开琼斯镇。

正是在这样的移民浪潮中，仅仅四年之后，琼斯镇的人口就达到了1000人以上，他们中绝大多数都是琼斯本人的铁杆信徒。

05

迅速扩大的新移民人口，也带来了意想不到的问题，原本宽敞的住房变得紧缺，房屋和个人财产分配成了困扰琼斯的头号麻烦。此时的他才意识到，马克思主义和毛泽东思想原来有这么高深，他曾经学到的恐怕只是些皮毛，如今连1000人的群体都应付不来了。

而且这些信徒就算是美国底层，但也大都生活在资本主义的城市环境下，有着良好的卫生环境和生活质量，每周只要集体参加几次教会活动就行了。如今搬到圭亚那这么个落后的拉美小国，潮湿闷热的气候让他们每个人都苦不堪言，无心工作。

于是"三个和尚"的一幕也复制在了琼斯镇，人口虽然越来越多，之前的那种人人甘于奉献的集体主义精神却在不断消失，信徒们为了一点点小事就产生争执，为了谁多干了一点活而斤斤计较，琼斯梦想中那个博爱平等的美好家园，似乎渐行渐远了。

图18.8 正在琼斯镇劳作的吉姆·琼斯

人口急剧增多带来的严重问题也不止于此，原本充足的粮食也不够了，而琼斯镇的贫瘠土壤根本支撑不了太多的人口。教徒们每天只能进食大米、豆类和蔬菜，偶尔吃点鸡蛋和肉酱就算开荤了，大鱼大肉那是想都别想的。艰苦的生活带来的是严重的疾病问题，很多琼斯镇的移民都患上了痢疾和高烧，超过半数人口的健康状况都不算良好，也就更加不愿意安心工作了。

琼斯镇日益恶化的整体环境，让吉姆·琼斯觉得不能再这样继续下去了，他决意通过制定更加严格的管理规范，来控制信众们的衣食起居。

琼斯首先取缔了之前随意播放的娱乐化影片，改为只允许播放由苏联大使馆提供的苏联宣传片，他还在镇里到处张贴标语提醒人们要关心他人，要抛弃一切成见互相友爱，要给教派每一个成员的劳动提供帮助。

新的工作时间标准也出台了，每个琼斯镇成员必须每天从早上6点工作到晚上6点，一周工作6天。工作结束之后也不能随意活动，而是要参加由琼斯主持的布道会，进行集体教育工作。

这还不算完，琼斯还亲自录制了每日广播，并通过琼斯镇唯一的广播塔24小时宣传播放，让所有信徒无时无刻不沉浸在琼斯教主的谆谆教诲之中。

这一番规范化管理加洗脑工作显然是行之有效的，之前很多问题都开始好转，但是琼斯的个人极权思想却一发不可收拾，他不但控制教徒们的一言一行，还禁止他们私自谈恋爱，更残酷的是，任何试图逃出琼斯镇的"叛徒"，一旦被抓到就要带到一个特制的小黑屋中，进行严刑拷打。

但历史告诉我们，越是压迫，反抗也越强烈，很多教徒都通过各种渠道向美国政府举报琼斯的残暴统治。琼斯担心的事情又重现了：中情局和联邦调查局似乎阴魂不散地跟到了圭亚那，着手调查琼斯的行径。

对此，琼斯也想到了对策，他发起了一种叫做"白夜"的运动，也就是进行预先的一种预演：一旦真的遇到危及琼斯镇生存的事件发生，信徒们该如何应对？琼斯给他们指出了四条明路：

（1）尝试逃亡，前往苏联；

（2）逃进丛林里去；

（3）留在琼斯镇抵抗敌人；

（4）为了革命而自杀。

这其中，最需要被注意的，想必就是最后那个选项——为革命自杀了。什么才是"革命性自杀"呢？人民圣殿教的逃亡者德博拉·雷顿在后来的一份书面陈述中描述了这种活动：

"每一个人，包括儿童，都被要求排好队，然后每人拿到一杯红色的液体。他们告诉我们那液体中有毒，喝了之后45分钟内便会死去。我们都照他们说的做了。时间到时我们本应死去，但琼斯说其实液体中没有毒，这么做只是为了测试我们的忠诚度。他也警告我们，在不远的将来我们可能有必要亲手结束自己的生命。"

谁也不会想到，这种可怕到不可思议的场景，竟然真的在某一天发生了。

06

1978年10月2日这一天，琼斯镇发生了一件事情，当天苏联驻圭亚那大使费奥多·季莫菲耶夫特意访问了琼斯镇。为了讨好他，琼斯当着所有信徒的面说道："多年以来，我们一直保持着公开而明确的立场：美国政府不是我们的母亲，苏联才是我们精神的故土。"据说琼斯已经在这次访问中，正式和季莫菲耶夫讨论了把人民圣殿教迁往苏联的可能性。

这件事情被美国政府知道之后，国会议员里奥·瑞恩（Leo Ryan）宣布将要访问琼斯镇。说是访问，但琼斯很清楚已经到了关键的时刻，瑞恩其实就是来摸他的老底。为此，琼斯抓紧时间对所有镇民进行了排练，势必要让他们在瑞恩面前呈现出一派和谐社会的景象。

11月17日那天，议员瑞恩果然如期来访了，一切也如琼斯料想中那样正常发展，所有信徒都安心工作、欢乐祥和，交流着兄弟般的情谊。这一幕果然迷惑住了瑞恩，他以为琼斯镇真的如宣传那般，是个世外天堂般的存在。在他的眼中，琼斯就如同一个圣人一样，受到所有群众的真心爱戴。

然而，就在瑞恩当晚回到住处时，同行的 NBC 记者唐·哈里斯（Don Harris）紧张兮兮地递给他一张揉得破破烂烂的纸条，上面歪歪扭扭写着：敬爱的议员，我们是弗农·格斯尼和莫妮卡·巴格比。请帮助我们逃离琼斯镇！

图 18.9　议员瑞恩的尸体

见到这张纸条，瑞恩立刻意识到了什么，他带领调查团人马连夜找到琼斯，掏出纸条质问他究竟是怎么回事。琼斯立马慌了，他赶紧狡辩说，写纸条的人都是叛徒，他们的目的就是毁了这个琼斯镇。

我们并不知道瑞恩是否相信了琼斯的解释，只知道他们团队决定第二天下午乘飞机离开这个阴云密布的镇子。然而，琼斯并没有放过他们，意识到事情已经败露的他，决定来个鱼死网破。

第二天，瑞恩团队在机场候机时，事先埋伏在这里的枪手疯狂扫射，议员瑞恩、NBC 的记者们和摄影师们，包括一个跟着他们逃亡的琼斯镇成员，全部倒在了血泊里。

更令人感到毛骨悚然的一幕在接下来继续发生着：琼斯知道议员之死这样的大事件，美国政府绝对不会放过自己，他自言：一切都失败了。谁也猜不到，他的自我毁灭居然要搭上整个琼斯镇所有人的性命。

当天傍晚，他在小镇大厅内召集了所有的琼斯镇信

图 18.10　毒药生效后，镇上的居民纷纷倒地毙命

徒们，宣布要进行一场集会。集会开始前，琼斯准备了一个盛着饮料的金属大桶，并向其中投放了安定、水合氯醛、氰化物和异丙嗪几种药物。

琼斯直截了当地对所有人说：现在你们为革命牺牲的时刻到了，我需要你们在这里喝下这些液体，并献出自己的生命，死后你们就将获得永恒的幸福。

一位妇女带着她的孩子，毫不犹豫就把毒药喝下了下去，紧接着，她又强迫自己的孩子也喝下了毒药。有了第一个，就有了后面的牺牲者，镇民们竟然没有反抗，一个接一个心甘情愿地服下了毒药。

5 分钟后，毒药开始见效了，琼斯要求他们排队走出大厅，面对人们看到他人的毒药起效时的反应，琼斯安抚他们：要有尊严地死去，要有尊严地倒下，不要带着眼泪和痛苦倒下。在这场惨不忍睹的集体自杀中，教主琼斯自己也选择了服毒自尽。

于是，开篇的那一场惨剧就出现了：900 多名镇民纷纷倒在了大厅外，其中甚至包括 276 名儿童。这场集体自杀事件，导致琼斯镇一夜之间就变成了一座鬼镇。而这一幕严重地刺激到了美国人民，据说在那一代的他们，有超过 80% 的人都熟知琼斯镇的故事。

写到这里，这个黑暗又充满了各种阴谋背景的故事到这里就结束了，但是很多人可能会怀疑，为什么这些镇民居然会傻到相信琼斯，甚至宁愿献出自己的生命，来了一场集体自杀呢？

其实，按照迪尔凯姆的自杀理论，这种自杀方式可以被划分进"利他型自杀"。所谓利他型自杀，并非均出于利己考虑，有些自杀恰恰是利他精神的表现形式，如义务性自杀和负疚性自杀。当代社会中军人的自杀便属于此

类。迪尔凯姆认为，群体整合与利他型自杀率是正向相关的。

　　换言之，当社会整合过于强烈之时，高度的社会整合使得个性受到相当程度的压抑，个人的权利被认为是微不足道的，他们被期待完全服从群体的需要和利益。

　　利他型自杀有两种表现形式，第一种叫做义务性自杀，是指自杀其实是群体强加给个人的义务。第二种表现是负疚性自杀。执行者对群体和义务的认同十分强烈，完全献身于群体，服从群体，为了群体利益即使付出生命也在所不惜。如果说利己型自杀的原因是社会整合程度不足，那么利他型自杀的原因则是社会的过度整合。

　　而琼斯镇，恰恰就是这样的一个过度整合型社会。

第五章

人类学＋地学

一场史无前例的大爆炸，间接摧毁了大明

说到"大爆炸"，恐怕大家第一反应都是近代工业革命之后的事情。毕竟，以古代工业的那么点实力，似乎搞不出什么大动静来。然而，近400年前的中国，竟然在首都北京发生了一起惊天动地的可怕大爆炸，其惨烈程度，直接导致两万多人命丧当场，毁坏的建筑更是不计其数。

关于这场大爆炸，至今仍有许多疑团，因此被评为世界三大自然未解之谜之一。在这篇文章里，我就来尝试着给出一些解释。

01

天启六年的五月初六这一天的早上，阳光明媚天色皎洁，京师北京和往常一样热闹非凡，街市熙熙攘攘，官员各行其职，谁也不知道一场横祸即将发生。

9点钟左右，忽然不知从何方传来一声异响，紧接着，自京师的东北位置向着西南角，尘土飞扬，涌起了一人那么高的灰墙，楼宇都开始颤抖起来。再过了一会儿，只听见一声惊天动地的爆炸声，瞬间如同天崩地裂一般，天色昏黑如夜，无数间民宅屋子坍塌了一地。

东起顺城门大街（今宣武门内大街），北至刑部街（今西长安街），西及平则门南（今阜成门）之间的长1500~2000米，宽6500米的整个区域内，全部化为了一片齑粉，木材、石块、人和动物的残尸如同雨点那样从天空中降下，这可怖的惨状令偌大的北京变成了人间地狱。

更吊诡的是，爆炸产生的黑烟，竟然如同一朵蘑菇云腾空而起，许久才散去（"遥室云气……有如灵芝黑色者，冲天而起，经时方散……"）虽然蘑菇云并非是核爆独有的现象，但其爆炸的烈度也可见一斑。

大爆炸的破坏程度，其实从之后的现场也能看得出来。爆炸的瞬间，各

种人畜、树木、砖石全都突然腾空而起，飞得不知去向，其中一根大木头竟然飞到了密云。石驸马大街（今新文化街）上，有一座2500千克重（2.5吨）的大石狮竟被甩飞到了顺成门（今宣武门）外，直线距离达到500米之远。

大爆炸导致数万间房屋倒塌，两万余人当场丧命，伤者更是不计其数，头破血流，四肢断裂的数不胜数。死者的尸体堆积在一起，秽气熏天。人头、断肢伴随着残砖碎瓦从空中铺天盖地地落下，掀起的烟雾根本看不清道路。还有一些残尸和衣物挂在树枝上，其中尤以德胜门外落下的人臂、人腿最多。

爆炸还摧毁了城中一处为皇帝出宫准备的仪仗队大象舍，受惊的大象狂奔而出，踩踏附近街道上的行人。逃命的人全都哭天喊地，全城的人都像疯了一样逃向安全的地方。

关于伤亡和失踪的官员，史书中还有更加详细的记载，爆炸的中心区域内，正在街上行走的官员薛凤翔、房壮丽、吴中伟所乘坐的大轿被打坏，轿夫伤者甚众。工部尚书董可威双臂折断，御史何廷枢、潘云翼在家中被震死，两家老小"覆入土中"。宣府杨总兵一行7人连人带马没了踪影。

爆炸发生时，天启皇帝明熹宗正在乾清宫用早餐，只觉得霎时间地动殿摇，精通木工的他知道大事不妙，于是起身飞奔而出，从乾清宫冲到交泰殿。因为跑得太急，连那些内侍都来不及跟上，只有一名近侍勉强搀扶着。然而，就在奔跑途中路过建极殿时，殿上的槛鸳瓦坠落下来，将这位可怜的近侍脑袋打得粉碎，当场毙命。

另外，紫禁城中当时正有大量的工匠在修建大殿，因为爆炸产生的震荡，导致2000多名工匠从高处摔落下来，全都摔成了肉袋。皇贵妃任氏宫中的各种器物纷纷坠落，她襁褓中的太子朱慈炅当场受惊身亡。

除了中心灾区之外，北京周边的其他地区也受到不同程度的影响，通州、密云、昌平，都受到影响，连蓟州城东角的房屋都被震坏了数百间。而且更诡异的一点是，"死、伤者皆裸体"，这的确是空前罕见的怪事，令明末清初的名人学士大惑不解。比如经过玄弘寺街的一驾女轿，在爆炸时轿顶被掀翻，轿中女子身上的衣服荡然无存，人却安然无恙。

很多其他死者和伤者也都是赤身裸体，丝毫不挂。有一名侍从帽子、衣裤、鞋袜一刹那全都不见了。还有一人腿部负伤躺在地上动弹不得，恰好看见街上妇女全都赤身裸体跑过，有的用瓦片遮住下身，有的用手遮掩下体（比如屯院何廷枢的爱妾），有的只用床单被褥勉强遮盖……

这就是明朝天启年间所发生的一起不可思议的京城大爆炸，史称天启大爆炸，西方媒体也叫做北京大爆炸（Beijing Explosion）。

02

那么，这起神秘的惨剧究竟是因何而起呢？

因为发生在一个叫王恭厂的地方，因此天启大爆炸又叫做王恭厂大爆炸。如果你知道这个王恭厂是个什么地方，就会对爆炸的原因有个初步的认识。王恭厂的原址，位于北京内城西南角，也就是今天西城区新文化街以南、宣武门西大街以北、闹市口南街以东、佟麟阁路以西的永宁胡同与光彩胡同一带。

这家机构其实是工部制造盔甲、铳炮、弓矢及火药的皇家兵工厂，同时也是火药储存库，所以又称为火药局。

因为是高度危险的地方，因此设置在京城内部，驻守总人数70~80人。不过呢，又出于安全考虑，万一爆炸可能会威胁到皇宫的安全，因此将它安置在距离紫禁城约3千米远的地方。当时的专家可能觉得这个距离妥妥万无一失了，但却没想到这场大爆炸连天启都差点受伤。

说起来，有明一代自永乐年起，火器的制造就有了很大发展。明成祖朱棣平定交阯后，从那里引进了神机枪炮法，于是特置神机营进行火器的配备及操练。

当时驻守京城的京军所设三大营（五军营、三千营及神机营）中，神机营是明朝军队的主力，他们也配备了当时最先进的火器和最强的兵力，装备了火枪、火铳等，后期还增加了火绳枪。

神机营顶峰时期，装备的火器数量是相当可观的，据明史记载，有霹雳炮3600杆（步兵火铳）；合用药9000斤；重八钱铅子900000个；大连珠炮200杆（多管火铳）；合用药675斤；手把口400杆（炮兵防身用手铳）；盏口将军160位（野战重炮）。

为了给神机营提供军火支持，明末的北京城内先后设立了6处火药厂局，凡是京营火器所需的铅子弹及火药都是由王恭厂预造，以备京营来领用，因此说王恭厂是军火总厂毫不过分。

另外，王恭厂当年所在的那条胡同，因为大爆炸之后死人无数，甚至被称为棺材胡同，直到后来才因为名称不好听，改成了光彩胡同。

03

既然知道了王恭厂是一个装满火药的军火库，那么似乎问题也就迎刃而解了。很简单嘛，就是某个原因导致火药一起爆炸了对不对？

但是，事情真的这么简单吗？

我们如今并不能乘坐时光机回到事故现场，去看一看到底发生了什么。《明实录·熹宗实录》《天变邸抄》《国榷》《两朝从信录》等各种史料也众说纷纭，很难追溯到事件的真相。

但是没有关系，咱们还可以拿出其他的办法：公式计算。在计算之前，我们需要知道一些数据，比如王恭厂的黑火药究竟有多少数量。

根据史料记载，王恭厂的工人数量在 400 人左右，那么按照当时的制作工艺，每人每天生产 25 千克黑火药，每天的产量就是 10 吨，一年的产量就是 3000 吨左右。再考虑到当时明代战事频繁，火药的消耗还是不少的，黑火药的特性一般也不可能存放超过一年，那么 3000 吨作为王恭厂的黑火药存量，想必是只多不少。

接下来，紫禁城和王恭厂的直线距离很容易计算，大约是 2500 米。根据国标，现代黑火药的 TNT 当量，也就是按照地震波强度折算值是 0.51。注意，这还是现代的黑火药，明代时期的生产工艺所限，纯度是肯定不及的。

再将其代入爆炸折算的地震波传导数值公式 $v=K(Q^{1/3}/R)^n$ 中，其中 R 是距离 2500 米，Q 是 TNT 当量 $3000 \times 0.51 = 1530$，再套用地下火药库对地表的两个固定值 $K=50$，$n=1.7$，可以计算得到地震波的速度 v 大约为 0.27 厘米每秒。

这个数值可能大家没有直观的印象，但是参照地震烈度的表格，只相当于 II 级的地震。II 级地震意味着什么呢？只有非常敏感的人在静止中才可能感受得到。这显然和王恭厂大爆炸那种天崩地裂的惨烈情状不符。

那么也就是说，王恭厂的所有火药配备一起算上，充其量也只能造成一场 II 级地震，那种认为军火库火一点，就炸得北京城鸡犬不宁的假设，显然是不可能的。

毕竟，古代不是如今，动不动就如同战争片动作片一样来一场惊天大爆炸，抱歉人家还没那个科技实力和生产能力。

而且还有一些细节也很说明问题，爆炸后所形成的爆炸区面积，和原爆点的王恭厂坐标并不对称。如果只是普通的火药爆炸，那么显然冲击波所形成的爆炸区域，应当是一个完整的圆形坑。

然而王恭厂大爆炸之后，受损的区域却是明显偏北：残肢主要集中在德胜门，衣服纷纷挂落在西山附近的树枝，昌平的演武场掉落了大量的金银、器皿和首饰，蓟州城、密云等地也受到了影响。

再有一点，根据明代刘若愚所著《酌中志》所记载，“凡坍平房屋炉中之火皆灭”，这也就是说，坍塌后的房屋中所有的炉火不但没有随着爆炸的火势继续燃烧，反而全都灭掉了，这也是一个不合理的现象。

更何况，那个 2.5 吨重的庞大石狮子飞出去几百米，这又怎么可能是明代一场火药厂爆炸所释放的能量可以做到的呢?

因此，无论是从理科出发的爆炸计算，还是从文科的史料分析，种种痕迹表明，这次的王恭厂大爆炸，远不是一场火药事故那么简单。

04

种种迹象表明，这场爆炸可能并非只是一场人祸，更可能是一场天灾。

在我国历史上，公元 15 世纪到 17 世纪属于一个特大的自然灾变群发期，地质专家徐道一称之为明清宇宙期，表现在历史记录中的太阳黑子活动、极光、陨石、火山爆发、地震、特大飓风、旱灾、动物活动异常，等等。可以说，当时真的是一个多事之秋啊。

我们不妨先看一看，王恭厂大爆炸之前，关于各种天气异象的史料记载。首先，当时有很多人听到地下传来了诡异的巨响。

《天变邸抄》中描述了爆炸之前地下传出的异响：“天启丙寅五月初六日

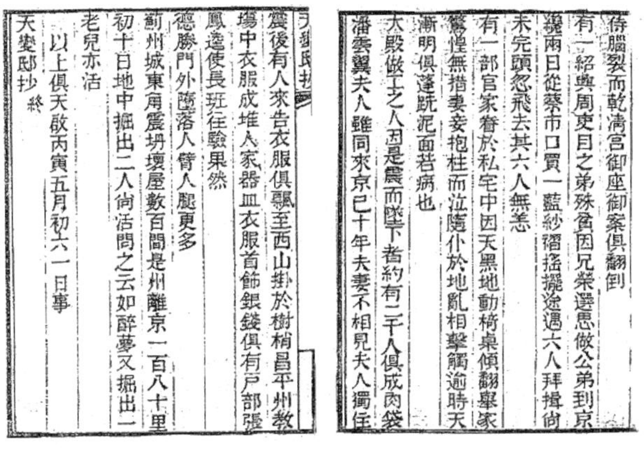
侍臘裂而乾清宮御座御案俱翻倒
有一紹興周吏目之弟殊貧因兄榮選思做公弟到京
纔兩日從蔡市口買一藍紗褶搖擺途遇六人拜揖尚
未完頭忽飛去其六人無恙
有一部官家眷於私宅中因天黑地動椅桌傾翻舉家
驚惶無措妻妾抱柱而泣隨仆於地亂相擊觸逾時天
漸明俱蓬跣泥面若病也
大殿做工之人因是震而墜下者約有二千人俱成肉袋
潘雲翼夫人雖同來京已十年夫妻不相見夫人獨住
震後有人來告衣服俱飄至西山掛於樹梢昌平州教
場中衣服成堆人家器皿衣服首飾銀錢俱有戶部張
鳳逵使長班往驗果然
德勝門外墜落人臂人腿更多
薊州城東角震坍壞屋數百間是州離京一百八十里
初十日地中掘出二人尚活問之云如醉夢又掘出一
老兒亦活
以上俱天啟丙寅五月初六日事
天變邸抄終

图 19.1　史书中记载的天启大爆炸

巳时，天色皎洁，忽有声如吼，从东北方渐至京城西南角，灰气涌起，屋宇动荡。须臾，大震一声，天崩地塌，昏黑如夜，万室平沉。

《明史·五行志》记载："地中霹雳声不绝。"

《两朝从信录》中则记录了御史王业浩的奏折："臣等于辰刻入署办事，忽闻震声一响，如天坼地裂。须臾，尘土火木四面飞集，房屋梁椽瓦窗壁如落叶纷飘。臣等俱昏晕，不知所措。"

再者，还有人提到了地表有迅速移动的光波。

《两朝从信录》提到了："但见飚风一道，内有火光，致将满厂药坛烧发，同作三十余人皆被烧死，只存吴二一人。"有人认为这是有人在厂内纵火，导致了爆炸。但我个人却并不这么看，结合上文的异响，这种夹杂着火光的飚风一道，非常像是地震前兆的地震光。

所谓地震光，是指在地震发生时，受震动波及之区域上空所出现的光。持续时间由几秒至几十秒不等，地光所产生的电磁波甚至会干扰无线电通信。

在 1965 年日本长野县发生的松代大地震，以及 1976 年我国河北省发生的唐山大地震，还有 2016 年日本的熊本地震中，都记录有大量的地震光出现。

再结合爆炸后的记录中提到有地裂和地坑形成的现象，比如明朱祖文的《北行日谱》记载："地裂一十三丈……声震宫阙。"清朱一新的《京师坊巷志稿》记载："王恭厂忽震裂，响若轰雷，平地陷二坑，约长三十步，阔五十余步，深二丈许。"可以基本推断，王恭厂的爆炸应该是由一场大地震引起的。

这一点，从前文里记载的那些毁灭性痕迹也可以分析得出，当天北京城应当是发生了一场Ⅵ至Ⅶ级地震，也就是地震波速度 v 大约在 6 厘米每秒所产生的地震烈度。

同时，地震产生时，会由地底深处向地表浅层释放大量的二氧化碳，这也就是为何坍塌后的房屋中所有的炉火尽数熄灭的原因。

如此一来也就可以解释，那种摧枯拉朽，瞬间摧毁万千房屋的恐怖破坏力是从何而生的了。而王恭厂的爆炸，也只是地震所引发的一次意外事故，事实上当时的专家，兵部尚书王永光也说了："此非徒药之力也。"

但是当时人的科技水平并不知道真相，于是只是将这场剧变归结为王恭厂的爆炸事故，而将这起地震埋藏在了历史之中，不见任何明确记录。

分析到现在，王恭厂大爆炸的罪魁祸首我们大致已经清楚了，但是还有两个疑点尚未解决。

一是，为何地震会导致火药厂的爆炸呢？

二是，为何地震能将大石狮子挪动到几百米之外呢？

不必担心，咱们可以循着那些蛛丝马迹，来个真相大调查。

根据史料记载，在天启六年前后这段时间里，北京一带曾经发生过不止一次的自然异火现象，"河北保定民间墙壁内出火三日夜乃熄"。

而我们知道，河北一带的冀中、冀北地区，地下蕴藏着比较丰富的石油天然气资源，这样的异火，很可能是天然气从地下泄漏所产生的。

这样一来我们就可以大胆推测：由于地震产生时会伴随着静电现象，再加上当时京城气候干燥（史料记载有多次旱灾），静电触发了泄漏出的天然气，从而引发了火灾，导致了王恭厂的爆炸事故。

当然，也有可能，只是某个工人在地震时慌乱之中，碰翻了火烛之类的引火之物导致爆炸。

甚至也有可能，如同某些阴谋论所说，是有奸细混入了这机密的军工厂，人为地制造了一起爆炸，又刚巧碰上了不期而至的大地震。虽然，我个人是不怎么相信这种论断的。

不论怎样，地震发生——引起火灾爆炸，大致是我的一个推断。那么再来看看第二个疑点，沉重的石狮子是怎么凭空移动到几百米开外的呢？

从史料中我们发现了这样的几个细节：

明刘若愚《酌中志》中记载："……将大树二十余株拔出土，又有坑深数丈。"

《明熹宗七年都察院实录》记载："顾（须）臾，尘土木石四面飞集，房屋栋梁椽瓦窗壁如叶纷飘……"

小说《梼杌闲评》第40回中，则这样描述道："横天黑雾，遍地腾烟。忽喇喇霹雳交加，乱滚滚

图 19.2　形状可怖的火龙卷

狂风暴发。砖飞石走，半空中蝶舞蜂翻；屋坏墙崩，遍地里神嚎鬼哭。"

这些描写都有一个共通之处：大爆炸之时，不仅有山崩地裂般的地震，还伴随着可怖的狂风。根据灾害学的研究，当爆炸的冲击波在山谷中传播，遇到大于 60° 的山坡时，冲击波会在谷底形成涡旋，进而引发龙卷风。

而恐怕只有特大龙卷风的威力，才可能将 2.5 吨重的大石狮子腾空飞起到几百米外。

因此谜底也就不难揭晓了：当火药厂爆炸之后，瞬间形成了向四周传播的冲击波，而京城复杂的建筑结构，众多的墙壁和民宅乃至坚固的城墙，使冲击波产生了涡流现象进一步形成了特大龙卷风，或者说是许多道龙卷风组成的大灾害。东京大地震时，就因为地表建筑的复杂，而形成了数量很多的火龙卷。

所以爆炸时，那些天降的残肢碎尸、衣服、砖石，想必也是拜这些龙卷风所赐。

因此，整个王恭厂大爆炸的过程，就可以精简为"地震产生—引发火灾爆炸——导致特大龙卷风"这一流程，私以为算是一个比较合理的解释。

06

虽然是天灾，但引发的人祸却经久不息。

这起"古今未有之变"，恰好发生在正值内外交困、风雨飘摇之际的大明。当时的明朝，魏忠贤领头的阉党正达到权力的顶峰，宦官当道，朝纲腐败，天启皇帝朱由校沉迷于木工，不问政事。

大灾发生之后，举国震惊，人心更加惶恐。很多大臣都认为这场大爆炸是上天对天启帝的警告，于是纷纷上书，要求熹宗匡正时弊，重振朝纲。

面对如此惨烈而诡异的灾祸，朱由校不得不下一道罪己诏，表示要痛加反省，告诫大小臣工共同修省，"务要竭虑洗心办事，痛加反省"，希望借此能使大明江山长治久安，万事消弭，又下旨发府库万两白银赈灾。

与此同时，魏忠贤一党正处于疯狂迫害东林党之时，这起灾害倒是让他们稍有收敛，毕竟民间对他们的恶行和灾变的产生自动挂上了钩。另外，他的心腹，司礼监秉笔太监李永贞也在大爆炸期间摔断了腿，他觉得冥冥之中是有天意报复，因此决定退隐。

没想到的是，种种变数却导致了阉党的分裂，部分阉党成员觉得灾祸就是天罚，并纷纷提出应当停止对东林党的迫害，减少对他们的刑罚。甚至许多在狱中的东林党人，也认为大灾之后自己或许可以得以大赦。而魏忠贤一伙却继续攻击东林党人，并千方百计试图获取天启帝的信任。

最终，阉党和东林党之间斗得不可开交，明末的政治纷争最终加速了这个王朝的灭亡。

深山暴雪之夜，这群苏联冒险者神秘死亡

这一篇文章咱们将要说的，是发生在 20 世纪 50 年代末苏联的深山之中一起令人不寒而栗的神秘集体死亡事件，这个事件至今仍未得到确切的科学解释。甚至可以称之为真实世界中发生的悬疑惊悚电影剧本（后来的确被改编成为一部伪纪录片性质的恐怖片）。

先说点题外话吧，随着现代科技愈加发达，基础教育逐渐健全，曾经铺天盖地的"未解之谜"似乎早已消失殆尽，想要找到科学不能解释的所谓"神秘现象"已经很困难。毕竟，天底下似乎再无新鲜事，几乎任何现象都可以用科学进行合理解释。因此我们只能说，尚存在一些神秘事件至今未得到确切的科学解释。

这一次的事件，就是这些神秘事件中，最为扑朔迷离的一桩。

01

图 20.1　带着惋惜，尤金（中间那位）和队友们依依惜别，没想到，这一别竟成了生离死别

1959 年一月底，苏联乌拉尔山区，一个由 10 名登山队员组成的探险小队正在冰天雪地中艰苦跋涉着。10 名队员都是训练有素、经验丰富的登山爱好者，且大都来自乌拉尔工业学院（嗯，叶利钦也毕业于这所学校，他后来把其改建为乌拉尔联邦大学）。10 个人中有 8 名男性，两名女性，年纪最大的 38 岁，最小的 21 岁，可以说都是精力充沛的年纪。

他们此行的目的地是海拔 1234.2 米的奥托腾山（Оортен）。虽然高度

并不算惊人，但此地在冬季可以达到零下 40 摄氏度的低温，又因为地势险要，在登山困难指数中处于第三等级（Category Ⅲ），也就是最困难级。此外，根据当地原住民的曼西河（Mansi river）语，"奥托腾"的意思就是"不要去那里"的意思。

图 20.2　精明强干的领队迪亚特洛夫

探险队先是于 1 月 25 日乘坐火车来到 Ivdel (Ивдель) 市，两天之后，又搭乘卡车来到山区最深处的一个落脚营地 Vizhai (Вижай)。就在此地，其中一名叫做尤里·叶菲莫维奇·尤金（Yuri Yefimovich Yudin）的男性队员开始身体严重不适，虽然觉得可惜，但却只好退出团队。尤金肯定没有想到，正是由于这一决定，让他逃脱了一场噩梦般的灾难。

图 20.3　一路上生龙活虎的队员们，完全不知道将迎来怎样的命运

分别之前，队长伊戈尔·迪亚特洛夫（Igor Dyatlov）告诉尤金：他们大约在 2 月 12 日会回到 Vizhai 营地，然后会发电报给学校的体育俱乐部汇报，如果没有及时回来，就可能是遇到了麻烦，也许会再晚几天返回。

9 人团队开始进发，1 月 31 日他们来到了山区边缘的山脚下，在一处茂密的树林中，小队仔细地埋藏了一部分食物储备和冗余设备，以便回程时再取用。轻装上阵的他们，在队长迪亚特洛夫的率领下，向着目的地进发。

02

一天之后的 2 月 1 日，冒险小队进入了山口。一场突如其来的暴风雪袭击了他们，因为能见度极低，在暴雪中小队迷失了方向。原本打算越过山口并在山脉北面扎营的他们，偏离了方向转而向西进发，攀到了一座叫做

Kholat Syakhl 的山上。而这座山的名字，在当地的土话里的意思是"死亡之山"，这似乎冥冥之中预示着他们的命运。

当发现偏离了既定路线之后，队长迪亚特洛夫做出了一个罕见的决定：他让大家在山坡上扎营，而不是前往 1.5 千米之外山脚下的树林中。（因为登山队一般都会选择树林处而不是山坡安营扎寨）事后尤金对此的猜测是，也许迪亚特洛夫是想锻炼一下队伍在山坡扎营的能力。

下午 5 时左右，队员们在山腰上搭起一顶帐篷，九名队员在里面简单吃了点东西，就陆续进入睡袋睡觉。他们并不知道，就在这天夜里，噩梦降临了。

虽然关于登山队遇难的新闻从来都屡见不鲜，但是迪亚特洛夫团队的遇难，却存在很多不可思议的谜团，因此被称为"迪亚特洛夫事件（Dyatlov Pass incident）"。让我们从搜救开始，看看这起神秘事件中离奇的那些部分。

2 月 12 日那天，尤金依然没有等到队友们的回归，但考虑到登山中遭遇意外而延误也是常有的事情，于是直到 2 月 20 日，在登山队员的亲属强烈要求下，第一支由师生志愿者们组成的搜救小队才向山区进发。此后军队和警察也参与进来，并派出直升机进行搜救行动。

2 月 26 日，搜救小队终于在 Kholat Syakhl 山找到了小队们当夜露宿的营地。此时帐篷已经倒塌并被雪覆盖，发现帐篷的搜救学生米哈伊尔·萨拉文（Mikhail Sharavin）说：帐篷被割开成了两半，里面空无一人，但是队员们的物品和鞋子都在里面。

随着进一步调查发现，帐篷是被自内向外割开的。这说明当时队员们发现了什么异常情况，需要立刻从帐篷中紧急逃生，只能割开它。而帐篷外有八九对脚印，这些脚印要么是只穿着袜子，要么是只穿着一只鞋，有的甚至是光着脚的。

跟随着脚印的踪迹，搜救队来到了树林的边缘处，但在 500 米之后足迹便消失了。搜救队员在一棵红松下发现了生火的痕迹：一些残留的灰烬。就在这里，搜救队员找到了两具尸体，分别属于克洛文尼申科（Krivonischenko）和多洛申科（Doroshenko），两具尸体都光着脚，只穿着内衣裤。他们还发现那棵红松 5 米高以上的部分有折断的痕迹，这暗示了他们也许爬上了树寻找什么，又或许是在逃避什么东西。

在红松和营地之间，搜救队员又发现了 3 具尸体，分别属于队长迪亚特洛夫，科莫格诺娃（Kolmogorova）和斯洛伯丁（Slobodin）。

他们死亡时的姿势，表明他们可能正在试图极力逃回营地。他们的尸体分别在距离红松300米、480米和630米处被发现。

剩下的4具尸体直到两个月后才被发现，它们位于距离红松75米外的一个山沟里。从尸体来看，这4人的穿着比另外5人完整，而且他们试图用已罹难的队友的衣服保暖。尸体被发现时，佐洛塔里尤夫（Zolotaryov）穿着杜比尼娜（Dubinina）的毛皮大衣并戴着她的帽子，而杜比尼娜的脚则用克洛文尼申科的羊毛裤子的残余碎料包裹着。

然而更诡异的现象是，之前发现的五具尸体并无明显外伤，只能

图 20.4　队员们的遗体被陆续发现

图 20.5　遗体的姿态有种说不出的诡异

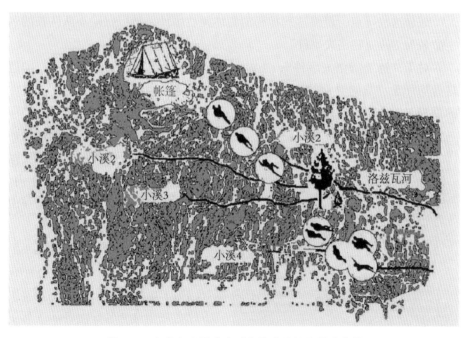

图 20.6　全部九名遇难者尸体被发现的位置示意图

归结于被极低温冻死不同，后来发现的四具尸体，有三具身上有致命的外伤：其中尼古拉（Nicolai）的颅骨遭遇到了强力重击，佐洛塔里尤夫和杜比尼娜的胸骨遭到了粉碎性骨折。根据鲍里斯医生的推测，需要非常强力的冲击力才可能造成这种外伤，甚至不亚于一辆汽车的撞击。值得注意的是，除了骨折之外，尸体却并未有其他相关的外伤。

更加不可思议的是，杜比尼娜的舌头和眼球居然不见了。

此外还有一个疑点是，佐洛塔里尤夫的脖子上挂着一架相机，但相机里的底片却全部失效了。

03

在尸体全部发现之后的调查中，又发现了一些很可疑的线索：首先是一名遇难者的家属在葬礼出殡时，发现尸体的皮肤呈现出吊诡的橘红色，且尸体的头发变成了白色。

接下来的化验报告显示，部分遇难者的衣服上检测出超高剂量的放射性。而且，遇难者所在的山坡上，还发现了大量金属碎片。最后，位于事故发生地以南50千米处的另一队登山者声称，在惨剧发生的当晚，他们曾经看到天空的北方有亮红色的球体。这一点被当地的气象工作人员所证实。

综合这些疑点，最终这起神秘的集体死亡事件，被以探险小队队长的名字命名为"迪亚特洛夫事件"。

对于"迪亚特洛夫事件"，当时苏联给出的最终官方结论是，所有的遇难者均死于"非同寻常的自然力量"（我可以理解为超自然力量吗？）。事件的调查于1959年5月终止，并没有任何人对此事件负责。调查报告也随即被列入机密文件，直到90年代才正式解密，然而很多照片已经失踪了。此外，在事故发生后的3年内，该地区被彻底封锁，禁止任何登山和户外运动者进入。

虽然苏联政府三缄其口，但是关于此事件的猜测却一直存在着。那个可怕的夜里，就究竟发生了什么，让这9名探险者陆续死于非命？

图20.7　生活在当地的土著：曼西人

有关的猜测主要分为以下几种：

（1）死于当地的土著曼西人（Mansi）的袭击。因为事发当地属于曼西人的领地，而且割去入侵者的舌头也很符合他们的行为习惯。然而，并没有任何证据表明，事故发生时除了9名遇难者外，该地区还有其他人存在。而且现场也并未发现存在搏斗的迹象，根据鲍里斯

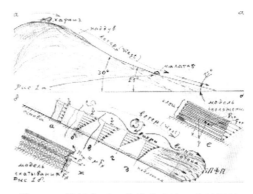

图 20.8　根据推测，雪崩出现的可能性很低

医生的说法，死者身上的打击伤不可能是人力做到的。

（2）死于"悖论脱衣症（Paradoxical undressing）"。该理论试图解释在当时零下35摄氏度以下的低温时，为何遇难者还会只穿着单薄的衣服。这是因为，有1/4被冻死的人在死前会出现"悖论脱衣"现象，此时人会失去辨识力并变得丧失理智而好斗。这或许解释了他们脱下衣服，并很快因为体温急剧降低而死亡。但是这却无法解释为什么队员们要割开帐篷，而当时帐篷内的温度并不足以引发悖论脱衣症状。

（3）死于雪崩。这是此前被广泛接受的观点之一，它很好地假设了在帐篷内的队员听见了雪崩的隆隆声之后，立刻割开帐篷逃命这一场景。随后一些人在黑夜里摔落在了山崖上导致骨折身亡，另一些人也在极低的气温下被冻死。

然而，这一理论却被很多专家质疑。首先他们认为当地的坡度很平，并不足以引发大规模雪崩，当时的气象和环境也并没有雪崩的征兆。更有一些技术爱好者根据帐篷当时的形状，反推出需要多大规模的雪崩才能造成，然而当夜并不存在这种级别的雪崩。

此外，受害者的尸体都只是被少量的雪浅埋，他们的足迹也清晰可见，这也似乎和雪崩后的状态不太吻合。更何况，队长迪亚特洛夫和年长的佐洛塔里尤夫都是经验丰富有过专业训练的登山者，他们不太可能在可能发生雪崩的地方露营。

（4）死于野兽或未知生物。这是 Discovery 频道曾经推出的"俄罗斯雪人（Russian Yeti）"专题中提到的观点。认为雪人这种传说中的生物跟踪并袭击杀死了所有人，还摧残了杜比尼娜的尸体，咬下了她的舌头。还有一些人

认为是外星人的袭击。当然了，这些假设的前提，是真的存在这样的生物。

（5）死于误入军事禁区。虽然有些阴谋论，但这是目前最被俄罗斯人所接受的观点。因为事发地点恰好位于拜科努尔航天发射场（苏联在此发射场进行了部分 R-7 弹道导弹的测试）到新地岛（苏联主要的核武器试验场）的路径上。而当晚被目击的那些亮红色火光，正是由于 R-7 洲际弹道导弹的发射造成。现场留下了大量金属碎屑似乎也佐证了这一点。

这或许也解释了尸体肤色为何会呈现橘红色，而且衣服上残留大剂量的放射性也侧面说明了当地正在进行核试验。考虑到 20 世纪 50 年代末，的确是苏联正在加速研发核武器，大量进行核试验的初期，这一说法确实有其说服力。

04

根据更多俄罗斯当地人的揭秘，会发现其背后还暗藏着更多不可告人的真相：首先，据说当地政府的搜索调查早在 2 月 6 日就开始了，这个时间远远早于登山者预定的日期，也早于家属提出搜救的日期。这说明当局早就发现了什么。军队搜查的行为，也被一些当地的曼西人所证实。

其次，据说尸体遭到了军方人员的移动和翻转，以造成假象误导调查者。因为尸体身上积雪的覆盖程度和降雪量似乎并不吻合。尸体身着的衣服被特殊试剂洗涤过，而且彼此之间的衣服还弄错了。此外尸检的报告从来都不完整。

再次，相机里的照片全部失效，一本本应存在的日记本也不翼而飞，但金钱和贵重品却完好无损，这些似乎都暗示着有人动了手脚。

因此，有很多人提出这样偏阴谋论的观点：探险队在无意中误入了苏联的核试验禁区，为了防止机密遭到泄露，当局只能杀人灭口。他们在夜里突袭了登山队的帐篷，暴力袭击了 3 名反抗的队员，并将他们的尸体深埋起来，而另一些队员则在逃跑中被冻死。随后军方又做出了假象，试图快速结案不了了之，并且把事件的相关资料全部归档于机密情报。

到这里还没有完。随着战斗民族网民的进一步挖掘，又挖出了一个大料：原来，10 名登山队员中的 9 人都是彼此熟识的校友关系，只有一个人是后来加入的，原本谁也不认识他。这个人，就是年纪最大的佐洛塔里尤夫。他是在山区无意中认识了这帮登山者，并在攀谈之后临时起意决定加入他们。

网民们继续扒出佐洛塔里尤夫的身份是一名军人，甚至曾经参加过 1945 年的攻克柏林的会战。而且很多人怀疑，此人的真实身份实际是一名间谍。

图 20.9 "混入队伍中"的佐洛塔里尤夫

他带着照相机（尸体的脖子上还挂着），伪装成登山爱好者，来到军事基地打探苏联的机密情报，并诱导着不知情的队员们接近军事禁区。

对于所有的这些众说纷纭，目前所掌握的资料却极其有限，我们也无法得出确切的真相。唯一能确定的是，这些志在征服高山的探险者们，只能永远留在那座死亡之山里。

人类史上唯一的地震精确预测，以及它的真相

　　2017 年 8 月 8 日这一天，四川九寨沟发生了里氏 7 级的强震。在人们祈福和援助的同时，也有些人提出了困惑：为什么地震就不可预测呢？如果地震本就不可预测，那些地震研究机构又是做什么用呢？

　　我想先从发生在 20 世纪 70 年代的一场强震说起，慢慢和大家讨论一下这个话题。关于这场地震的预测，是当时国际上普遍承认的，一次极度罕见的大地震成功预测。然而，这真的能证明地震可以被预测吗？

01

　　要说起这次地震精准预测，还要先倒回到许多年前。

　　那是 1966 年的 3 月 8 日，邢台发生了一场 6.8 级大地震。这是新中国成立之后，在东部人口稠密地区首次出现大型地震。当时共计死亡 8000 余人，受伤 38000 多人。面对突如其来的灾祸，中央非常重视，周总理也亲自前往灾区慰问。

　　灾后，周总理特意接见了当时的地质部长李四光等人，并希望能够着手进行关于地震预报方面的研究。因此，可以说，邢台地震开启了新中国关于地震预测研究的大门。

　　时间到了 3 年之后的 1969 年 7 月 8 日，在渤海湾一带又发生了一场 7.4 级的强震，因为震中在海上，因此没有造成很大损失。然而邢台大地震还历历在目，当时整个辽东地区的地震专家神经都变得极为紧张，毕竟，这场渤海地震就相当于一记警钟，说明华北东北地区很可能潜伏着一场大地震，只是将在何时何地爆发，还无人知晓。

　　因此，此后的数年里，辽宁的各大地震预测点都精神紧张，有点监测数据的异常都风声鹤唳——唯恐漏过大地震的蛛丝马迹。

　　然而事实上，这些年里的辽宁一带的确有点诡异：首先各地出现了一系

图 21.1　邢台大地震后的景象

列小地震，然后地下水异常外泄事件也发生了 600 多起，似乎地底深处隐藏着一个可怕的 BOSS，正在蠢蠢欲动。（嗯，拉格纳罗斯我不是说你。）

辽宁当地的村民也感受到了异常，他们发现很多条蛇居然冻死在大路上。众所周知，蛇类冬天都是要躲起来冬眠的，想必是感知到了极大的危险，才会唤醒它们跑到洞外，甚至被冻死也在所不惜。除了蛇之外，很多其他动物也出现了反常现象：老鼠成群地呆立原地，家禽家畜坚决不肯吃饲料，举止诡异——仿佛一切都是不祥之兆。

到了 1975 年 2 月，异常变得更加频繁了。2 月 1 日时，营口地震台就监测到了一次三级小地震，第二天又紧接着发生了 7 次小地震，到了第三天，数字变成了几十次。

连续不断的地震，均发生在辽宁南部的大连、营口、丹东等地，并且频率越来越高。当时地震专家普遍认为，这些情况，和 9 年前发生在邢台的那次大地震前非常相似，这会不会又是一个恐怖的前夕呢？

2 月 4 日早上 7 点 50 分左右，营口地区又发生了一次 4.8 级地震，紧接着是一系列的非常密集的小震，再趋于平静。到了上午 10 点 36，又来了一次 4.7 级地震，接着又是一系列余震，再归于平静。到了中午 12 点之后，就没有再次的地震了。

然而，这种可怕的平静却让营口地震局的专业人士极为不安，因为邢台地震之前，就是按这样"密集小震—平静—大型地震"的模式发展的。极有可能，一场超过6.8级的地震即将发生在营口和它附近另一个小县城——海城之间。

02

图 21.2　海城地震前的提前预防通知

虽然当时的海城名不见经传，但历史还是挺悠久的，曾经是高句丽的核心地带。当时的海城居民，大都做好了地震的准备，只不过谁也不知道究竟会发生在何时。

2月4日中午，经过一番紧张的研究之后，辽宁省和地市级地震部门认定，一场可怕的大地震已经迫在眉睫。最终辽宁省政府决定，向各地指示进入临震状态，并对这场大灾祸进行紧急防范措施：加固堤坝、组织救护队和抢修队、转移危险品、准备救灾食品药品，等等，当然还有最重要的，安排居民撤离，从建筑物内转移到空旷地带。

东北的早春二月，大家都懂，那可是冰封千里，寒冷异常的。

整个辽宁南部有无数人在接到地震预报后，忍着天寒地冻离开了家，去到了空地和旷野上。从中午等到天黑，气温也开始骤降，零下20多摄氏度的寒冷加上漫长的等待，让很多人口出怨言。此时，地震专家们成了最尴尬的人——如果大地震没有发生的话，他们这口扰民的锅，就要背定了。

然而一些可怕的景象预示着，大灾祸真的越来越近了：某个地区已经呈现出白茫茫的一片，烟雾如同海啸一般翻滚而来，烟雾之中，还有黄色的火球腾空而起。

到了晚上7点36分，海城脚下的大地发出了可怕的啸叫声，霎时间山摇地动，开裂的大地将附体其上的建筑撕扯成片，残砖碎瓦飞得到处是，一场大地震终于降临在了辽东半岛的海城。

这场地震，就是著名的海城地震，强度达到了7.3级，震区面积760平方千米。但是由于提前的地震预告，最终罹难的人数仅有1300多人，远远小于9年前邢台的那一次。而且地震后，拥有90万人口的海城当地，有九成建筑被夷为平地，在这样一个人口密集的居住地，如果没有提前预报的话，伤亡人数很可能达到10万人之多。

这次地震的成功预测，在国际上都引起了瞩目，事后有包括美国在内的各国地震专家前来中国，想要蹭点经验。当时国内许多地震专家都非常振奋，似乎掌握到了预测地震的方法。然而，接下来一年之后的唐山大地震，则如同一盆凛冽的冷水，将他们的希望之火彻底浇灭。

在此之后，国内国外都响起了这样一个声音：海城地震的成功预测只是纯属巧合。事实真的如此吗？

03

要回答这个问题，我们不妨看看地震预测究竟是怎么一回事。

经历了这些年来国内外的多次大型地震，任何人都知道这种天灾的可怕。然而，地震事实上比你想象中的更可怕，从20世纪以来，全球强度超过7级的地震共发生过1200多次，造成的死亡人数，比全球其他各类自然灾害加在一起还要多，达到了54%。

因此，如果地震也能像天气那样进行预报，那么就会大大减少损失，正如海城的那次一样。事实上，中国自古就对地震预报有着丰富的研究，不仅仅是众所周知的张衡地动仪，1633年宁夏隆德县志上也有记载："地震之兆约有六端：井水突然浑如墨汁，泥渣上浮，池沼之水无端泡沫上腾"，还有"大约春冬二季居多，如井水忽浑浊，炮声散长，群犬围吠，即防此患。至若秋多雨水，冬时未有不震者"。说明古人就已经对于地震的前兆有所掌握。

但囿于科技手段，真正的地震预防研究，直到"二战"之后才真正地开展起来。

1948年10月，中亚的阿什哈巴德发生了7.5级地震，当地的水文地质工程师在整理自来水公司的地下水化学测试数据时，意外地发现了一个现象：震前当地的水源

图21.3 海城地震纪念碑

中，氡浓度出现了异常增高，在震后又恢复了正常。这个异常现象立刻引起了苏联地震学家的关注，他们因此一致认定地震不仅有前兆，而且可以用现代精密仪器进行探测，于是在中亚地区开始了大量地震预测的研究。

美国也不甘落后，只不过它们研究地震的原因略有不同。50年代中期，为了侦察苏联核试验的动向，美国在全球都设下了地震台网，一边监视，一边记录了大量地震数据，并在地震波、震源物理研究方面获得重大进展。作为地震高发国家的日本，也紧跟大趋势搞起了地震研究，于是你们才会看到日漫里各种出戏的地震预报弹幕。

说到地震预测，咱们简单科普一下吧：广义的地震预报其实分为两种，分别是地震预测（Prediction）与地震预报（Forecast）。简而言之前者就是学者们对会不会发生地震进行学术论证，并给出预判。后者就和天气预报差不多，是一个完整的预报过程，只不过又分为3种：根据观察到的地震前兆进行的，叫做前兆性预报；根据过往地震频率统计进行的，叫做统计预报；把它们综合在一起的，叫做综合预报，一般而言这是主流。

从预测的时间尺度而言，地震预报又可以划分为3类：长期预报、中期预报和短临预报，它们在方法、精度和目的等方面均有所不同。

长期预报，主要涉及时间尺度为10~100年内地震发生的可能性，主要是基于断层的地质研究和历史地震记录研究；中期预报，主要涉及1~10年时间尺度内地震发生的预测，主要基于地震地质学和大地测量学的近期观测数据分析；短临预报，指在数小时至数周的时间尺度内对地震发生的预测，基于短期的、确定性的前兆信息掌握。显而易见的是，短临预报的难度比前两者要大得多。

而地震预测的原理，从研究方法上也可分为两类：一种是地震学方法，就是指通过对地震本身的活动性时间、空间、强度等变化特征进行研究。而另一种非地震学方法，就是通过观察地震之前的一些征兆，比如地表变化、电磁场变化、水体变化、动物行为异常等，来研究地震发生的可能性。

除此之外，还有一种地震预警，其实就是当地震已经发生之后，立即警告人员撤离，显然，这对于离震中越远的人群越有用。

好了，枯燥的地震知识就说到这儿了，我们终于来到了终极问题：为啥地震预报那么难？

说到地震预测的首要难点，在于它必须满足三个要素，才能算得上是一次精确预测。这三要素，分别是地震事件发生的具体震中位置、震级和发生时间。

无数次的实践证明，人类历史任何一次地震预测想要同时满足这三要素，几乎都无异于痴人说梦（噢，大概海城地震那次除外）。

空口无凭，我会用一个实例，来证明这一点。

美国的帕克菲尔德（Parkfield）地震预报实验中心，是当时一座全世界顶级的地震预测研究基地，它建立在加州南部的圣·安德烈斯断层上（嗯，玩过 GTA 的听到这个名字都如雷贯耳）。这个断层从旧金山到洛杉矶斜插整个加州，是太平洋板块和北美板块的分界线。因此，也是这个星球上地震活动最活跃的地带之一。

通过长期的观察，地震学家发现此地存在一个地震魔咒：自从 1857 年以来，这里每隔大约 20 年就会发生一次大型地震。从 1857—1985 年，有 6 次 6 级以上的地震在此规律地发生：它们分别发生于 1857、1881、1901、1922、1934 和 1966 年。因此，地震学家敏感地推测出，下一次的大地震，很有可能发生在 1988 年左右。

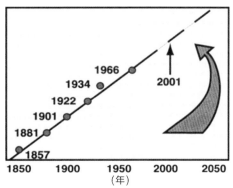

图 21.4 美国科学家对于帕克菲尔德地震的时间推测

是不是有点《三体》里那个二维世界生物观察打点计时器的感觉？

当然了，地震学家也没有那么傻，人家也拿出了相应的证据，比如这 6 次地震的震中基本在同一个位置，断层的破裂范围也差不多，震级也一样

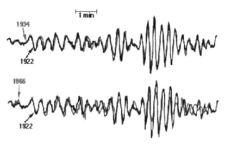

图 21.5 1922 年、1934 年和 1966 年三次帕克菲尔德地震的波形

都是 6 级，地震周期都是大约 10 秒，连震后形成的裂缝位置都是重复的，不仅如此，甚至其中的 3 次地震连地震波波形都惊人地相似。

于是，美国地震专家们自信满满地，通过美国地质调查局（USGS）向政府及民众发出地震预告：在 1985—1993 年之间，在帕克菲尔德地区，有超过 95% 的可能性发生一次 6 级左右的地震。

如果这次预测成功了，那么海城地震的预测就不再是孤例了。

为了提前预防，美国政府砸了很多钱在这个地震研究基地，并在整个地区建立了大量的地震监测台，只为了捕捉到这一次的大地震。附近居民非但不担心，反而个个翘首以盼，巴望着自己能见证历史，地震专家们更是枕戈待旦，只为了那奇迹一刻。

然而遗憾的是，时间一年年地过去，直到 1993 年底，这场让人望眼欲穿的大地震依然没有到来。由于经费紧张，美国地质调查局也只能被迫关闭了该基地大部分监测工作。

但是等等！

到了 2004 年 9 月 28 日晚上 5 点多，这场被预测多年的帕克菲尔德大地震终于姗姗来迟了！只不过，它的出现比预期晚了整整 11 年。这就是地震预报的一个尴尬之处：地点、震级我们都预测对了，凭啥你时间上给我晚来这么久？这也太突然了吧。

这是时间上的测不准，地点上的测不准也有，比如 2009 年 4 月 6 日，在意大利拉奎拉地区发生了一场 6.3 级大地震。然而地震前，当地自然灾害特别委员会的 7 名地震专家一致认为，意大利会有一场地震，但是地点绝对不在拉奎拉，甚至宣称"居民可以安心地在家喝红酒"。最终，这场地震导致了 309 人死亡。

05

除了三大要素的测不准问题，地震预测还有其他令人头大的困扰。

比如，大家都觉得地震应该有前兆，通过前兆就能预知地震，可惜这只是理想状态，然而一个具有讽刺意味的事实是，有前兆不一定地震，地震了不一定有前兆。

几乎每一天，地震台的很多专家都会看到一些可疑的现象，甚至普通人也经常会观察到一些青蛙遍地跑、地下莫名其妙冒气的反常现象，但是这些所谓的征兆，往往和地震之间没有多少强关联性。如果每看到一些征兆，就发送一个地震预告，估计任何当地居民都受不了要骂娘的。

反过来就更加恐怖了，事实上 1976 年的唐山大地震、1995 年的阪神大地震，包括 2008 年的汶川大地震，都没有很明显的前震序列，可以说是突如其来就爆发了，

图 21.6　2004 年的帕克菲尔德大地震造成了巨大的破坏

这给地震预测带来了极大的打击。当初阪神大地震爆发后，原本干劲十足的日本地震专家遭遇了极大的挫败，最终只能暂时放弃进行短临预测，主打长期预防了。

关于这一点再补充一下，以唐山大地震为例，所谓突如其来，没有前震序列不代表没有地震征兆。然而我们现在清楚知道是"唐山"大地震，但在当时的情况却是，河北地区多地都有地震征兆，没有哪个专家敢断言震中会在哪里，又会在哪一天出现，因此，预报也就无从谈起。但有一点可以肯定的是，当时的市民对于地震防范还是相当欠缺的。

最后，咱们再总结一下，导致地震难以预测的几个重要原因：

一是地震活动具有浑沌性、随机性和自组织性，影响因素众多，属极为复杂的地球物理现象。

二是目前人类还无法进入地壳内部，在深层的震源附近放置仪器直接观测地震发生过程，因此实际上，对于地震的真实物理过程只是猜测。

三是强地震的周期过长，一般一个地区都是百年一遇甚至千年一遇，人类地震研究的历史太短，还没有积累足够的数据。

再有就是刚刚说的，大部分的地震前兆都不具有直接的确定性，也就是因果关系很弱。

因此，以目前的人类科技水准，想要满足三要素精确预测地震，基本上是不可能的事情。事实上现代的地震专家也都承认，当初的海城地震预测成功，的确是出于运气成分居多。

然而，这并非是说，地震既然不能预测，那就不需要投入资金和精力进

行地震研究了。

　　曾几何时，艾滋病也是人类束手无策的绝症，然而 2017 年就传出了疫苗产生 100% 抗体的突破性进展（虽然还只是第一阶段），攻克它的曙光也越来越近。虽然地震预测是个世界级难题、地质学中的"圣杯"，然而我可以断言，地震作为一种自然现象，总有一天，人类会认清它的本质，并洞悉它的规律。那时，人类就将远离这种灾祸所带来的痛苦。

陷入冰封地狱的绝境，是怎样一种体验？

　　熟悉我的人可能都知道，本人是一个自封的"北境之王"……因为，我长期活动在北美、北欧以及俄罗斯这些地方。但是，茫茫大北方，还有一个地方我至今没有去过，对我而言，那里是最后圣杯一般的存在。

　　这个地方，就是北极。是的，对于如今的我们而言，如果真的有强烈的想法，去一趟北极也并非是无法实现的事情。然而，就在 150 多年前，人们为了探寻北极的真相，发掘北极航道，却付出了无法估量的代价。

　　这一篇文章，我们就来聊聊一次极为惊心动魄的北极探险。

01

　　"北极有什么？"

　　随意问今天任何一个小学生，可能他都能不假思索地答出"北冰洋"这 3 个字。然而直到 150 多年前，人们对于北极到底是怎样的存在，依然一无所知。在当时，关于北极有一个非常主流，但却异想天开的理论，也就是所谓的"开放极海"假说。

　　而且，那时的各种顶尖地理学家和海洋学家都普遍认为：北极并不是一片冰封地狱，相反，它是一片相对温暖的海域，水温和加勒比海差不多。之所以人类一直无法到达这片海，是因为围绕着它有一圈所谓的"碎冰带"。

　　他们所绘制的对于"开放极海"的猜测图中，假想的一圈"碎冰带"的背面，是由几块陆地组成的，子虚乌有的"北极大陆"，而它们包裹着的，是一块四季如春的"北极海"。换言之，只要能够设法穿越这片"碎冰带"，最终就能前进到那片温暖的海域。（然而此前从未有人做到过，无数人葬身冰海。）

　　如今我们都知道，这种说法纯属无根据脑补。

　　然而当时的科学家们纷纷给出了自己的论证：有些人认为，北极有半年极昼，所聚集的太阳热能足以融化任何坚冰。还有人认为，深处的盐水水体

图 22.1　19 世纪关于所谓
"开放极海"的猜测图

不可能结冰，只有靠近海岸线的表层海水才会。甚至有人认为，北极就是地球的散热口，就好比一个大烟囱。

1869 年时，有一篇著名的论文《北极通道》（*Gateways to the Pole*）发表了，文章论证了穿越白令海峡，到达北极深处的可行性，作者还言之凿凿地声称：太平洋也有一种类似于墨西哥湾暖流的洋流，叫做"黑潮（日语叫做 Kuro Siwo）"。

"只要顺着这股温暖的洋流，就可以顺利穿越浮冰地带。"这篇论文给出了这样的结论。

因而，当时有非常多的西方人在这种理论的忽悠之下，开始动心了，他们迫不及待地想要开拓出通往北极的通道。因为一旦发掘出可以穿越北极的航路，就可以大大节约从欧洲到达亚洲或是北美的航程。

这种海上商路对于资本家而言，带来的福利是显而易见的，而他们手中哐啷作响的银子，便是支撑一趟趟北极探险的根本。

另一类人，也对北极充满了疯狂的欲望。他们是真正的冒险家，他们对未知世界有着超乎想象的追求，对于他们而言，"北极，就是属于男人的浪漫"。

我们这篇文章的主角：乔治·德朗（Geroge DeLong）上尉就是这样的一位，真正的冒险家。

02

出生于纽约的乔治·德朗上尉，曾经在罗德岛纽波特的美国海军学院接受过系统的教育。当年只有 28 岁的他，曾经在 1873 年前往格陵兰附近，搜寻一艘失去下落的蒸汽拖船——北极星号。

虽然最终搜救没有成功（其实北极星号在此之前已经顺利获救），但这次北极边缘之旅，却在德朗的内心深深埋下了一颗种子：他誓要探索那个未知的北极。

私以为，正是人类强烈的好奇心和求知欲，才让我们一步一步走到今天。而德朗也将探索北极视为自己的人生目标。

当时，包括美国在内的很多国家（比如加拿大、英国、荷兰、北欧各国等），都将抢先抵达北极作为一场竞赛，各国就像如今探索太空一样，一艘一艘地派出探险船队。

而德朗正是借着这股热潮，找到了能够支持自己行动的两股重要力量。第一股，是政治力量，也就是美国海军。为了大美利坚能够开拓新的疆土，海军愿意负责船只的检查和翻修，并提供适合参加探险航程的船员。

第二股，则是资本力量，愿意花钱投资这趟探险的，是当时的一位超级富二代——小詹姆斯·戈登·贝内特（James Gordon Bennett）。作为

图 22.2　乔治·德朗

《纽约先驱报》的老板，贝内特如果活在今天，必然会是新媒体行业的顶级大神，毕竟早在那个年代，他就深谙"搞个大新闻"的重要性。

为了制造爆炸性传播的大流量，他曾经出钱支持过非洲探险，只为了带来第一手的，关于世人前所未知的黑非洲的爆炸性新闻。这一次，正是在他的资助下，德朗能够顺利成行。

为了挑战北极的坚冰，德朗亲自挑选了一艘螺旋桨驱动的蒸汽三桅船——珍妮特号（Jeannette，之前叫做潘多拉号）。这艘 44 米长，7.6 米宽的中型船，曾经参加过数次北极边缘航行，并在被贝内特买断后，立刻送往马尔岛海军造船厂进行加固，以应付"碎冰带"那些可怕的冰川。

此外，这艘船上还带着两个当时任何船只上都前所未见的黑科技，分别由两位写入科技史的大神主动提供：

第一样，是爱迪生正在推广的电弧灯（以炭为灯芯）。当时的船只普遍使用的还是煤油灯，照明效果很差。加上北极航行会遇上半年的无尽黑夜，如果能够有着明亮的电灯照明，将大大改善船员的抑郁状况。

第二样，是贝尔刚刚发明的电话。德朗特意购置了两台这种新玩意儿，为了能够在冰面上进行远距离通信。可以说，德朗为了这次航行的成功，真的是费尽了心思，他真的非常珍惜这次难得的机会。

图 22.3　贝尔所发明的电话

至于这两种黑科技在整个北极探险中，究竟起到了怎样的作用，嗯，大家继续看下去就知道了。

在一切就绪之后，1879 年的 7 月 8 日，珍妮特号从旧金山正式出海，一路向北朝着北极驶去。

03

这趟充满挑战的航行，一共有 33 名船员，主要分为下面三个类别：第一类是以德朗为首的海军军官，负责管理工作；第二类，是科学家和专职工作人员，比如机械师、司炉、木匠等；第三类，是海员和厨师，等等。

这些人正如那个年代的美国一样，几乎来自世界各地：德国、丹麦、爱尔兰、芬兰、挪威、俄国（大部分都是北境国家），值得一提的是，船上仅有的两个厨师，都是中国人。现在大家意识到中餐的国际地位了吧。

当船沿着美国西海岸，驶入太平洋并一路顺着阿拉斯加，向着白令海峡进发的这些天里，船上的气氛非常之好。每当夜幕降临时，船员们就开始了各自的才艺表演，比如拉手风琴、说笑话、跳舞之类，所有人都对这次冒险充满信心，整个集体都非常团结。

航行中的主要食物，是烤羊肉、腌猪肉和腌牛肉，为了解决维生素的补充（否则会得坏血病），每人每天还要饮用浓酸柠檬汁兑水后的饮料。除此之外，咖啡和茶是他们的主要饮料。并且，在蒸汽时代之后，远航的船只上都会配备脱盐装置来制造淡水。

然而，当珍妮特号驶出白令海峡，沿着俄罗斯的杰日尼奥夫角继续北上时，天气变得越来越寒冷了。

图 22.4 浮冰裹挟之下的珍妮特号

此时，已经是 1879 年的 8 月 31 日，德朗试图在夏季的最后尾巴里，争取穿越那个传说中的"浮冰带"，前进到温暖的"北极大陆"。但是他隐隐感觉，有些不详的征兆不断地出现，并且，越来越多了……

首先是那种风平浪静的无冰海域越来越少，大块大块的流冰不断地从船边经过。并且，向北驶入楚科奇海时，气候在一场风暴后骤降到了 –7℃，大块的浮冰开始在珍妮特号周围聚合。

再到后来，为了挤入某条水道，德朗不得不命令将珍妮特号反复撞击两侧的冰块，才能勉强地挤入一条小小的缝隙。

继续向北去时，浮冰已经铺满了整个海面，如果不是船上有一位经验丰富的老领航员邓巴（Dunbar），珍妮特号必定早已寸步难行。即便这样，还是要多次全船成员都走下冰面，在冰上用蒸汽绞盘拉动船只前进。

此时，德朗船长已经意识到了一个可怕的事实：那个所谓的"开放极海"理论，是不折不扣的胡扯，整个北极根本没有什么大陆，更没有什么所谓的"温暖海域"，碎冰之北还是碎冰，准确地说，是更庞大的碎冰。

甚至那个什么"温暖海流理论"也是狗屁，庞大的浮冰之下，只有寒冷的洋流，冰冷刺骨。德朗船长还不知道，更严峻的危机即将来临。

04

1879 年 9 月 7 日那天夜里，全船人都从梦中惊醒了。他们感受到一种前所未见的冲击力，从船舷的右侧倾泻而来，很快整个珍妮特号都向左侧剧烈偏斜。

图 22.5　被浮冰"咬住"之后，珍妮特号动弹不得

德朗船长迅速安排船员下船，在冰上他们才发现，因为一块硕大无朋的浮冰的挤压，整个船身已经被推到了冰面上，并且被牢牢地钳在冰里，动弹不得了。

德朗向北方望去，目力所及的地方，只有一望无际的冰。很明显，珍妮特号已经被锁死在浮冰之中，再也无法挪动分寸了。但是德朗仍然没有失去希望，他在航海日志中乐观地写道：

我们的船被"咬住了"，但是我觉得这个季节的"秋老虎"应该会帮到我们，回暖的天气会把我们解放出来的。

然而事情完全没有那么理想，一直到那年 10 月底，珍妮特号依然被冰封着。凛冬已至，德朗明白在明年开春之前，是不可能离开这里了。

为了让船员能够承受这种冰狱监禁般的未来，他特意设定了一个完整的船员作息安排：每天早上 7 点起床，8 点供应早餐，上午前往冰上自由活动，踢踢球打打猎之类，下午 3 点吃晚饭，因为之后厨房必须关闭以节省煤。

晚上，首席工程师梅尔维尔（Melville）和其他科学家会安排自然课、航海课等讲座。晚 10 点准时熄灯睡觉。是不是听起来充满了正能量？事实上，当时虽然处于那样的重重困难中，但是全船都很乐观，他们不仅身心健康，还在庆祝 1880 年的新年时举办了一场晚会。

除了带来的各种食物外，打猎也是补充粮食的主要手段。船上的因纽特人水手阿列克谢（Alexey）对此特别擅长，两个中国厨师更是无论什么食材都能做出好菜，呃，比如海豹肉炸面团、烤乳海鸥、海象腊肠等。

冬天之后，北极的黑夜越来越漫长，终于变成了永恒的黑暗。德朗决定把贝尔的电话和爱迪生的电灯拿出来使用，然而，电话的裸露铜线在冰面受潮之后就再也没办法使用了，至于那些电弧灯，无论船上各种科学家和工程师如何努力，都没办法让它亮起来（我个人猜测应该是气温太低的原因）。

在恶劣的大自然面前，人类的科技显得如此微不足道。

各种意料之外的危机也接踵而至。首先是船只被冰面挤压得到处漏水，水暴露在空气中又很快变成了冰渣，船员们只能站在冰冷刺骨的冰水里，努力修补船舱内壁的破洞，很多人都遭遇到了不同程度的冻伤。

祸不单行，很快德朗又不得不面对船上一场健康危机。连续几周，很多船员都产生了相似的症状：倦怠、入睡困难、没有胃口、贫血、腹部绞痛、尿血……

船上唯一的医生安布勒（Ambler）尽管自己也饱受病痛折磨，但依然在努力寻找传染源。他和德朗船长一起检查了船上的过滤系统，但是饮用水中并没有被污染的情况。打猎来的食物也很新鲜，没有什么可疑的病菌。

然而日子一天一天过去，更多的船员开始出现症状……这令德朗异常担忧：如果这是一场横行的瘟疫，那么他们很可能熬不过这个冬天。终于，直到某天晚饭时，真正的罪魁祸首才被找到了。

某个船员吃到番茄汤里有奇怪的金属球，经过排查，他们发现船上的番茄罐头全部变质了。酸性的番茄和封装马口铁所用的铅焊料发生了化学反应，铅溶进了番茄汁中，并引起了全船的慢性铅中毒。

05

人类的意志力是顽强的，无数的危机，如此可怕的严寒，并没有击败珍妮特号的船员。他们终于迎来了 1880 年的春天。

然而预想到的解封并没有出现。船还是被冻在冰里，所幸的是海水变暖了之后，浮冰终于在海面继续漂流移动了，但珍妮特号依然只能随着浮冰整体漂移。

谁也没有想到，这一漂就是一年多，所有船员又在冰海里庆祝了 1881 年的新年。这一年多里，尽管依然遭遇了各种困难，但德朗和所有船员依然保持乐观。只是，他们的生活也变得越来越无聊乏味，所有能讲的话都差不多讲完了。

就在大家几乎要陷入绝望的时候，在 1881 年 6 月份的某一天早上，珍妮特号的船底传来一阵颤动，她触摸到了海水。

漫长的 1 年零 9 个月之后，这艘船终于从巨冰的监禁中，落回到了海里。

没有人不觉得欢欣雀跃，他们放声歌唱，还拍下了照片做纪念。然而他们并不知道，老天只是跟他们开了一个恶意的玩笑。

当天下午，珍妮特号又发出了巨大的响声，这一次，整个船身都在颤抖着。两块巨大的浮冰又一次紧紧夹住了这艘命运多舛的三桅船，只不过这一次再也没那么好运气了，船没有被抬上冰面，而是被挤下了海水里。

在这危急关头，德朗船长依然指挥若定，他下令立刻弃船，将所有人和重要物资全部转移到冰面上去。

到了晚上 8 点时，珍妮特号船身已经严重倾斜，所幸重要的东西，特别是那些珍贵的科学记录和航海日志，都已经被搬运一空。几分钟之后，德朗船长带着复杂的心情，目送这艘漂亮的船沉入了无尽的冰海。

如今，他们被困在了一片与世隔绝的冰海，距离最近的西伯利亚大陆，也有 1600 多千米之遥（事实上他们根本不知道自己的具体坐标）。即便他们拖着所有物资和小船到达那里，西伯利亚依然是地球上最荒凉的恶寒之地。

更重要的是，几乎不可能有救援船队能够到达这里，他们只能靠自己了。

06

然而，德朗和他的探险队员们并没有绝望，他们转而向南，开始了一场冰海长征。所有人排成了一条长长的队伍，拖着各种物资和小船，在冰面上艰难地跋涉。

每每遇到开裂的冰面和海水通道，就必须把小船放下水，再借着它们渡过海面，前进到下一块浮冰上。

冰面粗粝难行，北极夏天的强烈阳光照射在冰雪之上，更是会导致严重的雪盲症。但所有这一切都阻挡不住人类的求生欲望，队员们大部分看起来还保持着残存的斗志，但有些人已经开始骂骂咧咧。

德朗船长深深明白，他此时必须要调整好每个人的心态，因为他们都已经濒临绝望的边缘，只要稍有不慎，士气就会立刻瓦解，更严重的事情就可能会发生，比如哗变。

如今他们唯一的饮食，就是浓缩牛肉汁和一种肉糜饼。所有人接下来都被迫每天吃进同样的食物，他们的体质也在一天天变得虚弱，哪怕是最强壮的几个北欧水手也是如此。德朗船长在航海日志上这样写着：疲惫、寒冷、

图 22.6　德朗船长带领着团队在冰上艰苦跋涉

潮湿、饥饿、困倦、失望而又厌恶……明天又将是这一切的重复。

行走一个月之后，他们终于发现了一座无人小岛，并将它以资助人贝内特的名字命名。当然这座岛上其实除了冰雪和岩石同样一无所有。在贝内特岛上，队员们享受了弥足珍贵的 8 天：吃到了新鲜的海豹肉，终于脚下有了实地而不再是冰冷的浮冰，工程师梅尔维尔也可以借机修补一下三艘破损严重的小船。

短暂的"幸福"日子之后，队员们继续向南跋涉，这一次又在冰面上走走停停度过了一个多月，此时，他们刚刚经过了谢苗诺夫斯基岛，距离西伯利亚大陆很近了。值得庆幸的是，每个人虽然都疲惫不堪，都大体还算健康，其实经历了如此漫长的跋涉，这 33 人能够全员存活已经是一件很不可思议的事情了。

只是接下来，德朗和他的队员们，将面临两个极其严峻的问题：第一个是，随着冰面逐渐减少，海上的风浪变得越来越大。想要前往大陆，再也不能只是在浮冰上步行了，他们必须冒着惊涛骇浪的危险，乘着三艘小船向南强渡。

第一个已经是生死考验了，第二个困难却更加可怕：他们所剩下的食物，仅仅够吃 7 天。

07

1881 年的 9 月 11 日这一天，这支北极探险队距离西伯利亚，只剩最后一点路程了。对于回到大陆的憧憬，令他们每个人都感到心绪难平。

德朗将全部 33 名成员分成了 3 支小队，分别搭乘 3 艘小船。德朗和医生安布勒等在第一艘船打头阵，首席工程师梅尔维尔紧随其后，副船长奇普（Chipp）殿后。

需要注意的是，这是两年多以来，整个团队第一次分开。大家在一起吃了最后一顿肉糜饼，互道祝福之后，各自上船入海了……

下午时分，海面上的风浪越来越大，3 艘小船早已经脱离了队形，德朗在狂风激起的惊涛骇浪中，根本看不到其他船只的影子了。随着夜晚来临，德朗的 13 人小队只剩一片孤帆，在风浪中踽踽独行。

直到第二天下午，这艘小船依然在灰色的海上随波逐流，每个人都一天一夜没有合眼，好几次如果不是运气好，船早就翻了。随着又一次夜幕降临，每个人都蜷缩在小船里，能做的只有祈祷。

就这样到了第三天上午，风浪忽然小了，德朗忽然望见远处地平线上，有一些黑色的阴影，看起来很像是陆地。船越漂越近，大陆的轮廓已经越来越清晰了，这阔别多年的陆地，终于第一次出现在了视线中，眼泪几乎要从德朗的眼眶中涌出。

只是，队员们并不知道，他们想要登陆的勒拿河三角洲（Lena Delta），很可能比冰海更恐怖。

可能和世界上任何一个三角洲都不一样，勒拿河的河水在奔涌入海时，没办法一泻千里，因为有厚厚的冰层封锁它的入海口。而河水又必须找到其他出口，巨大的势能导致这块三角洲被冲击得支离破碎，形成了这个星球上最大、最复杂的三角洲地形之一。

千辛万苦来到大陆的德朗小队发现，水中巨量的泥沙沉积物，和冰雪混合在一起，千沟万壑的水网地形更是崎岖难行，小船在这样的地貌上移动，搁浅不断，比冰海里还要艰难十倍。

更不幸的是，这里荒无人烟。当地的土著雅库特人只会在夏天小规模地来此打猎，但如今夏天已经结束了，这里成了无人的恶寒之地：没有人，没有房屋，没有足迹，连人造物都没有。

德朗知道，虽然这是它们最后的依靠，但这艘小船依然拖住了全队的前进脚步，必须放弃它了。他命令所有人拿取必要的物品，剩下的全部丢下，减轻负重。然后，德朗自己抱起了那些沉重的科学记录和航海日志，他绝对不能把这些丢掉，这是他们这么多苦难日子唯一的见证，以及坚持走到这里的意义。

没有地图的指引，德朗只能带着队伍在寒风中凭着直觉前行，希望能够遇到一个当地土著的聚集地。大多数成员四肢上都长满了冻疮，还有一两个病倒的，只能躺在木筏上，靠最强壮的两个水手宁德曼（Nindeman）和诺洛斯（Noros）拖着走。

图 22.7　勒拿河三角洲的严酷环境

到了 9 月 19 号时，队伍里的病号，丹麦人埃里克森已经奄奄一息了，医生安布勒解开他脚上的绷带时，一块腐肉直接掉了下来。全队只靠因纽特猎人阿列克谢的打猎提供最后一点食物。

病痛缠身的埃里克森在 10 月 6 日早上离开了人世，成为德朗团队第一个确认死去的成员。简单的哀悼仪式后，他们挥泪告别了这位北欧壮汉。

队里其他人也好不到哪去，很多人都出现冻疮状况，剩下的也疲惫不堪，在这个冰雪大迷宫里，他们不知何处才是尽头。更关键的是，剩下的食物只够吃 4 天了。

在这个最危险的时刻，德朗船长又做出了一个异常重要的决定：他决定让队伍里状态最好的两个人，宁德曼和诺洛斯作为先遣队去探路，一旦发现当地人的村庄，就赶紧请求支援。

10 月 9 日分别时，每个人都满含热泪，前路艰险，困难重重，未来究竟怎样谁也不知道。直到两人的身影消失在地平线尽头，德朗船长才转过头，灌进一口用茶叶水和烈酒兑成的酒水取暖。

宁德曼和诺洛斯其实也很虚弱，但为了拯救队友，他们依然尽全力赶路，白天打一点啮齿类动物和北极松鸡吃，晚上就在雪地里挖个洞睡。走了大概十天之后，他们终于看到了一些小木屋。这种当地人称为"布尔库尔（Bulcour）"的建筑令他们兴奋异常，毕竟，终于发现人烟了，而且，也不用再睡在寒冷刺骨的雪洞里了。

10 月 22 日中午时，二人露营的小木屋外传来了奇怪的声音。宁德曼从门缝中望出去，一个当地人正赶着驯鹿雪橇停在门口，十分诧异地检查着地上的足迹。那一刻，宁德曼和诺洛斯快要激动得流下泪来，他们已经809天没见过其他人了。

然而接下来的场面就有点尴尬了。这个叫伊万的当地人，完全不懂英语，他说的雅库特土话，宁德曼他们也听不懂。最后，伊万做了个奇怪的手势，然后就驾着雪橇跑了。就在宁德曼俩人莫名其妙甚至开始懊恼的时候，那天傍晚，伊万终于带着雅库特人的雪橇队来了，还给他俩带来了鲜鱼，又把两人捎到了附近一个雅库特人的村庄。

在那里，宁德曼和诺洛斯焦急地解释他们遇到的遭遇，请求援助，然而没有一个人能够听明白。俩人每天都心急如焚，但又无计可施。直到第四天晚上，他俩的房门被人拉开了，一个健壮的身影站在外面。

"宁德曼，诺洛斯，你们好吗？"

09

梅尔维尔的出现，让宁德曼和诺洛斯如同喜从天降。他们激动地聊了一夜，原来梅尔维尔的11人小船也成功登陆，在同样艰辛的多日跋涉之后，遇到了当地的鄂温克人部落，并辗转到了这里。

当有人通报他们，某个村落又来了几名落难的海员时，梅尔维尔立刻马不停蹄地来了。现在摆在他们面前的头号大事，就是立刻赶去救援德朗他们。

图 22.8　小队获救后的合影，中间坐着的那个就是梅尔维尔。

值得一提的是，当时的他们并不知道，第三艘船也就是奇普副船长的那艘，已经在渡海时不幸落难了。

因为宁德曼和诺洛斯病得实在太厉害，梅尔维尔决定自己独自去实施援救，他带着他俩标记好的一份地图，并找到了当地的哥萨克人和雅库特人做向导，带着狗队向德朗船长最后所在的位置进发。

而他队伍剩下的人员将和宁德曼他俩汇合，去到勒拿河上的小城雅库茨克（Yakutsk），那里是这一带最接近"文明"的地方。重返勒拿三角洲这样的魔鬼地带，需要极其坚强的意志和无与伦比的勇气：西伯利亚的寒冬已经来临，气温在零下 40 摄氏度左右徘徊。

11 月中旬，梅尔维尔的救援队终于来到了当初伊万发现宁德曼他俩的地区——布尔库尔。他像一头雪地里的猎犬一样，在茫茫的冰雪中搜索德朗小队的痕迹。虽然梅尔维尔的脚上遍布着冻疮，甚至已经变成水泡，但为了找到伙伴们，他几乎忘却了疼痛。

11 月 13 日那天，梅尔维尔终于发现了一些珍贵的东西：一箱埋藏在雪地里的航海仪器、航海记录和岩石植被样本等。这让他又燃起了斗志，然而接下来的一周却一无所获，更大的麻烦在于，连狗队都走不动了（可怜的"雪橇三傻"，可怕的西伯利亚冬天）。险恶的天气让坚强的梅尔维尔也只能望而却步，他回到了雅库茨克，并在第二年，也就是 1882 年的 1 月，独自开始了继续搜索。

这一找又是艰苦的一个多月，却依然毫无收获。直到 3 月中旬天气缓和了一些，搜救才变得稍许容易了一些。到了 3 月 23 日那天，梅尔维尔终于找到了他过去伙伴的踪迹：河岸边的 3 具尸体。

10

和尸体一起的，还有那本航海日志，里面叙述了从去年 10 月和宁德曼他们分开之后，所发生的一切。

10 月 9 日，宁德曼和诺洛斯离开了大家。

10 月 10 日，没有吃的，每人只能吃一勺医用甘油，有些人开始啃身上的鹿皮衣服。

10 月 13 日，每个人都虚弱到了极点，连捡柴火的力气都没了。

10 月 14 日，因纽特人阿列克谢打到一只雷鸟，终于可以喝一点肉汤了。

10 月 15 日，阿列克谢死了，饥饿和寒冷造成的生理衰竭带走了他。唯一一个能打猎的人不在了。

10 月 19 日，每个人都开始吃自己的海豹皮皮靴，用帐篷割下来当鞋子。

10 月 21 日，李和凯克死了，现在只剩下 8 个人了。

10 月 28 日，艾弗逊死了。难熬的夜。

10 月 29 日，德雷斯勒死了。

10 月 30 日，又死了两个成员，科林斯也濒临死亡边缘。

在此之后，日志就是一片空白了。

梅尔维尔双手颤抖着，悲伤地合上了日志。日记的最后时刻，只剩下中国厨师阿撒（Ah Sam），安布勒医生和德朗船长活着了。很快，梅尔维尔又挖到了阿撒的尸体，他双手合抱在胸前，似乎死前很平静。

接下来是医生的，安布勒在临死前，似乎只能啃食自己的手维持生命，那几乎是无意识的行为了。他的衣服里还有一份完整的、从出航到现在的医疗日志，包括每一天药品的分发，以及每个船员的诊断记录。

最后，梅尔维尔在一堆余烬附近，发现了德朗船长的尸体。他侧身躺着，双脚微微并拢，经线仪还挂在他的脖子上。

是的，这个漫长又悲壮的探险故事，终于说到了尾声。虽然早已知道结局，但写到这里，我内心依然充满了伤感。除了梅尔维尔的 11 人小队加上宁德曼和诺洛斯外，其他所有人都葬身于这片冰原之上。但历史并不会忘记他们，如今你打开北冰洋地图，就能在上面发现那些熟悉的名字：贝内特岛、珍妮特岛、德朗群岛。

人类挑战自然，挑战自身极限的历史，一路上充满了无数的牺牲，但这从来没有阻挡过人类前进的脚步。正是这些英勇的先驱者们，这些无畏的探路者们，才让我们能够成为今天的我们。

图片出处

图 1.1 https://www.redesparalaciencia.com/wp-content/uploads/2010 /11/20101108_
Redes08_Neander.jpg

图 1.2 http://1.bp.blogspot.com/-Z70HvZRJwWI/USJAY_3PLaI/AAAAAAAEH_I/
rpfBofQf0T4/s1600/05derechos_galeriaApaisada.jpg

图 1.3 https://i0.wp.com/revistageneticamedica.com/wp-content/uploads/2016/02/1434478
20_295fa41219_o.jpg?resize=768%2C576&ssl=1

图 1.4 https://telegraf.com.ua/files/2016/08/50914c38ad3d801c86f5d1b37b9fa7ed.jpg

图 1.5 http://i28.fastpic.ru/big/2012/0128/9f/b24e516594cf81fe0c2af7061840019f.jpg

图 1.6 http://tn.new.fishki.net/26/upload/post/201311/06/1213632/1_001.jpg

图 1.7 http://i.imgur.com/sGLMQ8Y.jpg

图 2.1 https://media.pri.org/s3fs-public/styles/story_main/public/story/images/oetzi_5.
jpg?itok=z9MuerKM

图 2.2 https://steemitimages.com/0x0/http://images.medicaldaily.com/sites/medicaldaily.
com/files/styles/headline/public/2013/08/04/0/34/3426.jpg

图 2.3 http://carolperry.typepad.com/.a/6a0120a568f286970b0120a690dfdb970c-800wi

图 2.4 https://qph.ec.quoracdn.net/main-qimg-010ba46d881938536ffa1c4dd205b045.webp

图 2.5 http://www.iicstoccarda.esteri.it/iic_stoccarda/resource/img/2017/01/tzibozen.jpg

图 2.6 http://2.bp.blogspot.com/-Yv4Cf9Oz5e4/UvCSA4rU99I/AAAAAAAABSM/
lVhT3UH2ekQ/s1600/oetzi_el_hombre_del_hielo_ampliacion.jpg

图 2.7 https://artdanslapeau.files.wordpress.com/2016/03/tattoos1-768x577.jpg

图 3.1 作者自摄

图 3.2 作者自摄

图 3.3 https://qph.ec.quoracdn.net/main-qimg-e60457fae8bed078f813aa40e9beb2cd

图 3.4 http://c2.thejournal.ie/media/2012/10/congressman-evolution-big-bang-lie-from-the-
pit-of-hell-310x415.jpg

图 3.5 http://www.techsciencenews.com/referencetopics/Inv_timeline/images/
commons/3/32/Chopping_tool.gif

图 4.1 http://upload.wikimedia.org/wikipedia/commons/thumb/f/f7/Gibraltar_
Model_1865_%284%29.jpg/440px-Gibraltar_Model_1865_%284%29.jpg

图 4.2　http://www.themasons.org.nz/hw/february13/images/Cross-section%20King's%20 Solomon%20Temple.jpg

图 4.3　http://biblicalisraeltours.com/wordpress/wp-content/uploads/2017/08/City-of-David-Water-System-500x281.jpg

图 4.4　http://www.bible.ca/archeology/bible-archeology-jerusalem-temple-mount-charles-wilson-charles-warren-3d-1864ad.jpg

图 4.5　http://biblicalisraeltours.com/wordpress/wp-content/uploads/2012/10/warren.jpg

图 4.6　http://old.londonconfidential.co.uk/i/H41/3Z69_K.jpg

图 4.7　https://www.futilitycloset.com/wp-content/uploads/2005/02/2005-02-07-jack-the-ripper.jpg

图 4.8　https://cms.groupeditors.com/img/acl20141210-135017-021.jpg?w=400&h=400&mode=crop

图 5.1　https://bosfoundation.files.wordpress.com/2010/08/kera-besar.jpg

图 5.2　http://2.bp.blogspot.com/-hwhrYAp3VLA/UlByWhfXd6I/AAAAAAAALas/OLv8up88XH4/s640/Animales-consideraci%C3%B3n-moral1.jpg

图 5.3　http://www.savethechimps.org/wp-content/uploads/2016/10/Tarzan-article.jpg

图 5.4　http://www.animalplanethd.com/wp-content/uploads/2014/12/Chimpanzee-HD-Images-animalplanethd.com_.jpeg

图 5.5　http://www.paulstravelpictures.com/Miami-Metro-Zoo/Miami-MetroZoo-Pictures-053.JPG

图 5.6　http://www.media.uzh.ch/.imaging/stk/uzh-default-theme/teaser/dam/media/articles/2012/auch-schimpansen-haben-polizisten/Streit.jpg/jcr:content/Streit.jpg.jpg

图 5.7　https://images.theconversation.com/files/80769/original/image-20150507-19457-b1sc8m.jpg?ixlib=rb-1.1.0&q=45&auto=format&w=1012&h=668&fit=crop

图 5.8　https://www.evrimselantropoloji.org/wp-content/uploads/2015/04/fear-and-instincts-3-300x229.jpg

图 6.1　http://foto.akvaryum.com/fotolar/136158/554396_347787435273077_309557453_n.jpg

图 6.2　http://blog.nus.edu.sg/lsm1303student2013/files/2013/04/draft_lens18484722modul e153119149photo_13155409165_making-11bllm6.jpg

图 6.3　https://tabooya.com/wp-content/uploads/2016/08/whale-protects-seal-cover.jpg

图 6.4　https://1.bp.blogspot.com/-ueKXO88cK3Y/V639CQpbM8I/AAAAAAAB0RA/xJmfvqAxu9APDnPoI_reI81MZ6xWscYeQCLcB/s640/Humpb-bree30Sp06MtyB_5561-w.JPG

图 6.5　http://s3.india.com/wp-content/uploads/2014/12/monkeyww.jpg

图 6.6　https://thespotts.files.wordpress.com/2012/06/water-buffalo.jpg?w=598&h=398

图 6.7　https://www.ilgiornaledeimarinai.it/wp-content/uploads/2014/12/orca-vs-balena-2-

290x290.png

jpg?resize=1024%2C815&ssl=1

图 10.2   http://jamanetwork.com/data/Journals/NEUR/13519/nob20084f1.png

图 10.3   http://hd-m.com/wp-content/uploads/kuru.jpg

图 10.4   http://modernnotion.com/wp-content/uploads/cannibalism-kuru-prions.jpg

图 10.5   http://oaprendizverde.com.br/wp-content/uploads/2013/11/Kuru-A-Doenca-dos-
Canibais-Carleton-Gajdusek-recebendo-o-premio-Nobel.jpg

图 10.6   http://www.bioon.com/biology/UploadFiles/200406/20040603173735785.jpg

图 10.7   https://jeffreysterlingmd.files.wordpress.com/2014/08/brain-health-unhealthy-brain.
jpg

图 11.1   https://www.kenhub.com/en/library/anatomy/hypothalamus

图 11.2   https://classconnection.s3.amazonaws.com/266/flashcards/1173266/png/screen_
shot_2012-02-15_at_11.04.15_am1329325471172-thumb400.png

图 11.3   https://www.biography.com/.image/ar_1:1%2Cc_fill%2Ccs_srgb%2Cg_
face%2Cq_80%2Cw_300/MTE5NDg0MDU1MTMzNzgzNTY3/roger-wolcott-
sperry-9490524-1-402.jpg

图 11.4   https://www.dharmazen.org/X2GB/D32Health/H739.files/Image47.gif

图 11.5   http://5b0988e595225.cdn.sohucs.com/images/20180222/3dc2ba77fcb8421da386a1
88f03caf41.jpeg

图 11.6   http://1.bp.blogspot.com/-mAFPjcBR7Zs/T2fhsDxs50I/AAAAAAAAACU/Cz_
zw3lhaCE/s320/SplitBrain.png

图 11.7   http://blog.targethealth.com/wp-content/uploads/2011/11/20111102-15.jpg

图 11.8   http://blog.targethealth.com/2011/11/02/

图 11.9   https://i.pinimg.com/236x/a1/ec/62/a1ec62dd7c6f47bb66bc8b3d22904c29--kim-
peek-human-mind.jpg

图 12.1   http://img.anews.com/media/gallery/71664761/960078129.jpg

图 12.2   https://i1.wp.com/www.idntodays.com/wp-content/uploads/2017/10/Mimpi-
Buruk-Yang-DiLakukan-Oleh-Dokter-Jiwa-di-Masa-Lalu.jpg?zoom=
2&resize=364%2C290

图 12.3   http://1.bp.blogspot.com/-gByT2h8979Q/VjptXWqSa_I/AAAAAAAADBg/
zwXGcRJNejI/s320/ECT.png

图 12.4   https://image.jimcdn.com/app/cms/image/transf/dimension=352x1024:format=jpg/
path/sc2475004ea3c94e2/image/i01b46f1322d6d1f0/version/1476128619/image.jpg

图 12.5   https://upload.wikimedia.org/wikipedia/commons/thumb/5/5d/Trepan.jpg/1599px-
Trepan.jpg

图 12.6   https://www.videoblocks.com/video/video-footage-of-a-trepanation-head-operation-
in-a-museum-in-lima-peru-april-2007-4gqxd_dyolijnxwmya

kids-in-californa.jpg?w=728&zoom=2

图 18.5   http://johnlathrop.com/wp/wp-content/uploads/2014/08/Brown_Jim_Jones-150x150.
jpg

图 18.6   http://www.oac.cdlib.org/ark:/13030/kt8n39s1mc/FILEID-1.145.43.jpg

图 18.7   https://imgix.ranker.com/user_node_img/50067/1001337117/original/the-people_
s-temple-was-progressive-for-it_s-time-photo-u1?w=650&q=50&fm=jpg&fit=crop
&crop=faces

图 18.8   https://redaccion.lamula.pe/media/uploads/73e0c342-41aa-4587-8005-
24bc9a5a60c6.jpg

图 18.9   http://4.bp.blogspot.com/-j9EIav2VPJQ/Uc2OKA_lu9I/AAAAAAAAlZM/
4H5oZZduxok/s640/Body+identified+as+that+of+US+Rep.+Leo+Ryan+lies+on+str
etcher+in+Georgetown+morgue+after+autopsy+UPI+photo.jpg

图 18.10   http://im8.kommersant.ru/Issues.photo/CORP/2013/11/18/KMO_096855_10330_1_
t222_090914.jpg

图 19.1   出自《天变邸抄》

图 19.2   https://1.bp.blogspot.com/-qsWdSyFHcV8/Vw6r3JGqi5I/AAAAAAAAEeM/
dVCLGVSkl8grDDeD_j00PImyI66HenXzQCLcB/s400/firewhirls.jpg

图 20.1   https://storage.radiosarajevo.ba/image/204397/1180x732/dyatlov0.jpg

图 20.2   http://15858-presscdn-0-65.pagely.netdna-cdn.com/wp-content/uploads/2016/06/
Russian-hikers-1.jpg

图 20.3   http://bodhy-75.narod.ru/olderfiles/2/pohod4.jpg

图 20.4   https://steemitimages.com/0x0/http://i1320.photobucket.com/albums/u538/
pandapoef/mensinsneeuw_zpseox8tdfm.jpg

图 20.5   https://storage.radiosarajevo.ba/image/204395/1180x732/dyatlov2.jpg

图 20.6   https://pbs.twimg.com/media/DRI2m6GUMAAoxJU.jpg

图 20.7   https://1.bp.blogspot.com/-dRsirMa6FOo/VsUFJpu-mFI/AAAAAAAATC0/
k3MeAwpMcDk/s320/sirelius-SUK_36_2_lbox_zps741f6580.jpg

图 20.8   http://www.mountain.ru/img.php?src=/article/article_img/1031/f_1.
jpg&gif=0&width =650&height=0

图 20.9   http://www.proza.ru/pics/2014/12/17/120.jpg

图 21.1   http://image.zixundingzhi.com/oMv5rLla-VTrueBKjSsdJFkJ1r0=/full/6c6d5c5102b
81d72881b44d0c7c533997548e184

图 21.2   http://image.sciencenet.cn/album/201501/13/120511m0iiykrq944iktzr.jpg

图 21.3   http://www.kepu.net.cn/english/quake/ruins/images/rns1906_pic.jpg

图 21.4   http://images.slideplayer.com/25/7789409/slides/slide_16.jpg

图 21.5   https://earthquake.usgs.gov/research/parkfield/Images/debiltEW.gif

图 21.6   https://img.haikudeck.com/mi/DD40B527-8C2A-43B8-9CD4-8EBA65B2D2B5.jpg

图 22.1   https://www.researchgate.net/profile/Morten_Smelror/publication/268210494/figure/
          fig2/AS:319531621863430@1453193683878/Fig-2-Bedrock-map-of-the-Arctic-1-
          5-million-scale-Harrison-and-others-2008-The.png

图 22.2   https://garfieldnps.files.wordpress.com/2016/08/georgewashingtondelong.
          jpg?w=584

图 22.3   https://s-media-cache-ak0.pinimg.com/originals/e9/c4/68/e9c468f8bd88861286b15b
          f08328756b.jpg

图 22.4   https://s-media-cache-ak0.pinimg.com/originals/57/13/ef/5713ef02bb6749468c539b
          a110d5bd6c.jpg

图 22.5   https://news.nationalgeographic.com/content/dam/news/photos/000/840/84012.
          ngsversion.1422286644353.adapt.1900.1.jpg

图 22.6   https://www.ibiblio.org/hyperwar/OnlineLibrary/photos/images/h92000/h92120.jpg

图 22.7   http://3.bp.blogspot.com/-ClLWkufPV0M/T5gbCaFUHSI/AAAAAAAAQxE/
          ma3jpUUr32Q/s1600/lena-folyo.jpg

图 22.8   https://pbs.twimg.com/media/DOofhzUW0AAjWva.jpg

主要参考文献

[1] Fu Q, Hajdinjak M, Moldovan O T, et al. An early modern human from Romania with a recent Neanderthal ancestor[J]. Nature, 2015, 524(7564): 216.

[2] Wall J D, Yang M A, Jay F, et al. Higher levels of Neanderthal ancestry in East Asians than in Europeans[J]. Genetics, 2013, 194(1): 199-209.

[3] 吴新智, 崔娅铭. 过去十万年里的四种人及其间的关系 [J]. 科学通报, 2016, 61(24):2681-2687.

[4] The musculoskeletal abnormalities of the Similaun Iceman（"ÖTZI"）: clues to chronic pain and possible treatments [EB/OL]. (2012-10-25) [2017-3-4]. https://link.springer.com/article/10.1007/s10787-012-0153-5.

[5] 孙志超, 张群. 穿越 5300 年的冰雪战士"冰人奥茨"[J]. 大众考古, 2014(1):60-63.

[6] 吴锡平. 尸体"奥兹"的寻找与中国的一场科学闹剧 [J]. 民主与科学, 2005(1):46-47.

[7] Nuclear Instruments and Methods in Physics Research Section B: Beam Interactions with Materials and Atoms [EB/OL]. (2000-4-1) [2017-3-6]. https://www.sciencedirect.com/science/article/pii/S0168583X99011969

[8] Brunet M, Guy F, Pilbeam D, et al. A new hominid from the Upper Miocene of Chad, Central Africa[J]. Nature, 2002, 418(6894): 145.

[9] Barton R A, Venditti C. Rapid evolution of the cerebellum in humans and other great apes[J]. Current Biology, 2014, 24(20): 2440-2444.

[10] Patterson N, Richter D J, Gnerre S, et al. Genetic evidence for complex speciation of humans and chimpanzees[J]. Nature, 2006, 441(7097): 1103.

[11] Cann R L, Stoneking M, Wilson A C. Mitochondrial DNA and human evolution[J]. Nature, 1987, 325(6099): 31-36.

[12] 柯越海, 宿兵, 肖君华, 等. Y 染色体单倍型在中国汉族人群中的多态性分布与中国人群的起源及迁移 [J]. 中国科学：生命科学, 2000, 43(6):614-620.

[13] Krings M, Stone A, Schmitz R W, et al. Neandertal DNA sequences and the origin of modern humans[J]. cell, 1997, 90(1): 19-30.

[14] Austin R J. The Australian illustrated encyclopedia of the Zulu and Boer wars[M]. Slouch Hat Publications, 1999.

[15] Lundquist J M. The temple of Jerusalem: past, present, and future[M]. Greenwood Publishing Group, 2008.

[16] 赵芊里. 德瓦尔论黑猩猩的政治智慧 [J]. 长江师范学院学报, 2009, 25(5):109-113.

[17] Mitani J C, Watts D P, Muller M N. Recent developments in the study of wild chimpanzee behavior[J]. Evolutionary Anthropology: Issues, news, and reviews, 2002, 11(1): 9-25.

[18] Carlson K J. Muscle architecture of the common chimpanzee (Pan troglodytes): perspectives for investigating chimpanzee behavior[J]. Primates, 2006, 47(3): 218-229.

[19] 德斯蒙德·莫里斯. 裸猿 [M]. 何道宽, 译. 上海: 复旦大学出版社, 2010.

[20] 理查德·道金斯. 自私的基因 [M]. 卢允中, 张岱云, 陈复加, 等, 译. 北京: 中信出版社, 2012.

[21] 舒远招. 达尔文的"动物道德"论——达尔文对"动物道德"的描述和说明 [J]. 湖南城市学院学报, 2007, 28(2):1-6.

[22] 郑也夫. 利他行为的根源 [J]. 首都师范大学学报 (社会科学版), 2009(4):41-51.

[23] Clapham P J. The social and reproductive biology of humpback whales: an ecological perspective[J]. Mammal Review, 1996, 26(1): 27-49.

[24] Payne R S, McVay S. Songs of humpback whales[J]. Science, 1971, 173(3997): 585-597.

[25] Ling V J, Lester D, Mortensen P B, et al. Toxoplasma gondii seropositivity and suicide rates in women[J]. The Journal of nervous and mental disease, 2011, 199(7): 440.

[26] Hanelt B, Janovy Jr J. The life cycle of a horsehair worm, Gordius robustus (Nematomorpha: Gordioidea)[J]. The Journal of parasitology, 1999: 139-141.

[27] 朱玉霞, 武前文. 寄生虫与宿主的相互作用 [J]. 安徽理工大学学报 (自然科学版), 2000, 20(2):68-72.

[28] 卢致民, 马伟一, 张进顺, 等. 精神分裂症患者弓形虫感染状况的研究 [J]. 中国血吸虫病防治杂志, 2003, 15(4):288-290.

[29] 于红. 非洲昏睡病历史研究 [J]. 西亚非洲, 2001(4):46-50.

[30] Berriman M, Ghedin E, Hertz-Fowler C, et al. The genome of the African trypanosome Trypanosoma brucei[J]. science, 2005, 309(5733): 416-422.

[31] Kim J, Carver E. Crisis in Crisis: Biosphere 2's Contested Ecologies[J]. Volume, 2009 (2): 29.

[32] 张娜, 王可炜, 陈曦. 诺亚方舟之殇——现代封闭实验生态系统的困境与转型 [J]. 广东技术师范学院学报, 2013, 34(7):65-69.

[33] 刘小京, 冯凤莲. 生物圈 2 号的农业: 精细、持久、无污染农业系统的试验田 [J]. 生态学杂志, 1994(6):71-77.

[34] Salisbury F B, Gitelson J I, Lisovsky G M. Bios-3: Siberian experiments in bioregenerative life support[J]. BioScience, 1997, 47(9): 575-585.

[35] Cohen J E, Tilman D. Biosphere 2 and Biodiversity——The Lessons So Far[J]. Science,

1996, 274(5290): 1150-1151.

[36] Severinghaus J P, Broecker W S, Dempster W F, et al. Oxygen loss in Biosphere 2[J]. EOS, Transactions American Geophysical Union, 1994, 75(3): 33-37.

[37] Walford R L, Harris S B, Gunion M W. The calorically restricted low-fat nutrient-dense diet in Biosphere 2 significantly lowers blood glucose, total leukocyte count, cholesterol, and blood pressure in humans[J]. Proceedings of the National Academy of Sciences, 1992, 89(23): 11533-11537.

[38] 宋敬东 , 屈建国 , 洪涛 . 马尔堡病毒形态特征研究 [J]. 病毒学报 , 2014, 30(3):292-297.

[39] 程颖 , 刘军 , 李昱 , 等 . 埃博拉病毒病 : 病原学、致病机制、治疗与疫苗研究进展 [J]. 科学通报 , 2014, 59(30):2889-2899.

[40] 25 years ago, a different Ebola outbreak in Va. [EB/OL]. (2014-8-10) [2017-4-15].http://www.sandiegouniontribune.com/sdut-25-years-ago-a-different-ebola-outbreak-in-va-2014aug10-story.html

[41] Feldmann H, Geisbert T W. Ebola haemorrhagic fever[J]. The Lancet, 2011, 377(9768): 849-862.

[42] Sullivan N J, Sanchez A, Rollin P E, et al. Development of a preventive vaccine for Ebola virus infection in primates[J]. Nature, 2000, 408(6812): 605.

[43] Ebola Reston: A look back at the monkey house [EB/OL]. (2014-10-24) [2017-4-16]. http://www.insidenova.com/headlines/ebola-reston-a-look-back-at-the-monkey-house/article_4aad76c0-5b35-11e4-b9b3-371ac205d748.html

[44] 普雷斯顿 . 血疫 : 埃博拉的故事 [M]. 姚向辉 , 译 . 上海译文出版社 , 2016.

[45] Hill A F, Desbruslais M, Joiner S, et al. The same prion strain causes vCJD and BSE[J]. Nature, 1997, 389(6650): 448.

[46] Brookes R. Newspapers and national identity: The BSE/CJD crisis and the British press[J]. Media, Culture & Society, 1999, 21(2): 247-263.

[47] 张子民 . 朊病毒的研究现状 [J]. 海峡药学 , 2007, 19(3):9-12.

[48] 张田勘 . 揭秘疯牛病——疯牛病的来龙去脉和诺贝尔医学奖的争论 [J]. 科技文萃 , 2001(5):24-29.

[49] 张会侠 , 师润 , 李朝阳 . 朊病毒疾病将如何发展 ?[J]. 科学通报 , 2017(1):16-24.

[50] Cohen L, Dehaene S, Naccache L, et al. The visual word form area: spatial and temporal characterization of an initial stage of reading in normal subjects and posterior split-brain patients[J]. Brain, 2000, 123(2): 291-307.

[51] 魏孝琴 , 陈久荣 , 李吉 . 胼胝体形态学的临床应用与裂脑人 [J]. 中国医科大学学报 , 1986(3).

[52] Gazzaniga M S. Forty-five years of split-brain research and still going strong[J]. Nature

Reviews Neuroscience, 2005, 6(8): 653.

[53] 王延光 . 斯佩里对裂脑人的研究及其贡献 [J]. 中华医史杂志 , 1998, 1(1):57-61.

[54] 王延光 . 斯佩里：脑 - 意识相互作用理论形成发展过程 [J]. 自然辩证法通讯 , 1996(3):55-60.

[55] Springer S P, Deutsch G. Left brain, right brain: Perspectives from cognitive neuroscience[M]. WH Freeman/Times Books/Henry Holt & Co, 1998.

[56] The split brain: A tale of two halves[EB/OL]. (2012-3-14)[2017-9-27].https://www.nature.com/news/the-split-brain-a-tale-of-two-halves-1.10213

[57] 刘楠 , 屠洁 , 张奕 , 等 . 深部脑刺激对神经精神疾病的治疗与未来展望 [J]. 中国生物医学工程学报 , 2009, 28(5):771-777.

[58] 符征 , 李建会 . 前额叶皮质切除术的实践与教训 [J]. 医学与哲学 , 2012, 33(23):6-9.

[59] Freeman W, Watts J W, Hunt T C. Psychosurgery: Intelligence, emotion, and social behavior following prefrontal lobotomy for mental disorders[J]. 1942.

[60] 尹绍雅 , 金卫蓬 , 李清云 , 等 . 完全前额叶孤立术的手术技术及适应证初探 [J]. 中国实用神经疾病杂志 , 2016, 19(9):1-3.

[61] Bianchi L, Macdonald J H. The mechanism of the brain: and the function of the frontal lobes[M]. E. & S. Livingstone, 1922.

[62] Guillemin J. Anthrax: the investigation of a deadly outbreak[M]. Univ of California Press, 2001.

[63] 大海 . 从生物武器谈到炭疽恐怖事件 [J]. 现代军事 , 2001(12):20-24.

[64] Keefer S. International Control of Biological Weapons[J]. ILSA J. Int'l & Comp. L., 1999, 6: 107.

[65] Meselson M, Guillemin J, Hugh-Jones M, et al. The Sverdlovsk anthrax outbreak of 1979[J]. Science, 1994, 266(5188): 1202-1208.

[66] Manchee R J, Broster M G, Melling J, et al. Bacillus anthracis on Gruinard island[J]. Nature, 1981, 294(5838): 254.

[67] 艾尔弗雷德 W. 克罗斯比 . 哥伦布大交换：1492 年以后的生物影响和文化冲击 [M]. 郑明萱 , 译 . 北京：中国环境出版社 , 2010.

[68] Sarbu I, Matei C, Benea V, et al. Brief history of syphilis[J]. Journal of medicine and life, 2014, 7(1): 4.

[69] 萨林斯 . 历史之岛 [M]. 上海人民出版社 , 2003.

[70] 刘晓春 . 历史 / 结构——萨林斯关于南太平洋岛殖民遭遇的论述 [J]. 民俗研究 , 2006(1):42-55.

[71] 焦天龙 . 波利尼西亚考古学中的石锛研究 [J]. 考古 , 2003(1):78-89.

[72] B. 巴赫塔 , 王永嘉 . 波利尼西亚人的来历 [J]. 世界民族 , 1980(5):61-63.

[73] Obeyesekere G. "British Cannibals": Contemplation of an Event in the Death and

Resurrection of James Cook, Explorer[J]. Critical Inquiry, 1992, 18(4): 630-654.

[74] Kayser M, Brauer S, Weiss G, et al. Melanesian origin of Polynesian Y-chromosomes[J]. Current Biology, 2001, 11(2)：Ⅰ-Ⅱ.

[75] 孤島に女1人と男32人。アナタハン島で起こった、女をめぐっての殺し合い [EB/OL]. (2008-5-18) [2017-11-21].http://ww5.tiki.ne.jp/~qyoshida/jikenbo/064anatahan.htm

[76] A homage to the 'Queen of Anatahan' [EB/OL]. (2014-5-3) [2017-11-22].https://www.japantimes.co.jp/culture/2014/05/03/books/book-reviews/homage-queen-anatahan/

[77] Backhaus G J. Henry George's Ingenious Tax[J]. American Journal of Economics and Sociology, 1997, 56(4): 453-474.

[78] 阎焕利 . 亨利·乔治单一税制思想及中国实践 [J]. 理论界 , 2010(3):45-46.

[79] 孙中山 . 孙中山选集 : 下卷 [M]. 北京 : 人民出版社 ,1956.

[80] 宫晓晨 . 困而思变——浅析美国经济学家亨利·乔治思想的形成 [J]. 经济研究导刊 , 2010(6):15-18.

[81] Orbanes P E. Monopoly: The World's Most Famous Game—and How It Got that Way[M]. Da Capo Press, 2007.

[82] How Monopoly Games Helped Allied POWs Escape During World War II[EB/OL]. (2013-1-9)[2017-12-2].https://www.theatlantic.com/technology/archive/2013/01/how-monopoly-games-helped-allied-pows-escape-during-world-war-ii/266996/

[83] 王珍燕 . "琼斯镇"悲剧发生的社会原因 [J]. 重庆理工大学学报 (社会科学版), 2012, 26(5):72-75.

[84] 韩卓 , 董翔薇 . 宗教群体性事件探析 [J]. 齐齐哈尔大学学报 (哲学社会科学版), 2011(5):52-53.

[85] Chidester D. Salvation and Suicide: An Interpretation of Jim Jones, the Peoples Temple, and Jonestown[M]. Indiana University Press, 1991.

[86] 李树菁 . 明末王恭厂灾异事件分析 [J]. 灾害学 , 1986(1):59-63.

[87] 秦尚文 , 刘殿中 . 试揭世界三大自然之谜之一——明代京师王恭厂火药厂爆炸探因 [J]. 工程爆破 , 1996(2):74-79.

[88] 刘志刚 . 天变与党争 : 天启六年王恭厂大灾下的明末政治 [J]. 史林 , 2009(2):115-123.

[89] Eichar D. Dead Mountain: The Untold True Story of the Dyatlov Pass Incident[M]. Chronicle Books, 2013.

[90] 高继宗 . 海城大地震的预测、预报、预防——纪念海城 7.3 级地震 40 周年 [J]. 城市与减灾 , 2015(2):6-8.

[91] 吴中海 , 赵根模 . 地震预报现状及相关问题综述 [J]. 地质通报 , 2013, 32(10):1493-1512.

[92] 张肇诚 , 张炜 . 地震预报可行性的科学与实践问题讨论 [J]. 地震学报 , 2016, 38(4):564-579.

[93] 马钦忠. 中外几次重要地震预测与预报结果之启示 [J]. 地震学报, 2014, 36(3):500-513.

[94] Bakun W H, Lindh A G. The Parkfield, California, earthquake prediction experiment[J]. Science, 1985, 229(4714): 619-624.

[95] Bakun W H, McEvilly T V. Recurrence models and Parkfield, California, earthquakes[J]. Journal of Geophysical Research: Solid Earth, 1984, 89(B5): 3051-3058.

[96] 汉普顿·塞兹. 冰雪王国 [M]. 北京: 社会科学文献出版社, 2007.

[97] Muir J. The Cruise of the Corwin: Journal of the Arctic Expedition of 1881 in search of De Long and the Jeannette[M]. Mariner Books, 1917.

[98] The Hair-Raising Tale of the U.S.S. Jeannette's Ill-Fated 1879 Polar Voyage[EB/OL]. (2014-9-25)[2017-8-22].https://news.nationalgeographic.com/news/2014/09/140924-jeannette-hampton-sides-north-pole-gilded-age-ngbooktalk/

后记：人类的好奇心

许多年后，我一定会回想起猫咪在门外呼唤着罐头，各色大部头的中外参考资料瘫倒在工作台，自己充满仪式感地敲下全书正文最后一个字的那个遥远的下午。

彼时，忽然有种"啊，我可能终于能给人类留下些什么，这辈子值了"的感觉（笑）……好了，不开玩笑地说，这本《人类学＋：科学的 B 面》大概真的是我写作生涯中，最为艰辛又充满了浪漫的一段旅程。

说艰辛，是因为每篇文章从搜集素材原型到整理、归纳思维线索，提取出隐藏在纷繁历史下面的精彩故事，再到最后写就，需要花费大量的精力和脑力劳动，它们几乎占据了我所有的业余时间。说浪漫，在于我自觉如同一位纪录片导演一般，把那些关于人类科学不为人知的冷知识和黑历史，一幕幕还原出来再现给读者，解读其中的真相，整个过程有如在打造一件唯美的艺术品。

创作这本书的过程中，我绝大多数时间里，都孤身一人独居在天寒地冻的加拿大。每每在深夜中搜集那些值得书写的冷僻素材，时而惊悚于人类骨子里的残酷和黑暗，时而又为人性中的温暖光芒所打动。无论是图书馆的书籍，网络上的资料，还是朋友口中的奇闻异事，只要发现了其中的亮点内容，我都会将它们事无巨细地记录在一个小本子上，作为未来可以参考和研究的原材料。

这些素材的内容也是五花八门，正如你们所看到这本书中一样，从原始人类的尸体发掘，到不治之症的医学研究；从神秘事件的幕后阴谋，到动物群体中的诡异现象……大量的历史素材告诉我一个事实：其实人类探索自身和外在世界的过程，本身就是一段段惊心动魄的历史。于是我想，虽然我是在写一本科普作品，但是科普却并不一定要像说明书那样枯燥，又或是如论文那样深奥，我完全可以将藏在历史档案底下的故事剥茧抽丝般地提取出来，这样一来，科普文章也可以如同惊悚小说一样峰回路转、荡气回肠，甚至……更加令人震惊。毕竟，它们都是真实的历史片段。

当我尝试着将最初写好的几篇发表在知乎网我的个人专栏《眠眠冰室》中之后，发现效果出奇得好，热度远远超过我的预期。倍觉欣慰之余，我惊喜地发现对世界保持着好奇心的同类如此之多，这给予了我继续产出科普文章的巨大动力。

一段时间之后，我已经创作了十数篇文章，这时清华大学出版社的刘杨编辑找到我，说希望能够合作出版一本科普类的纸质书。这着实令我激动了好久，一来是能够出书一直都是我的人生目标之一，二来也是因为我年少时的清华情结……激动归激动，随之而来的是一个摆在眼前的问题，如此多样化的内容，我该怎样把它们归类到一本书中去呢？

或者说，这本书的主题究竟是什么呢？

这个问题着实令我思考了许久，突然在某个极光辉耀的寒夜里，我脑中一亮：这些内容归根结底，都是与我们人类息息相关的啊！从某种意义上而言，或许我可以将它们归结到一种广义的人类学中，又或者，是人类学和其他学科的交叉？特别是那些学科的研究历史中，比较生僻的部分？

思路瞬间有了，在随后的创作过程中，我愈发感觉接近于一个真相：我确实在写一本关于人类自身的书。每写完一段故事，我都能从中看到人类的一些特性，无论是正面的还是负面的，这些特性都贯穿于人类的整个发展史。那么，究竟是什么力量，让人类得以与地球上的其他生物分野，成为这颗星球上最特殊的一个物种呢？或者说，究竟是什么，让人类走到了如今？

当我回顾整个创作过程，把视线投向人类历史的开端时，答案似乎也便不言而喻了：来自我们本能的好奇心。

正是人类的好奇心，让他们离开了树上的同类下地，并且慢慢掌握了直立，学会了制造工具；同样人类的好奇心，让他们勇敢地冒险，去挑战地球上那些未知而危险的地区，去追寻万事万物的真相。

毋庸置疑，强烈的好奇心是我们发明出各种科技，以及探索未知世界的强烈驱动力，同时也是我搜集素材完成《人类学＋：科学的 B 面》创作的源动力，或许，也是你们选择去阅读它的一大原因。

所以，随着我们的成长，无论眼中这个现实世界变得多么平淡无奇，不再神秘莫测，且让我们保持这份弥足珍贵的好奇心，别让它渐渐消散在鸡毛蒜皮的琐碎生活里。

眠眠

2018 年 4 月

图片版权声明

除封面插图外，本书所有图片均来自网络，绝大部分源自作者在境外上网时所阅读的、无特定版权声明的网页（网址详见正文中的图片来源），特提请读者在阅读和使用时注意。

因为时间、精力和网络条件所限制，本书作者和出版方无法核实全部网页图片内容的真实性，也无法逐一联系图片的著作权人或代理人。如有对这些图片主张版权者，请持所据，联系清华大学出版社版权部或本书的责任编辑，我们将按惯例给付图片使用稿酬。

联系电话：010-62770175 转 4138，刘杨，邮箱 tupliuy@163.com。

因为网络图片质量差别极大，为保证能准确地反映所描述的内容，出版方对部分图片做了必要的技术处理，特此一并说明并致谢。

本书责编
2018 年 5 月